安徽省高等学校"十二五"省级规划教材

高职机械类精品教材

数控机床 编程与操作

SHUKONG JICHUANG

BIANCHENG YU CAOZUO

第 2 版

主　编　陈之林

参加编写　张浩峰　苏兆兴　杨丽君
　　　　　梁毅峰　王忠生

主　审　杨　辉

中国科学技术大学出版社

内容简介

本书以社会上普及率较高的 FANUC-0i 数控系统为主,兼顾近期发展起来的华中数控系统,详细介绍了数控车床、数控铣床及加工中心的编程与操作。尽量减少各模块间重复的内容,重点突出、主次分明、深入浅出,为典型指令准备了富有针对性的实例。本书具有鲜明的理论联系实际、注重实践教学、实用性强等特点,对项目教学法进行了有益的尝试。

作为数控技术专业教材,本书对读者提高数控加工编程与操作的专业技能大有裨益,能够满足课堂教学或自学的需要。本书读者对象为高等职业院校数控加工技术、模具设计与制造、机械制造与自动化或机电一体化等专业的学生,也可供相关专业的工程技术人员参考。

图书在版编目(CIP)数据

数控机床编程与操作/陈之林主编. —2 版. —合肥:中国科学技术大学出版社,2016.1
安徽省高等学校"十二五"省级规划教材
ISBN 978-7-312-03903-4

Ⅰ. 数… Ⅱ. 陈… Ⅲ. ①数控机床—程序设计—高等职业教育—教材 ②数控机床—操作—高等职业教育—教材 Ⅳ. TG659

中国版本图书馆 CIP 数据核字(2015)第 321277 号

出版	中国科学技术大学出版社
	安徽省合肥市金寨路 96 号,230026
	http://press.ustc.edu.cn
印刷	合肥华星印务有限责任公司
发行	中国科学技术大学出版社
经销	全国新华书店
开本	787 mm×1092 mm 1/16
印张	20
字数	512 千
版次	2011 年 6 月第 1 版 2016 年 1 月第 2 版
印次	2016 年 1 月第 2 次印刷
定价	40.00 元

前　　言

中华人民共和国国务院于 2015 年 5 月 8 日公布了旨在强化高端制造业的国家战略规划——《中国制造 2025》,提出实现制造强国的战略目标。发展数控技术是实现这一制造强国目标的必由之路,是未来工厂自动化的基础。数控技术是综合应用计算机、自动控制、自动检测及精密机械等高等技术的产物。当今世界各国制造业均广泛采用数控技术,以提高制造能力和制造水平,提高对多变的市场的适应能力和竞争能力。大力发展以数控技术为核心的先进制造技术已成为各发达国家加速经济发展、提高综合国力的重要手段。我国也不例外,因此急需培养一大批能够熟练掌握现代数控机床编程、操作的应用型高级技术人才。为此,编写具有实用价值的教材就显得非常重要。本书就是作者结合教学常用的数控设备,兼顾社会上普及率较高的数控系统,总结多年的教学经验,在《数控机床编程与操作》第 1 版的基础上编写而成的。

本书是安徽省省级精品课程"数控加工编程与操作"的重要组成部分之一,凝练了省级项目"名师工作室"的教研成果。全书依据"以应用为目的,以必须、够用为度"的原则,力求从实际应用的需要出发,尽量减少枯燥的理论讲述,尽力将理论知识与数控编程、数控仿真加工以及数控机床操作实践有机地结合起来。

本书选取的数控系统以社会上普及率较高的 FANUC-0i 数控系统为主,兼顾近期发展起来的华中数控系统,详细介绍了数控车床、数控铣床及加工中心的编程与操作,尽量减少各模块间重复的内容,重点突出、主次分明、深入浅出,为典型指令准备了富有针对性的实例。本书具有鲜明的理论联系实际、注重实践教学、实用性强等特点,对项目教学法进行了有益的尝试。

作为数控技术专业教材,本书对读者提高数控加工编程与操作的专业技能大有裨益,能够满足课堂教学或自学的需要。本书读者对象为高等职业院校数控加工技术、模具设计与制造、机械制造与自动化或机电一体化等专业的学生,也可供相关专业的工程技术人员参考。

本书是所有编写人员通力合作的结果,是集体智慧的结晶。本书由淮北职业技术学院陈之林教授主编,由阜阳职业技术学院杨辉教授主审。本书编写分工如下:陈之林教授编写第 1 章,淮北职业技术学院张浩峰编写第 2 章,淮北职业技术学院苏兆兴编写第 3 章及附录,淮北职业技术学院杨丽君编写第 4 章,淮北职业技术学院梁毅峰编写第 5 章,淮北职业技术学院王忠生编写第 6 章。

由于编者水平有限,加之数控技术发展迅速,书中不足之处在所难免,恳请读者批评指正。

编　者
2015 年 6 月 9 日

目　　录

第1章 概　　述

1.1　数控编程基础

数控加工,泛指在数控机床上加工工件的工艺过程。数控机床是用数字化信号对机床的运动及加工过程进行控制的机床。数控机床的运动和辅助动作均受控于数控系统发出的指令。而数控系统的指令是由程序员根据工件的材料、加工要求、机床的特性以及系统所规定的指令格式(数控语言或符号)编制的。所谓编程,就是把工件的工艺过程、工艺参数、运动要求用数字指令形式(数控语言)记录在介质上,并输入数控系统的过程。数控系统根据程序指令向伺服装置及其他功能部件发出运行或中断信息以控制机床的各种运动。当加工程序结束时,机床便会自动停止。任何一种数控机床,在其数控系统中若没有输入程序指令,数控机床就不能工作。

1.1.1　数控加工的基本过程

机床的受控动作通常包括机床的起动、停止,主轴的起停、旋转方向和转速的变换,进给运动的方向、速度、方式,刀具的选择、更换、长度及半径的补偿,切削液的开启、关闭等。图 1-1 所示为数控机床加工过程框图。

从图 1-1 中可以看出,数控机床加工涉及的内容比较广,与相关的配套技术有密切的关系。合格的编程员首先应该是一个很好的工艺员,应能够熟练、准确地进行工艺分析和工艺设计,能够合理地选择切削用量,能正确地选择刀辅具并提出工件的装夹方案,了解数控机床的性能和特点,熟悉程序编制方法和程序输入方式。

1.1.2　数控编程的内容

数控编程的主要内容包括以下内容:

1. 分析零件图样,确定工艺过程

包括确定加工方案,选择合适的机床、刀具及夹具,确定合理的进给路线及切削用量等。

2. 数学处理

包括建立工件的几何模型、计算加工过程中刀具相对工件的运动轨迹等。随着计算机技术的发展,比较复杂的刀具运动轨迹的计算可以借助于计算机绘图软件(如 CAXA、UG 等)来完成。数学处理的最终目的是为了获得编程所需要的所有相关位置坐标数据。

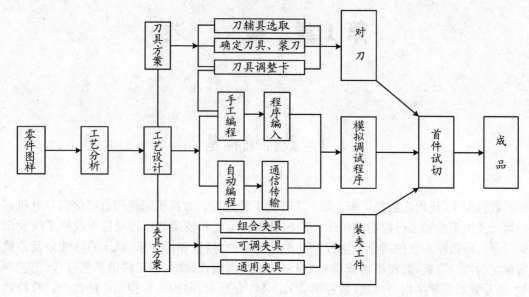

图 1-1　数控机床加工过程框图

3. 编写程序单

按照数控装置规定的指令和程序格式编写工件的加工程序单。

常规加工程序由开始符、程序名、程序主体和程序结束指令组成。程序名位于程序主体之前,一般独占一行,FANUC 系统以英文字母 O 开头,后面紧跟 0～4 位数字。华中数控系统也可用%作开始符。

程序段的格式如下所示:

N_G_X_Y_Z_F_M_S_T_;

各个功能字的意义如下:

N 为程序段的编号,由地址码 N 和后面的若干位数字表示(例如 N0010)。程序段的编号一般不连续排列,以 5 或 10 间隔,便于插入语句。

加工工件时,程序是按程序段的输入顺序执行的,而不是按程序段号的顺序执行的,因此,程序段可任意编号。通常,按升序书写程序段号。当然程序段号也可省略。

本书例题中的程序段号,均遵守以上约定。

G 的功能是控制数控机床进行操作的指令,又称准备功能字,用地址码 G 和两位数字来表示。

X、Y、Z 为地址码。尺寸字由地址码、"+"、"−"符号及绝对值或增量值构成,地址码有 X、Y、Z、U、V、W、R、I、K 等。

F 表示刀具中心运动时的进给量,称进给速度功能字,由地址码 F 和后面若干位数字构成,其单位是 mm/min 或 mm/r。

S 表示主轴转速,称主轴转速功能字,由地址码 S 和若干位数字组成,单位为 r/min。

T 表示刀具所处的位置,称刀具功能字,由地址码 T 和若干位数字组成。

M 为辅助功能,表示机床的辅助动作指令,由地址码 M 和后面两位数字组成。

程序段结束符一般写在每段程序之后,表示程序段结束。使用 EIA 标准代码时,结束符为"CR";使用 ISO 标准代码时,结束符为"LF"或"NL";FANUC 系统结束符为";"。(FAUNC-0i 及更高的版本已不再强调程序段结束符)。华中系统程序段没有结束符,输完一段程序直接按"Enter"键即可;有时,根据需要在程序段的后面会出现以";"或"()"表示的注释符,括号内的内容或分号后的内容为注释文字。

4. 制作程序介质并输入程序信息

加工程序可以存储在控制介质(如磁盘、U 盘)上,作为控制数控装置的输入信息。通常,若加工程序简单,可直接通过机床操作面板上的键盘输入;对于大型复杂的程序(如 CAD/CAM 系统生成的程序),往往需要由外部计算机通过通信电缆进行 DNC 传递。

5. 程序校验和首件切削

编制的加工程序必须经过空运行、图形动态模拟或试切削等方法进行检验。一旦发现错误,应分析原因,及时修改程序或调整刀具补偿参数,直到加工出合格的工件。

1.1.3　数控编程方法

根据问题复杂程度不同,数控加工程序的编制分为手工(人工)编程和自动编程。

1. 手工编程

手工编程是指零件图样分析、工艺处理、数值计算、编写程序和程序校验等均由人工完成。它要求编程人员不仅要熟悉数控指令及编程规则,还要具备数控加工工艺知识和数值计算能力。本书主要介绍手工编程的知识。

2. 自动编程

自动编程即计算机辅助编程,是指利用通用的微机及专用的自动编程软件,以人机对话方式确定加工对象和加工条件,自动进行运算并生成指令的编程过程。自动编程可分为以语言(APT)或绘图(CAD/CAM)为基础的自动编程方法。典型的 CAD/CAM 软件有 UGNX、Pro/E、MasterCAM、CAXA-ME 等。自动编程适用于曲线轮廓、三维曲面等复杂型面的加工编程。

1.2　数控机床的坐标系

在数控机床上加工工件,刀具与工件的相对运动是以数字的形式来体现的,因此必须建立相应的坐标系,才能明确刀具与工件的相对位置。为了保证数控机床正确运动,保持工作的一致性,简化程序的编制方法,并使所编程序具有互换性,ISO 标准和我国国家标准都规定了数控机床坐标轴及其运动方向,这给数控系统和机床的设计、使用及维修带来了极大的方便。

1.2.1　机床坐标系

为了确定机床的运动方向和移动距离,就要在机床上建立一个坐标系,该坐标系就叫机床坐标系,也叫标准坐标系。机床坐标系是确定工件位置和机床运动的基本坐标系,是机床固有的坐标系,是机床厂为方便安装调试机床建立的,是唯一的,不可更改的,且对机床失电不具有记忆功能。

1.2.2　机床坐标轴及相互关系

标准规定直线进给坐标轴用 X、Y、Z 表示,称为基本坐标轴。X、Y、Z 轴的相互关系符合右手笛卡儿法则,如图 1-2 所示,右手的大拇指、食指和中指保持两两相互垂直,拇指的指向为 X 轴的正方向,食指指向为 Y 轴的正方向,中指指向为 Z 轴的正方向。

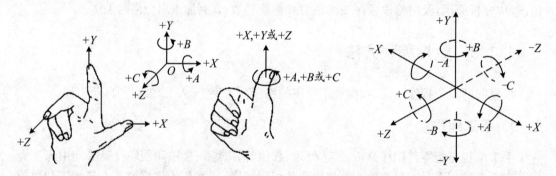

图 1-2　右手迪卡儿坐标系

围绕 X、Y、Z 轴旋转的圆周进给坐标轴分别用 A、B、C 表示,根据右手螺旋定则,分别以大拇指指向＋X、＋Y、＋Z 方向,其余四指则分别指向＋A、＋B、＋C 轴的旋转方向。

为便于编程和加工,如果还有平行于 X、Y、Z 坐标轴的坐标,有时还需设置附加坐标系,可以采用的附加坐标系有:第二组 U、V、W 坐标,第三组 P、Q、R 坐标。

1.2.3　机床坐标轴运动方向

为了便于编程,国际标准化组织对数控机床的坐标轴及其运动方向作了明确规定:不论数控机床的具体结构是工件静止、刀具运动,还是刀具静止、工件运动,都假定为工件不动,刀具相对于静止的工件作运动,且把刀具远离工件的方向作为坐标的正方向。

如果把刀具看作静止不动,工件相对于刀具移动,则运动正方向与上述的假设相反。

同样,两者运动的负方向也彼此相反。

机床坐标轴的方向取决于机床的类型和各组成部分的布局,机床坐标系 X、Y、Z 轴的判定方法如下:

1. 先确定 Z 轴

通常把传递切削力的主轴定为 Z 轴。对于工件旋转的机床,如车床、磨床等,工件转动的轴为 Z 轴;对于刀具旋转的机床,如镗床、铣床、钻床等,刀具转动的轴为 Z 轴,如图 1-3 所示。Z 轴的正方向为刀具远离工件的方向。

2. 再确定 X 轴

X 轴一般平行于工件装夹面且与 Z 轴垂直。对于工件旋转的机床,如车床、磨床等,X 坐标的方向在工件的径向上,且平行于横向滑座,刀具远离工件旋转中心的方向为 X 轴的正向。对于刀具旋转的机床,如铣床、镗床、钻床等,若 Z 轴是垂直的,面对刀具主轴向立柱看时,X 轴正向指向右;若 Z 轴是水平的,当从主轴向工件看时,X 轴正向指向右。

3. 最后确定 Y 轴

在确定了 X、Z 轴正方向之后,可按右手笛卡儿法则确定 Y 轴及其正方向。

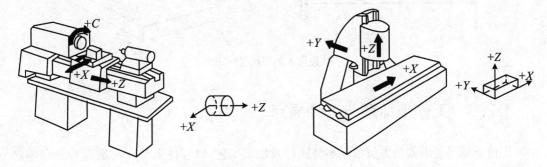

图 1-3　数控机床的标准坐标系

1.2.4　机床原点与机床参考点

机床原点又称为机械原点,是机床坐标系的原点。该点是机床上一个固定的点,其位置是由机床设计和制造单位确定的,通常不允许用户改变。机床原点是工件坐标系、机床参考点的基准点,也是制造和调整机床的基础。

机床原点是通过机床参考点间接确定的。机床参考点也是机床上一个固定的点,它与机床原点之间有一确定的相对位置,一般设置在刀具运动的 X、Y、Z 轴正向最大极限位置,其位置由机械挡块确定。机床参考点已由机床制造厂测定后输入数控系统,并且记录在机床说明书中,用户不得更改。

数控机床通电时并不知道机床原点的位置,在机床每次通电之后、工作之前,必须进行回零操作,使刀具或工作台退离到机床参考点,以建立机床坐标系。当完成回零操作后,显示器即显示出机床参考点在机床坐标系中的坐标值,表明机床坐标系已自动建立。

可以说,回零操作是对基准的重新核定,可消除多种原因产生的基准偏差。

一般地,数控机床的机床原点和机床参考点重合,如华中数控机床。也有些数控机床的机床原点与机床参考点不重合。数控车床的机床原点有的设在卡盘后端面的中心;数控铣床机床原点的设置,各生产厂不一致,有的设在机床工作台中心,有的设在进给行程的终点,如图 1-4 所示。

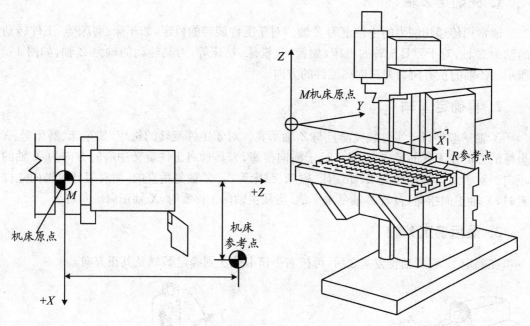

图 1-4   数控机床的原点与机床参考点

1.2.5   工件坐标系与工件原点

工件坐标系是由编程人员根据零件图样及加工工艺,以零件上某一固定点为原点建立的坐标系,又称为编程坐标系或工作坐标系。工件坐标系是用来确定工件几何形体上各要素的位置而设置的坐标系。工件原点的位置是根据工件的特点人为设定的,所以也称编程原点。

工件坐标系原点的选择要尽量满足编程简单、尺寸换算少、引起的加工误差小等条件。一般情况下,以坐标式尺寸标注的零件,选设计基准点作为编程原点;对称零件或以同心圆为主的零件,编程原点应选在对称中心线或圆心上。

在数控车床上加工工件时,工件原点一般设在主轴中心线与工件右端面的交点处,如图 1-5(a)所示。

在数控铣床上加工工件时,工件原点应选在零件图的尺寸基准上。对于对称零件,工件原点应设在对称中心上;对于一般零件,工件原点设在进刀方向一侧工件外轮廓的某个角上,这样,便于计算坐标值。Z 轴的编程原点通常设在工件的上表面,并尽量选在精度较高的工件表面,如图 1-5(b)所示。

工件坐标系一般供编程使用,确定工件坐标系时不必考虑工件在机床上的实际装夹位置。工件坐标系一旦建立便一直有效,直到被新的工件坐标系所取代。FANUC 数控系统至少可以提供从 G54～G59 共 6 个工件原点,以满足用户同时加工多个相同或者不同类型的工件的需求。

同一工件,由于工件原点变了,程序段中的坐标尺寸也随之改变,因此数控编程时,应该首先确定编程原点和工件坐标系。编程原点的确定是通过对刀来完成的,对刀的过程就是建立工件坐标系与机床坐标系之间关系的过程。

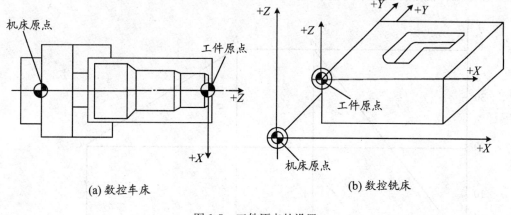

(a) 数控车床　　　　　　　　　　　　　　　　(b) 数控铣床

图 1-5　工件原点的设置

1.2.6　对刀与对刀点

在数控加工中,工件坐标系确定后,还要确定刀位点在工件坐标系中的位置。每把刀的半径与长度尺寸都是不同的,刀具装在机床(刀架)上后,应在控制系统中设置刀具的基本位置,即常说的对刀。

数控机床的装备不同,所采用的对刀方法也不同。如果数控机床自带对刀仪或配有机外对刀仪,那么对刀就比较简单,对刀精度也较高。否则,只能采用手动对刀,对刀过程相对复杂,效率也低。在数控车床上,常用的对刀方法为试切对刀。工件坐标系的确定,通常是通过对刀过程来实现的。对刀的目的是确定工件原点在机床坐标系中的位置。

对刀有以下作用:

① 通过对刀使刀具与机床、夹具和工件之间建立起联系,有效地保证零件的机械加工精度,使工艺系统成为一个整体。

② 通过对刀设置相应的刀具偏置补偿值,解决了多刀加工中各刀的刀位点位置不同的问题。

③ 对刀的过程也是建立工件坐标系的过程。

对刀点是指通过对刀确定刀具与工件相对位置的基准点。对刀点可以设在工件上,也可以设在与工件的定位基准有一定关系的夹具某一位置上。当对刀精度要求较高时,对刀点应尽量选在零件的设计基准或工艺基准上;对于以孔定位的工件,一般取孔的中心为对刀点。对刀点往往与工件原点重合。

1.2.7　绝对坐标和相对坐标编程

数控加工程序中表示几何点的坐标位置有绝对值和增量值两种方式。绝对坐标是指点的坐标值是相对于"工件原点"计量的。相对坐标又叫增量坐标,是指运动终点的坐标值是以"前一点"的坐标为起点来计量的。

编程时要根据零件加工精度要求及编程方便与否选用坐标类型。在数控程序中,绝对坐标与增量坐标可单独使用,也可在不同程序段上交叉设置使用,有的系统还可以在同一程序段中混合使用。使用原则主要是看用哪种方式编程更方便,如图 1-6 和表 1-1 所示。

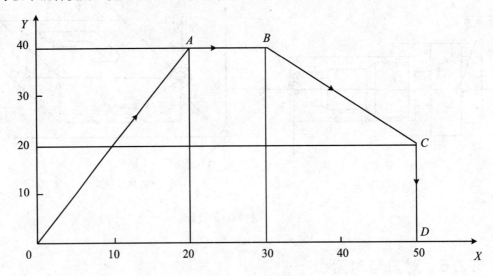

图 1-6　点的运动轨迹

表 1-1　绝对坐标与相对坐标

运动轨迹	绝对坐标		相对坐标	
	X	Y	X	Y
O	0	0	0	0
A	20	40	20	40
B	30	40	10	0
C	50	20	20	-20
D	50	0	0	-20

注意:有些数控系统没有绝对值和增量值指令,当采用绝对值方式编程时,尺寸字用 X、Y、Z;采用增量值方式编程时,尺寸字改用 U、V、W。数控车床编程通常采用 U、V、W 指定增量坐标。

数控车床上 X 轴方向的坐标值不论是绝对值还是增量值,一般都用直径值表示(称为直径编程),这样会给编程带来方便。此时,刀具的实际移动距离是直径值的一半。

习　　题

1.1　简述数控机床加工(从分析零件图到加工出零件)的整个过程。

1.2　数控编程包括哪些内容?

1.3　数控机床的坐标系是如何规定的?

1.4　如何确定机床坐标轴的方向?

1.5　什么是刀具绝对运动原则？

1.6　什么是机床坐标系和工件坐标系？说明两者的区别与联系。

1.7　什么是机床原点和机床参考点？两者有什么联系？

1.8　绝对坐标编程和增量坐标编程有何区别？试举例说明。

1.9　数控机床对刀操作的目的是什么？

第 2 章　数控车床编程与操作

2.1　数控车削加工工艺

2.1.1　数控车削的主要加工对象

数控车削加工是数控加工中用得最多的加工方法之一,由于数控车床具有精度高、能做直线和圆弧插补以及在加工过程中能自动变速的特点,其工艺范围较普通机床宽得多。数控车床适合于车削具有以下要求和特点的回转类零件。

1. 精度要求高的回转体零件

由于数控车床具有刚性好,制造精度和对刀精度高,可方便精确地进行人工补偿和自动补偿的特点,所以能加工尺寸精度要求较高的零件,在有些场合可以以车代磨。此外,数控车削的刀具运动是通过高精度插补运算和伺服驱动来实现的,所以它能加工直线度、圆度、圆柱度等形状精度要求高的零件。数控车削的工序集中,减少了工件的装夹次数,还有利于提高零件的位置精度。如图 2-1、图 2-2 所示的主轴,原来采用普通及半自动车床和液压仿形车床加工,需多次装夹才能完成,而且质量难以保证,后改用数控车床加工,很轻松就能完成主轴的加工,且加工质量稳定。

图 2-1　高精度的机床主轴　　　　　图 2-2　高速电机主轴

2. 带特殊螺纹的回转体零件

普通车床所车削的螺纹相当有限,它只能车削等导程的圆柱(锥面)米(英)制螺纹,而且一台车床只能限定加工若干种导程。但数控车床能车削增导程、减导程以及要求等导程和变导程之间平滑过渡的螺纹。数控车床车削螺纹时,主轴转向不必像普通车床那样交替变换,可以一刀接一刀地循环切削,直到完成,所以车削螺纹的效率很高。数控车床可配备精密螺纹切削功能,再加上采用硬质合金成形刀片、使用较高的转速,所以车削的螺纹精度高、表面粗糙度值极小。如图 2-3 所示为非标丝杠螺母副,在普通车床上很难加工,但在数控车床上能准确的加工出来,且加工效率很高。

3. 表面形状复杂的回转体零件

由于数控车床具有直线和圆弧插补功能,所以可以车削任意直线和曲线组成的形状复杂的回转体零件。如图 2-4 所示的壳体零件内腔的成形面,在普通车床上是无法加工的,而在数控车床上则很容易加工出来。

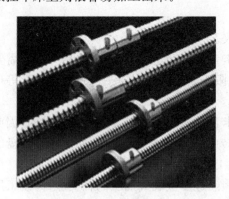

图 2-3　非标丝杠　　　　　　　　　　　图 2-4　复杂的回转体零件

4. 表面质量要求高的回转体零件

数控车床具有恒线速度切削功能,能加工出表面粗糙度 R_a 值小而均匀的零件。在材质、精车余量和刀具已确定的情况下,表面粗糙度取决于进给量和切削速度。使用数控车床的恒线速度切削功能,可选用最佳线速度来切削锥面和端面,使车削后的表面粗糙度 R_a 值既小又一致。数控车削还适合于车削各部位表面粗糙度要求不同的零件,表面粗糙度 R_a 值要求大的部位选用大的进给量,要求小的部位选用小的进给量。如图 2-5、图 2-6 所示精密加工业的套类零件等。

图 2-5　隔套　　　　　　　　　　　　　图 2-6　连接套

2.1.2 工件在数控车床上的装夹

在数控车床上加工零件,应按工序集中的原则划分工序,在一次装夹下尽可能完成大部分甚至全部表面的加工。根据零件的结构形状不同,通常选择外圆装夹,并力求使设计基准、工艺基准和编程基准统一。

为了充分发挥数控机床高速度、高精度、高效率的特点,在数控加工中,还应有与数控加工相适应的夹具相配合,数控车床夹具可分为用于轴类工件的夹具和用于盘类工件的夹具两大类。

1. 轴类零件的装夹

轴类零件常以外圆柱表面作定位基准来装夹。

(1)用三爪自定心卡盘装夹   三爪自定心卡盘能自动定心,工件装夹后一般不需要找正,装夹效率高,但夹紧力较四爪单动卡盘小,只限于装夹圆柱形、正三边形、六边形等形状规则的零件。如果工件伸出卡盘较长,仍需找正。

(2)用四爪单动卡盘装夹   由于四爪单动卡盘的四个卡爪是各自独立运动的,因此必须通过找正使工件的旋转中心与车床主轴的旋转中心重合,才能车削。四爪单动卡盘的夹紧力较大,适合于装夹形状不规则及直径较大的工件。

(3)在两顶尖间装夹   对于长度较长或必须经过多次装夹加工的轴类零件;或工序较多,车削后还要铣削和磨削的轴类零件,应采用两顶尖装夹,以保证每次装夹时的装夹精度。

(4)用一夹一顶装夹   由于两顶尖装夹刚性较差,因此在车削一般轴类零件,尤其是较重的工件时,常采用一夹一顶装夹。为了防止工件的轴向位移,须在卡盘内装一限位支承,或利用工件的台阶作限位。由于一夹一顶装夹工件的安装刚性好,轴向定位准确,且比较安全,能承受较大的轴向切削力,因此应用很广泛。

除此以外,根据零件的结构特征,轴类零件还可以采用自动夹紧拨动卡盘、自定心中心架和复合卡盘装夹。

2. 盘类零件的装夹

用于盘类工件的夹具主要有可调卡爪式卡盘和快速可调卡盘两种。快速可调卡盘的结构刚性好,工作可靠,因而广泛用于装夹法兰等盘类及杯形工件,也可用于装夹不太长的圆柱类工件。

在数控车削加工中,常采用以下装夹方法来保证工件的同轴度、垂直度要求。

(1)一次安装加工   它是在一次安装中把工件全部或大部分尺寸加工完的一种装夹方法。此方法没有定位误差,可获得较高的形位精度,但需经常转换刀架,变换切削用量,尺寸较难控制。

(2)以外圆为定位基准装夹   工件以外圆为基准保证位置精度时,零件的外圆和一个端面必须在一次安装中进行精加工后,方能作为定位基准。以外圆为基准时,常用软卡爪装夹工件。

(3)以内孔为定位基准装夹   中小型轴套、带轮、齿轮等零件,常以工件内孔作为定位基准安装在芯轴上,以保证工件的同轴度和垂直度。常用的芯轴有实体芯轴和胀力芯轴两种。

2.1.3 切削用量的选择

合理选择切削用量对于发挥数控机床的最佳效益有着至关重要的关系。选择切削用量的原则是:粗加工时,一般以提高生产率为主,但也应考虑经济性和加工成本;半精加工和精加工时,应在保证加工质量的前提下,兼顾切削效率、经济性和加工成本。具体数值应根据机床说明书、刀具说明书、切削用量手册,并结合经验而定。

1. 切削深度 a_p

切削深度也称背吃刀量。它是已加工表面与待加工表面之间的垂直距离,也是刀具切入工件的深度,计算公式如下:

$$a_p = \frac{d_w - d_m}{2}$$

式中,d_w 为工件待加工表面的直径(mm);d_m 为工件已加工表面的直径(mm)。

镗孔加工时,上式的 d_w 与 d_m 应互换位置。

由上式可知用车刀车圆柱面,a_p 为该次切除量的一半;切削平面时,a_p 为该次的切除量;用麻花钻钻孔时,a_p 为钻头直径的一半。

在机床、工件和刀具刚度允许的情况下 a_p 等于加工余量,这是提高生产率的一个有效措施。为了保证零件的加工精度和表面粗糙度,一般应留一定的余量进行精加工。

2. 主轴转速 n

主轴转速是指主轴单位时间内转过的转数,单位是 r/min,一般根据切削速度 v 来选定。切削速度是指在单位时间里,工件或刀具沿主运动方向移动的距离,或者说,切削加工时,刀具的刀刃在切削运动方向上相对工件的线速度,也是主运动的速度,它的单位是m/min。主运动是旋转运动,其计算公式如下:

$$v = \frac{\pi d n}{1\,000}$$

式中,v 为切削速度(m/min);d 为工件或刀具的直径(mm),粗加工一般取毛坯直径,精加工一般取毛坯直径的一半;n 为工件或刀具的转速(r/min)。

在实际生产中,常常已知工件直径,并根据工件和刀具材料等因素选定了切削速度,再求出车床的主轴转速,这时可把公式变换为

$$n = \frac{1\,000v}{\pi d}$$

或

$$n \approx \frac{318v}{d}$$

数控机床的控制面板上一般备有主轴转速修调(倍率)开关,可在加工过程中根据实际加工情况对主轴转速进行调整。

3. 进给量 f

在主运动的一个循环时间内，它是刀具和工件之间沿进给运动方向相对移动的距离。车削时的进给量为工件每转一圈，刀具沿进给方向的相对位移，f 单位是 mm/r。f 应根据零件的加工精度和表面粗糙度要求以及刀具和工件材料来选择。f 的增加也可以提高生产效率，但是刀具的耐用度也会降低。加工表面粗糙度要求低时，f 可选择得大些。进给量 f 的大小反映着加工时的进给速度 F（F 为 F 指定的值，单位为 mm/min）的大小，进给速度可以按下面公式进行计算：

$$F = nf$$

式中：F 为进给速度，单位为 mm/min；f 为表示刀具进给量，单位为 mm/r；n 为表示主轴转速，单位为 r/min。

在数控编程中，还应考虑在不同情形下选择不同的进给速度。如在初始切削进刀时，特别是 Z 轴方向由外向内进刀时，受力突然增大，同时考虑程序的安全性问题，所以应以相对较慢的速度进给。

在加工过程中，F 也可通过机床控制面板上的修调开关进行人工调整，但是最大进给速度要受到设备刚度和进给系统性能等的限制。

在实际的加工过程中，可能要对各个切削用量参数进行调整，如使用较高的进给速度进行加工，虽然会使刀具的寿命有所降低，但节省了加工时间，反而能有更好的效益。

对于加工中不断产生的变化，数控加工中的切削用量选择在很大程度上依赖于编程人员的经验。因此，编程人员必须熟悉刀具的使用和切削用量的确定原则，不断积累经验，从而保证零件的加工质量和效率，充分发挥数控机床的优点，提高企业的经济效益和生产水平。

2.1.4 数控车削加工工艺的制订

制订工艺是数控车削加工的前期准备工作。工艺制订得合理与否，对程序编制、机床的加工效率和零件的加工精度都有很大的影响。

1. 零件图工艺分析

（1）零件结构工艺性分析　零件的结构工艺性是指零件对加工方法的适应性，即所设计的零件结构应便于加工成形。在数控车床上加工零件时，应根据数控车削的特点，认真审视零件结构的合理性。

（2）轮廓几何要素分析　手工编程时，要计算每个基点坐标，自动编程时，要对构成零件轮廓的所有几何元素进行定义，因此在分析零件图时，要分析几何元素的给定条件是否充分。

（3）精度及技术要求分析　精度及技术要求分析的主要内容有：一是分析精度及各项技术要求是否齐全、是否合理；二是分析本工序的数控车削加工精度能否达到图样要求，若达不到，需采取其他措施（如磨削）弥补的话，则应给后续工序留有余量；三是找出图样上有位置精度要求的表面，这些表面应尽量在一次安装下完成；四是对表面粗糙度值要求较小的表面，应采用恒线速度切削。

2. 工序划分的方法

在数控车床上加工零件,应按工序集中的原则划分工序,在一次装夹下尽可能完成大部分甚至全部表面的加工。批量生产中,常用下列方法划分工序。

(1) 按零件加工表面划分工序　即以完成相同型面的那一部分工艺过程为一道工序,对于加工表面多而复杂的零件,可按其结构特点(如内形、外形、曲面和平面等)划分成多道工序。将位置精度要求较高的表面在一次装夹下完成,以免多次定位夹紧产生的误差影响位置精度。

(2) 按粗、精加工划分工序　即粗加工中完成的那部分工艺过程为一道工序,精加工中完成的那一部分工艺过程为一道工序。对毛坯余量较大和加工精度要求较高的零件,应将粗车和精车分开,划分成两道或更多的工序。将粗车安排在精度较低、功率较大的数控机床上进行,将精车安排在精度较高的数控机床上完成。这种划分方法适用于加工后变形较大,需粗、精加工分开的零件,例如毛坯为铸件、焊接件或锻件的零件。

(3) 按所用的刀具种类划分工序　以同一把刀具完成的那一部分工艺过程为一道工序,这种方法适用于工件的待加工表面较多,机床连续工作时间较长,加工程序的编制和检查难度较大的情况。

如图 2-7 所示工件,工序一:钻头钻孔,去除加工余量;工序二:采用外圆车刀粗、精加工外形轮廓;工序三:内孔车刀粗、精车内孔。

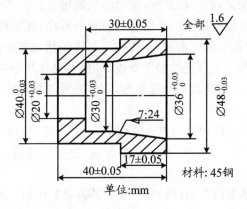

图 2-7　套类零件分析

对同一方向的外圆切削,应尽量在一次换刀后完成,避免频繁更换刀具。例如,图 2-8(a)所示的手柄零件,所用坯料为∅32 mm 棒料,批量生产,加工时用一台数控车床。

其加工的工序一:夹棒料外圆柱面,按图 2-8(b)所示将一批工件全部车出,包括切断,工序内容有:先车出∅12 mm 和∅20 mm 两圆柱面及圆锥面(粗车 R42 mm 圆弧的部分余量),换刀后按总长要求留下加工余量,然后切断。

工序二:用∅12 mm 外圆及∅20 mm 端面装夹,如图 2-8(c)所示,工序内容有:先车削包络 SR7 mm 球面的 30°圆锥面,然后对全部圆弧表面半精车(留少量精车余量),最后换精车刀将全部圆弧表面一刀精车成形。

(4) 按安装次数划分工序　以一次安装完成的那一部分工艺过程为一道工序。这种方法适用于工件的加工内容不多的工件,加工完成后就能达到待检状态。

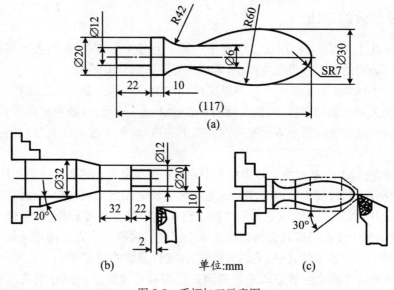

图 2-8　手柄加工示意图

3. 加工顺序的确定

为了达到质量优、效率高和成本低的目的,制定加工方案应遵循以下基本原则——先粗后精,先近后远,内外交叉,程序段最少,进给路线最短。

(1) 先粗后精　是指按照粗车—半精车—精车的顺序,逐步提高加工精度。粗加工工序,可在短时间内去除大部分加工余量;半精加工工序使精加工余量小而均匀;零件的成形表面应由最后一刀的精加工工序连续加工而成,尽量不要在其中安排切入和切出或换刀及停顿,以免因切削力突然变化而造成弹性变形,致使光滑连接轮廓上产生表面划伤、形状突变或滞留刀痕等瑕疵。

(2) 先近后远　通常安排离对刀点近的部位先加工,离对刀点远的部位后加工,以便缩短刀具移动距离,减少空行程时间。对于车削而言,先近后远还有利于保持坯件或半成品的刚性,改善其切削条件。

(3) 内外交叉　对既有内表面(内型腔)又有外表面需要加工的零件,安排加工顺序时,应先进行内外表面粗加工,后进行内外表面精加工。切不可将零件上一部分表面(外表面或内表面)加工完毕后,再加工其他表面(内表面或外表面)。

4. 确定刀具的进给路线

刀具的进给路线是指刀具从对刀点开始运动起,直至加工程序结束所经过的路径,包括切削加工的路径及刀具切入、切出等非切削空行程。零件加工通常沿刀具与工件接触点的切线方向切入和切出。设计好进给路线是编制合理的加工程序的条件之一。

确定数控加工进给路线的总原则是:在保证零件加工精度和表面质量的前提下,尽量缩短进给路线,以提高生产率;方便坐标值计算,减少编程工作量,便于编程。对于多次重复的进给路线,应编写子程序,简化编程。

(1) 车圆弧的进给路线分析　用 G02(或 G03)指令车削圆弧,若一刀就把圆弧加工出来,背吃刀量太大,容易打刀。所以实际车圆弧时,需要多刀加工,先将大部分余量切除,最后才车出所需圆弧。

图 2-9 所示为车圆弧的阶梯进给路线,即先粗车成阶梯,最后一刀精车出圆弧。在确定了背吃刀量后,须计算每次粗车的终点坐标。此方法刀具切削运动距离较短,但数值计算较繁。

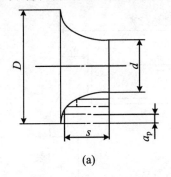
(a)

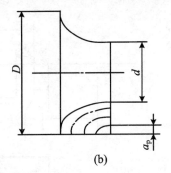
(b)

图 2-9 阶梯进给路线车圆弧

图 2-10 所示为车圆弧的同心圆弧进给路线。每次车削对 90° 圆弧的起点、终点坐标较易确定,数值计算简单,编程方便,常采用。但按图 2-10 所示加工时,空行程时间较长。

(2) 车圆锥的进给路线分析 按图 2-11（a）、图 2-11(b)所示的切削路线,都需要计算每次粗车的终点坐标。按图 2-11(c)所示的斜线加工路线,只需确定每次车削的背吃刀量,而不需计算坐标值,编程方便;但在每次切削中背吃刀量是变化的,且刀具切削运动的路线较长。

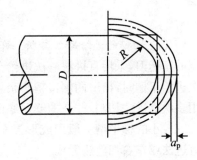

图 2-10 同心圆弧进给路线车圆弧

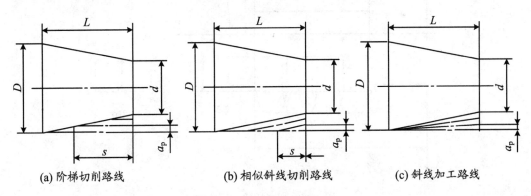

(a) 阶梯切削路线   (b) 相似斜线切削路线   (c) 斜线加工路线

图 2-11 车圆锥进给路线

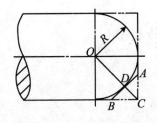

图 2-12 车锥法进给路线车圆弧

图 2-12 所示为车圆弧的车锥法切削路线,即先车一个圆锥,再车圆弧。注意车锥时的起点和终点若确定不好,可能损坏圆弧表面,也可能将余量留得过大。车锥时,进给路线不能超过 AB 线。虽然此方法数值计算较繁,但刀具切削路线短。

(3) 车螺纹的轴向进给距离分析 车螺纹时,刀具沿螺纹方向的进给应与工件主轴旋转保持严格的速比关系。考虑到刀具从停止状态到达指定的进给速度或从指定的进给速度降至零,驱动系统必有一个过渡过程,沿轴向进给的加工路线长度,除保证加工螺纹长度外,还应增加刀具引入距离 δ_1 和刀具引出距离 δ_2,如图 2-13 所示,从而保证了在切削螺纹的有效长度内,刀具的进给速度是均匀的。一般取 $\delta_1 \geqslant 2$ 倍螺距,取 $\delta_2 \geqslant 0.5$ 倍的螺距。

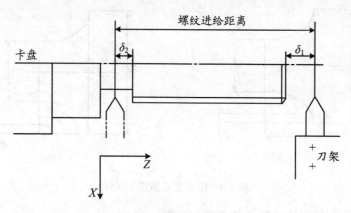

图 2-13 切削螺纹的引入、引出距离

（4）切槽的进给路线分析 车削精度不高且宽度较窄的矩形沟槽时,可用刀宽等于槽宽的车槽刀,采用直进法一次进给车出。精度要求较高的沟槽,一般采用二次进给,即第一次进给车槽时,槽壁两侧留精车余量,第二次进给时用等宽刀修整。车较宽的沟槽,可以采用多次直进法切割,并在槽壁及底面留精加工余量,最后一刀精车至尺寸,如图 2-14 所示。

较小的梯形槽一般用成形刀车削完成。较大的梯形槽,通常先车直槽,然后用梯形刀直进法或左右切削法完成。

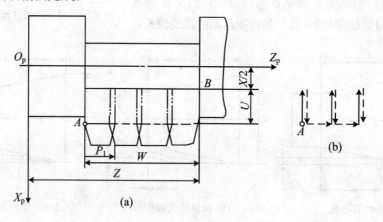

图 2-14 切宽槽的进给路线

2.2 数控车削刀具及刀具参数处理

2.2.1 数控车床对刀具的要求

数控车床加工时,能根据程序指令实现全自动换刀。为了缩短数控车床的准备时间,

适应柔性加工的需求,数控车床对刀具提出了更高的要求,要求刀具不仅精度高、刚性好、刀具寿命高,而且安装、调整、刃磨方便,断屑及排屑性能好。

在全功能数控车床上,可预先安装 8～12 把刀具,当被加工工件改变后,一般不需要更换刀具就能完成工件的全部车削加工,为了满足要求,配备刀具时应注意以下几个问题:

① 在可能的范围内,使被加工工件的形状、尺寸标准化,从而减少刀具的种类,实现不换刀或少换刀,以缩短准备和调整时间。

② 使刀具规格化和通用化,以减少刀具的种类,便于刀具管理。

③ 尽可能采用可转位刀片,磨损后只需更换刀片,增加了刀具的互换性。

④ 在设计或选择刀具时,应尽量采用高效率、断屑及排屑性能好的刀具。

2.2.2　数控车刀的类型与选择

1. 根据加工用途分类

数控车床使用的刀具可分为外圆车刀、内孔车刀、螺纹车刀、切槽刀等。图 2-15 所示为常用车刀的种类、形状和用途。

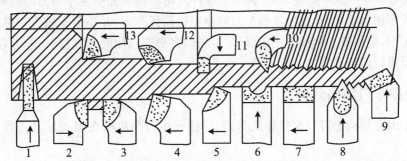

1. 切槽(断)刀;　2. 90°反(左偏)刀;　3. 90°正(右偏)刀;　4. 弯头车刀;　5. 直头车刀;
6. 成形车刀;　7. 宽刃精车刀;　8. 外螺纹车刀;　9. 端面车刀;　10. 内螺纹车刀;
11. 内切槽车刀;　12. 通孔车刀;　13. 不通孔车刀

图 2-15　常用车刀的种类、形状和用途

2. 根据刀尖形状分类

数控车削常用的车刀按照刀尖的形状一般分为三类,即尖形车刀、圆弧形车刀和成形车刀,如图 2-16 所示。

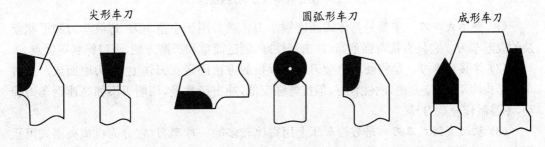

图 2-16　按刀尖形状分类的数控车刀

（1）尖形车刀　以直线形切削刃为特征的车刀一般称为尖形车刀。这类车刀的刀尖同时也为其刀位点由直线形的主、副切削刃构成，如 90°内外圆车刀、左右端面车刀、切断（车槽）车刀以及刀尖倒棱很小的各种外圆和内孔车刀。

（2）圆弧形车刀　圆弧形车刀的特征是，构成主切削刃的刀刃形状为一圆弧，该圆弧状刀刃每一点都是圆弧形车刀的刀尖，因此，刀位点不在圆弧上，而在该圆弧的圆心上。车刀圆弧半径理论上与被加工零件的形状无关，可根据需要灵活确定或经测定后确认，如图 2-17 所示。

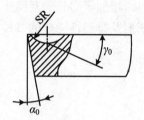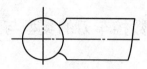

图 2-17　圆弧形车刀

圆弧形车刀可以用于车削内、外表面，特别适于车削各种光滑连接（凹形）的成形面。

（3）成形车刀　俗称样板车刀，其加工零件的轮廓形状完全由车刀刀刃的形状和尺寸决定。数控车削加工中，常见的成形车刀有小半径圆弧车刀、非矩形车槽刀和螺纹车刀等。在数控加工中，应尽量少用或不用成形车刀，当确有必要选用时，则应在工艺准备文件或加工程序单上进行详细说明。

3. 根据车刀结构分类

数控车刀在结构上可分为整体式车刀、焊接式车刀和机械夹固式车刀三类，如图 2-18 所示。

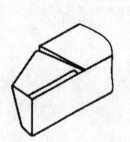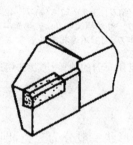

图 2-18　按刀具结构分类的数控车刀

（1）整体式车刀　主要是整体式高速钢车刀。通常用于小型车刀、螺纹车刀和形状复杂的成形车刀。它具有抗弯强度高、冲击韧性好，制造简单和刃磨方便、刃口锋利等优点。

（2）焊接式车刀　是将硬质合金刀片用焊接的方法固定在刀体上，经刃磨而成。这种车刀结构简单，制造方便，刚性较好，但抗弯强度低，冲击韧性差，切削刃不如高速钢车刀锋利，不易制作复杂刀具。

（3）机械夹固式车刀　是数控车床上用得比较多的一种车刀，它分为机械夹固式可重磨车刀和机械夹固式不重磨车刀。

　　机械夹固式可重磨车刀将普通硬质合金刀片用机械夹固的方法安装在刀杆上。刀片用钝后可以修磨,修磨后,通过调节螺钉把刃口调整到适当位置,压紧后便可继续使用,如图 2-19 所示。

　　机械夹固式不重磨(可转位)车刀的刀片为多边形,有多条切削刃,当某条切削刃磨损钝化后,只需松开夹固元件,将刀片转一个位置便可继续使用,如图 2-20 所示。其最大优点是车刀几何角度完全由刀片保证,切削性能稳定,刀杆和刀片已标准化,加工质量好。

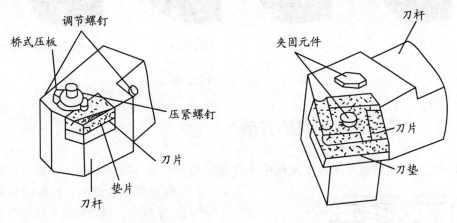

图 2-19　机械夹固式可重磨车刀　　　　　图 2-20　机械夹固式可转位车刀

　　(4) 机夹可转位刀片　在数控车床的加工过程中,为了减少换刀时间和方便对刀,便于实现加工自动化,应尽量选用机夹可转位刀片。目前,70%～80%的自动化加工刀具已使用了可转位刀片。

　　车刀刀片的材料主要有高速钢、硬质合金、涂层硬质合金、陶瓷、立方氮化硼和金刚石等。在数控车床加工中应用最多的是硬质合金和涂层硬质合金刀片。一般使用机夹可转位硬质合金刀片以方便对刀。机夹可转位刀片的具体形状已经标准化,常用的可转位的车刀刀片形状及角度如图 2-21 所示。

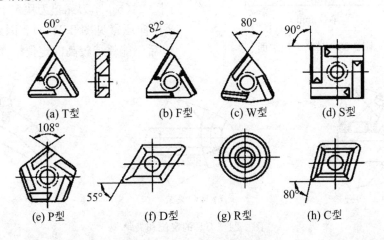

图 2-21　常用可转位车刀刀片

　　(5) 刀片与刀杆的固定方式　刀片与刀杆的固定方式通常有压板式压紧、复合式压紧、螺钉式压紧和杠杆式压紧等几种,如图 2-22 所示。

图 2-22(a)的压板式压紧与图 2-22(b)的复合式压紧,夹紧可靠,能承受较大的切削力和冲击负载。图 2-22(c)的螺钉式压紧和图 2-22(d)的采用偏心轴销的杠杆式压紧,配件少,结构简单,切屑流动性能好,适合于轻载的加工。

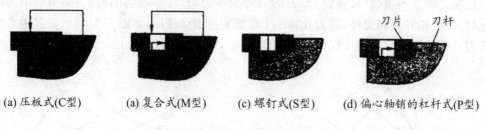

(a) 压板式(C型)　　(a) 复合式(M型)　　(c) 螺钉式(S型)　　(d) 偏心轴销的杠杆式(P型)

图 2-22　刀片与刀杆的固定方式

2.2.3　数控车床刀具的安装

装刀与对刀是数控车床加工操作中非常重要和复杂的一项基本工作。装刀与对刀的精度,将直接影响到加工程序的编制及零件的尺寸精度。现以数控车床转塔刀架刀具的安装为例,说明刀具的安装。数控车床使用的转塔设有 8 个刀位(有的设 12 个刀位),并在刀架的端面上刻有 1~8 的字样,如图 2-23 所示。

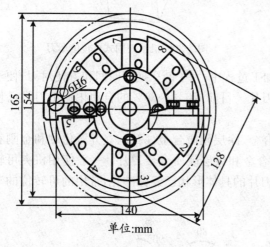

单位:mm

图 2-23　转塔刀架端面

(1) 外圆车刀的安装　将刀柄端面靠在刀架中心圆柱体上,刀具轴向定位靠侧面,径向定位靠刀柄端面。外圆车刀可以正向安装见图 2-24(a),也可以反向安装见图 2-24(b),车刀靠垫刀块 1 上的两只螺钉 2 反向压紧见图 2-24(c)。因此,刀具装拆以后仍能保持较高的定位精度。

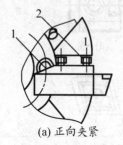

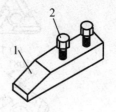

1.垫刀块; 2.螺钉

(a) 正向夹紧　　　　　(b) 反向夹紧　　　　　(c) 垫刀块

图 2-24　刀具的定位和夹紧

(2) 内孔刀具的安装　如图 2-25 所示,麻花钻头可安装在内孔刀座 1 中,内孔刀座 1 用两只螺钉固定在刀架上。麻花钻头的侧面用两只螺钉 2 紧固,直径较小的麻花钻头可增加隔套 3 再用螺钉紧固。

内孔车刀做成圆柄的,并在刀杆上加工出一个小平面,靠两只螺钉 2 通过小平面紧固在刀架上,如图 2-25(b)所示。

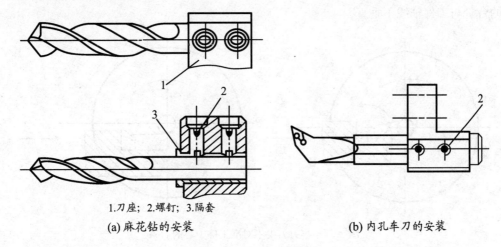

1.刀座; 2.螺钉; 3.隔套

(a) 麻花钻的安装   (b) 内孔车刀的安装

图 2-25 内孔刀具安装

车刀安装得正确与否,将直接影响切削能否顺利地进行和工件的加工质量。安装车刀时,应注意下列几个问题:

① 车刀安装在刀架上,伸出部分不宜太长,伸出量一般为刀杆高度的 1~1.5 倍。伸出过长会使刀杆刚性变差,切削时易产生振动,影响工件的表面粗糙度。

② 车刀垫铁要平整,数量上少用,垫铁应与刀架对齐。车刀至少要用两个螺钉压紧在刀架上,并逐个拧紧。

③ 车刀刀尖应与工件轴线等高,如图 2-26(a)所示。否则会因基面和切削平面的位置发生变化,而改变车刀工作时的前角 γ_0 和后角 α_0 的数值。图 2-26(b)中的车刀刀尖高于工件轴线,使后角 α_{0e} 减小,增大了车刀后刀面与工件间的摩擦。图 2-26(c)中的车刀刀尖低于工件轴线,使前角 γ_{0e} 减小,切削力增加,切削不顺利。

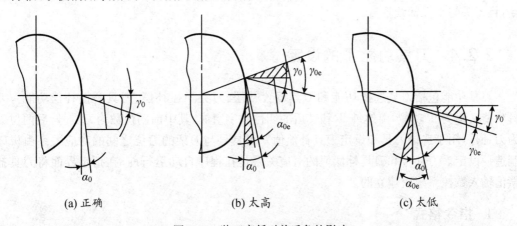

(a) 正确   (b) 太高   (c) 太低

图 2-26 装刀高低对前后角的影响

车端面时,车刀刀尖若高于或低于工件中心,车削后工件端面中心处会留有凸头,如图 2-27 所示。使用硬质合金车刀时,如果不注意这一点,车削到中心处会使刀尖崩碎。

④ 车刀刀杆中心线应与进给方向垂直,否则会使主偏角 K_r 和副偏角 K_r' 的数值发生变

化,如图 2-28 所示。如果螺纹车刀安装歪斜,会使螺纹牙形半角产生误差。用偏刀车削台阶时,必须使车刀主切削刃与工件轴线之间的夹角在安装后等于 90°或大于 90°,否则,车出来的台阶与工件轴线不垂直。

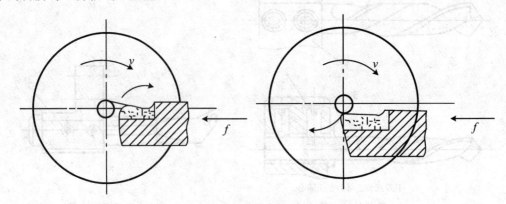

图 2-27　车刀刀尖不对准工件中心的后果

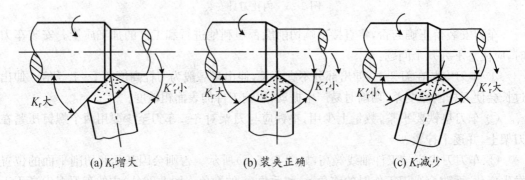

(a) K_r 增大　　　　　　　(b) 装夹正确　　　　　　　(c) K_r 减少

图 2-28　车刀装偏对主副偏角的影响

⑤ 切槽刀装夹是否正确,对槽的质量有直接影响。一般要求切槽刀刀尖与工件轴线等高,且刀头与工件轴线垂直。

2.2.4　刀具功能 T 的设定

刀具功能包括刀具选择功能和刀具偏置补偿、刀尖半径补偿、刀具磨损补偿功能。刀具功能又称为 T 功能,由地址 T 和其后的四位数字组成,其中前两位数为刀具号,后两位数为刀补号,用于选择刀具和设定刀具补偿值。刀具号与刀架的刀位之间的对应关系由机床制造厂设定。刀补号和刀具补偿值的对应关系是在程序自动运行前,在指定界面将刀具补偿值输入数控系统后建立的。

1. 指令格式

例如,指令"T0404"表示选取处在 4 号刀位上的刀具,同时调用 4 号刀具补偿值;"T0102"表示选取处在 1 号刀位上的刀具,同时调用 2 号刀具补偿值,"T0100"表示选取 1 号刀不带刀补。

T□□(刀具顺序号)□□(刀具补偿号)

2.　说明

① 刀具补偿号是刀具偏置补偿寄存器的地址号,该寄存器存放刀具补偿值。

② T指令是非模态指令,但被调用的刀补号一直有效,直到再次使用 T 指令设定新的刀补号。

③ 刀具号和刀补号不必相同,但为了方便通常使它们统一。

2.2.5　对刀及刀具补偿设置

对刀是数控加工中的主要操作和重要技能。对刀的准确性决定了零件的加工精度,同时,对刀效率还直接影响数控加工效率。对刀的实质是确定编程原点在机床坐标系中的位置。对刀的主要目的是建立准确的工件坐标系,同时考虑不同的刀具尺寸对加工的影响。

1.　常用的对刀方法

数控车床常用的对刀方法有如图 2-29 所示的三种:试切对刀、机械检测对刀仪对刀(接触式)、光学检测对刀仪对刀 (非接触式)。

(1) 试切对刀　试切对刀[图 2-29(a)]的操作过程是:在手动操作方式下,刀具分别车削试切件的外圆和端面,将所测数值(有时需要简单运算)输入指定的界面下,数控系统自动运算,从而得到相应的偏置补偿值。具体操作内容视数控系统的不同而略有差异。

经济型数控车床上的对刀方法一般常用试切对刀法,操作简单且对刀精度较高。试切对刀法的对刀精度主要取决于试切后直径和长度的测量精度。

(2) 机械检测对刀仪对刀　如图 2-29(b)所示,用机械检测对刀仪对刀,是使每把刀的刀尖与百分表测头接触,得到两个方向的刀偏值。若有的数控机床具有刀具探测功能,则通过刀具触及一个位置已知的固定触头,可测量刀偏值或直径、长度,并修正刀具补偿寄存器中的刀补值。

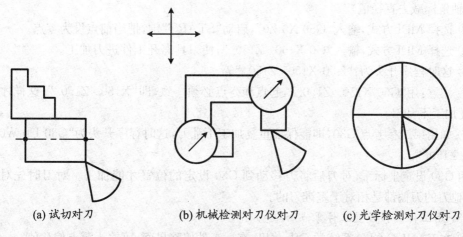

(a) 试切对刀　　　　　　(b) 机械检测对刀仪对刀　　　　　(c) 光学检测对刀仪对刀

图 2-29　数控车床对刀方法

(3) 光学检测对刀仪对刀(机外对刀)　如图 2-29(c)所示,将刀具随同刀架座一起紧固在刀具台安装座上,摇动 X 方向和 Z 方向进给手柄,使移动部件载着投影放大镜沿着两个方向移动,直至刀尖或假想刀尖(圆弧刀)与放大镜中十字线交点重合为止。这时通过 X 方向和 Z 方向的微型读数器,分别读出 X 方向和 Z 方向的长度值,就是该刀具的对刀长度。

机外对刀的实质是测量出刀具假想刀尖到刀具参考点之间在 X 方向和 Z 方向的长度。利用机外对刀仪可预先将刀具在机床外校对好,装上机床即可以使用,大大节省辅助时间。

2. 对刀设置工件坐标系

一般来讲,通常使用的有两个坐标系:一个是机械坐标系;另外一个是工件坐标系,也称为编程坐标系。

在机床的机械坐标系中设有一个固定的参考点[假设为 (X,Z)]。这个参考点的作用主要是用来给机床本身一个定位。因为每次开机后无论刀架停留在哪个位置,系统都把当前位置设定为 $(0,0)$,这样势必造成基准的不统一,所以每次开机的第一步为参考点回归(有的称为回零点),也就是通过确定 (X,Z) 来确定原点 $(0,0)$。

为了计算和编程方便,我们通常将程序原点设定在工件右端面的回转中心上,尽量使编程基准与设计、装配基准重合。机械坐标系是机床唯一的基准,所以必须要弄清楚程序原点在机械坐标系中的位置。这通常在接下来的对刀过程中完成。

FANUC-0i 系统数控车床对刀设置工件零点常用方法:

(1) 直接用刀具试切设置工件零点

① 用外圆车刀先试车一外圆,记下当前 X 坐标,测量外圆直径后,用 X 坐标值减去外圆直径,所得的值输入 Offset 界面的几何形状 X 值里。

② 用外圆车刀先试车一外圆端面,记下当前 Z 坐标,输入 Offset 界面的几何形状 Z 值里。

这种方法操作简单,可靠性好,通过刀偏与机械坐标系紧密地联系在一起,只要不断电、不改变刀偏值,工件坐标系就会存在且不会变,即使断电,重启后回参考点,工件坐标系还在原来的位置。

(2) 用 G50 设置工件零点

① 用外圆车刀先试车一外圆,测量外圆直径后,把刀沿 Z 轴正方向退一些,切端面到中心(X 轴坐标减去直径值)。

② 选择 MDI 方式,输入"G50 X0 Z0",启动"START"键,把当前点设为零点。

③ 选择 MDI 方式,输入"G0 X150. Z150.",使刀具离开工件进刀加工。

④ 这时程序开头为:"G50 X150. Z150."等。

⑤ 注意:用"G50 X150. Z150.",起点和终点必须一致,即"X150. Z150.",这样才能保证重复加工不乱刀。

⑥ 如用第二参考点 G30,即能保证重复加工不乱刀,这时程序开头为"G30 U0 W0 G50 X150. Z150."。

用 G50 设定坐标系,对刀后将刀移动到 G50 设定的位置才能加工。对刀时先对基准刀,其他刀的刀偏都是相对于基准刀的。

(3) 用工件偏移设置工件零点

① 在 FANUC-0TD 系统的 Offset 里,有一工件偏移界面,可输入零点偏移值。

② 用外圆车刀先试切工件端面,这时 Z 坐标的位置如:"Z200.",直接输入到偏移值里。

③ 选择"Ref"回参考点方式,按 X、Z 轴回参考点,这时工件零点坐标系即建立。

注意:这个零点一直保持,只有重新设置偏移值"Z0",才清除。

（4）用 G54~G59 设置工件零点

① 用外圆车刀先试车一外圆，测量外圆直径后，把刀沿 Z 轴正方向退一些，切端面到中心。

② 把当前的 X 和 Z 轴坐标直接输入到 G54~G59 里，程序直接调用如："G54 X50. Z50."等。

③ 注意：可用 G53 指令清除 G54~G59 工件坐标系。

这种坐标系是相对于参考点不变的，与刀具无关。这种方法适用于批量生产且工件在卡盘上有固定装夹位置的加工。

3. 刀具补偿设定

刀具补偿：是补偿实际加工时所用的刀具与编程时使用的理想刀具或对刀时使用的基准刀具之间的偏差值，保证加工零件符合图纸要求的一种处理方法。

（1）几何位置补偿 数控车床加工工件要使用多把刀具。编程时设定刀架上各刀在工作位的刀尖位置是一致的。由于刀具的几何形状及安装的不同，其刀尖位置是不一致的，各刀相对于工件原点的距离也是不同的。因此需要将各刀具的位置值进行比较或设定，称为刀具偏置补偿。刀具偏置补偿可使加工程序不随刀尖位置的不同而改变。

刀具几何位置补偿是用于补偿各刀具安装好后，其刀位点（如刀尖）与编程时理想刀具或基准刀具刀位点的位置偏移。

通常是在所用的多把车刀中选定一把车刀作基准车刀，对刀编程主要是以该车刀为准。刀具补偿是补偿实际加工时所用的刀具与编程时使用的理想刀具或对刀时用的基准刀具之间的差值，从而保证加工出符合图样尺寸要求的零件。

图 2-30(a)所示作为基准刀的 1 号刀刀尖点的进给轨迹，刀架上各刀无刀位偏差。图 2-30(b)所示其他刀具的刀尖点相对于基准刀刀尖的偏移量，即存在刀位偏差。若使用 T0404 指令调用 4 号非基准刀运行与 1 号刀相同的程序，4 号刀刀尖点就会从偏离位置位移到基准刀刀尖点位置即 A 点，走出与 1 号刀相同的进给轨迹，如图 2-30(b)的实线所示，表明对 4 号非基准刀成功进行了偏置补偿。

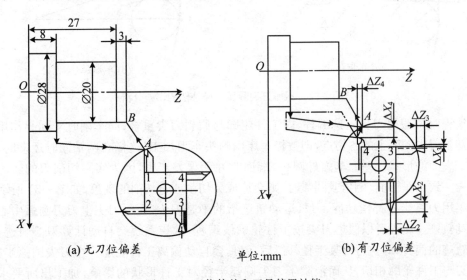

(a) 无刀位偏差　　　单位:mm　　　(b) 有刀位偏差

图 2-30　刀位偏差和刀具偏置补偿

（2）刀具磨损补偿 刀具使用一段时间后磨损，也会使产品尺寸产生误差，因此需要对其进行补偿。该补偿值与刀具偏置补偿值存放在同一个寄存器的地址号中。

刀具磨损补偿功能由 T 代码指定,各刀的磨损补偿只对该刀有效(包括标刀)。

数控加工中,常常利用修改刀具偏置补偿和刀具磨损补偿的方法,来达到控制加工余量,提高加工精度的目的。

(3) 刀尖圆弧半径补偿

a. 刀尖圆弧半径补偿的作用　数控车床的编程和对刀操作是以理想尖锐的车刀刀尖点为基准进行的,如图 2-31(a)所示。为了提高刀具寿命和减小加工表面的粗糙度,实际加工中的车刀刀尖不是理想尖锐的,总是有一个半径不大的圆弧,如图 2-31(b)所示;刀尖的磨损还会改变小圆弧的半径。刀尖半径补偿的目的就是解决刀尖圆弧可能引起的加工误差。

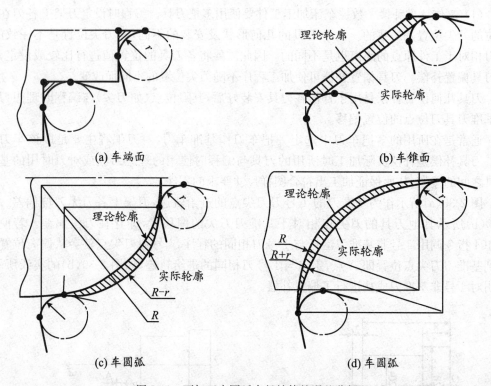

(a) 车端面　　　　　　　　　　　　　　(b) 车锥面

(c) 车圆弧　　　　　　　　　　　　　　(d) 车圆弧

图 2-31　不加刀尖圆弧半径补偿的误差分析

编程时按假想刀尖轨迹编程,即工件轮廓与假想刀尖重合,而车削时实际起作用的切削刃却是刀尖圆弧上的各切点,即数控车床用圆头车刀加工,这样在两轴同时运动时,会引起加工表面的形状误差。车内外圆柱、端面时并无误差产生,因为实际切削刃的轨迹与工件轮廓一致。车锥面、倒角或圆弧时,则会造成欠切削或过切削的现象,如图 2-31 所示。

采用刀具半径补偿功能,刀具运动轨迹指的不是刀尖,而是刀尖上刀刃圆弧中心位置的运动轨迹。编程者以假想刀尖按工件轮廓线编程,数控系统会自动计算刀心轨迹,完成刀尖轨迹的偏置,即执行刀具半径补偿后,刀具会自动偏离工件轮廓一个刀尖圆弧半径值,使刀刃与工件轮廓相切,从而消除了刀尖圆弧半径对工件形状的影响,加工出所要求的工件轮廓,如图 2-32 所示。

b. 刀尖圆弧半径补偿的方法　刀尖圆弧半径补偿的方法是键盘输入刀具参数,并在程序中采用刀具半径补偿指令。刀具参数主要包括刀尖半径、车刀形状、刀尖圆弧位置等,这些都与工件的形状有关,必须用参数输入刀具数据库。

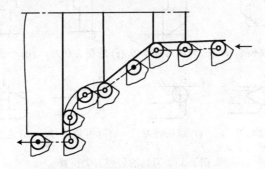

图 2-32　刀尖圆弧半径

　　刀具半径补偿量可以通过刀具补偿设定界面来设定,如图 2-33 所示,T 指令要与刀具补偿编号相对应,并且要输入假想刀尖位置序号。其中,假想刀尖位置序号共有 10(0～9)个,如图 2-34 所示。图中"·"表示刀具刀位点,即理想刀尖点;"+"表示刀尖圆弧圆心;代码 0 和 9 表示理想刀尖点取在圆弧圆心位置,可以理解为不进行刀尖圆弧半径补偿。

OFFSET	01		O0005	N0040
NO	X	Z	R	T
01	025.036	002.006	000.400	1
02	024.052	003.500	000.800	2
03	015.036	004.082	001.000	0
04	010.030	-002.006	000.602	4
05	002.030	002.400	000.350	3
06	012.450	000.220	001.008	5
07	004.000	000.506	000.300	6

ACTUAL POSITION(RELATIVE)

U	22.400		W	-10.000
W		LSK		

图 2-33　刀具补偿设置界面

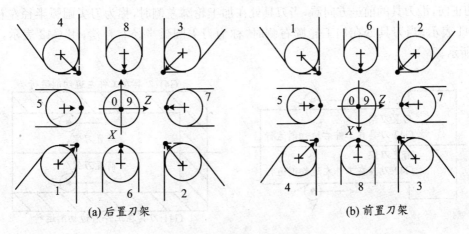

(a) 后置刀架　　　　　　　　　　　　　　(b) 前置刀架

图 2-34　假想刀尖方位号

图 2-35 所示为几种数控车床常用刀具的假想刀尖位置。

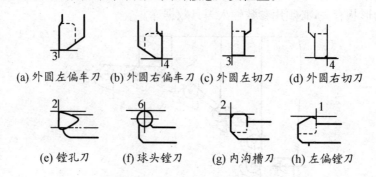

(a) 外圆左偏车刀 (b) 外圆右偏车刀 (c) 外圆左切刀 (d) 外圆右切刀

(e) 镗孔刀   (f) 球头镗刀   (g) 内沟槽刀   (h) 左偏镗刀

图 2-35　刀具的假想刀尖位置

c. 刀尖圆弧半径补偿指令 G40、G41、G42　刀尖圆弧半径补偿是通过 G40、G41、G42 代码和 T 代码指定的刀尖圆弧半径补偿号,加入或取消半径补偿的。

格式为

G41/G42　G00/G01 X(U)＿ Z(W)＿;

　　…

G40　G00/G01 X(U)＿ Z(W)＿;

刀尖圆弧半径补偿使用见表 2-1。

表 2-1　刀尖圆弧半径补偿使用一览

命　　令	后置刀架	前置刀架
G40	取消补偿	取消补偿
G41	左补偿(内圆时)	右补偿(内圆时)
G42	右补偿(外圆时)	左补偿(外圆时)

d. 说明

① X、Z:G00/G01 的参数,即建立刀补或取消刀补的终点坐标值。

② G41:刀具半径左补偿;G42:刀具半径右补偿。

刀尖圆弧半径补偿偏置方向的判别方法是:迎着垂直于圆弧所在平面的坐标轴(即 Y 轴)的正向,沿刀具的前进方向看,当刀具处在加工轮廓左侧时,称为刀尖圆弧半径左补偿,用 G41 表示;当刀具处在加工轮廓右侧时,称为刀尖圆弧半径右补偿,用 G42 表示,如图 2-36所示。

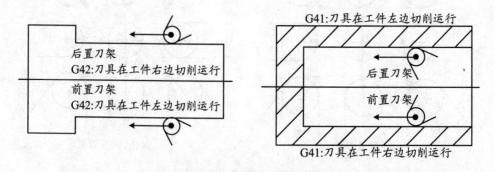

图 2-36　刀尖圆弧半径补偿偏置方向的判别

③ G40：取消刀尖圆弧半径补偿。

在判别刀尖圆弧半径补偿偏置方向时，一定要迎着 Y 轴的正方向观察刀具所处的位置，因此要特别注意前置刀架和后置刀架刀尖圆弧半径补偿偏置方向的区别。对于前置刀架，为防止判别过程中出错，可在图样上将工件、刀具及 X 轴同时绕 Z 轴旋转 180°后再进行偏置方向的判别，此时 Y 轴朝外，刀尖圆弧半径补偿的偏置方向与后置刀架相同。

（4）注意事项

① G40、G41、G42 都是模态代码，可相互注销。

② G41/G42 不带参数，其补偿号（代表所用刀具对应的刀尖半径补偿值）由 T 代码指定。其刀尖圆弧补偿号与刀具偏置补偿号对应。

③ G41、G42 指令必须和 G00、G01 一起使用，且当切削完成轮廓后即用指令 G40 取消补偿。使用刀尖半径补偿后，刀具路径必须是单向递增或单向递减。

④ 工件有锥度、圆弧时，必须在精车的前一程序段建立刀具半径补偿，一般在切入工件时的程序段建立半径补偿。

⑤ 必须在刀具补偿表中输入该刀具的刀尖半径值，作为刀尖半径补偿的依据。

⑥ 必须在刀具补偿表中输入该刀具的刀尖方位号，作为刀尖半径补正的依据。车刀刀尖的方位号定义了刀具刀位点与刀尖圆弧中心的位置关系。如果刀具的刀尖形状和切削时所摆的位置（即刀尖方位号）不同，那么刀具的补偿量与补偿方向也不同。

常用刀尖圆弧半径及推荐进给量见表 2-2。

表 2-2　常用刀尖圆弧半径及推荐进给量

刀尖半径（mm）	0.4	0.8	1.2	1.6	2.4
最大推荐进给量（mm/r）	0.25～0.35	0.4～0.7	0.5～1.0	0.7～1.3	1.0～1.8

4. 刀尖圆弧半径补偿实例

【例 2-1】　根据图 2-37 所示，利用刀尖半径补偿功能，完成程序编制。刀尖半径只为 0.4 mm，编程原点为工件右端面中心。

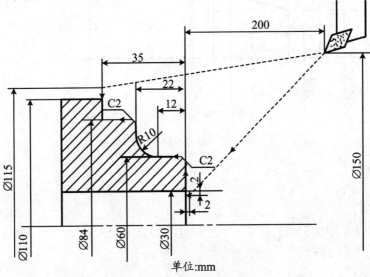

图 2-37　刀尖半径补偿实例

O2010；

M03 S600；

T0101；

G42 G00 X26. Z2. ；

G01 Z0 F0. 25；

X56. ；

X60. W−2. ；

Z−12. ；

G02 X80. Z−22. I10. K0；

G01 X84. W−2. ；

Z−35. ；

X115. ；

G40 G00 X150. Z200. ；   取消刀具半径补偿

M05；   主轴停转

M30；

【例2-2】 根据图2-38所示，利用刀尖半径补偿功能，完成程序编制。刀尖半径 R 为0.4 mm，编程原点为工件右端面中心。

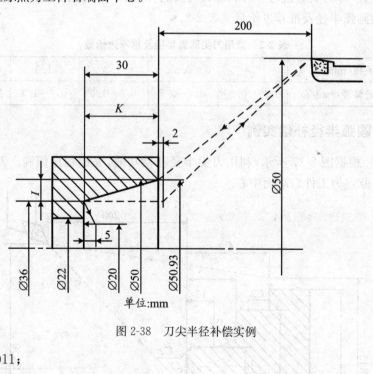

图 2-38 刀尖半径补偿实例

O2011；

M03 S600；

T0101；

G41 G00 X50. 93 Z2. ；   建立刀具半径左补偿

G01 Z0 F0. 2；

G01 X36. Z−30. ；

G40 G01 X20. Z−25.；	取消刀具半径补偿
G42 G01 X20. Z−30.；	建立刀具半径右补偿
G01 X36.；	
G40 Z2.；	取消刀具半径补偿
G00 X150. Z200.；	
M05；	主轴停转
M30；	

2.3　FANUC-0i 系统数控车床编程

2.3.1　FANUC-0i 系统指令代码简介

FANUC-0i 系统为目前我国数控机床上采用较多的数控系统,鉴于本书讲解的经济型数控车床均为两轴两联动数控车床,故选择 FANUC-0i MATE-TB 数控系统为例进行讲解,其常用功能代码主要有准备功能(G 代码)和辅助功能(M 代码)。

1. 准备功能(G 代码)

准备功能 G 指令由 G 和其后一或两位数值组成,它用来规定刀具和工件的相对运动轨迹、机床坐标系、坐标平面、刀具补偿、坐标偏置等多种加工操作。

G 功能根据功能的不同分成模态代码和非模态代码。模态代码表示该功能一旦被执行,则一直有效,直到被同一组的其他 G 功能注销。非模态代码只在有该代码的程序段中有效。在表 2-3 中 00 组的 G 代码称非模态代码,其余组为模态代码。在模态 G 代码组中包含一个默认 G 功能(表中带有▲记号的 G 功能),通电时将被初始化为该功能。

没有共同地址符的不同组 G 代码可以放在同一程序段中,而且与顺序无关。例如 G97、G41 可与 G01 放在同一程序段。

FANUC-0i 数控车床常用的 G 功能指令见表 2-3。

表 2-3　FANUC-0i 系统常用的准备功能一览表

代码	分组	意　义	格　式
G00▲		快速进给、定位	G00 X_ Z_；
G01	01	直线插补	G01 X_ Z_ F_；
G02		圆弧插补(顺时针)	$\left\{\begin{array}{c}G02\\G03\end{array}\right\}$ X_ −Z_ $\left\{\begin{array}{c}R\_\\I\_K\_\end{array}\right\}$ F_；
G03		圆弧插补(逆时针)	
G04	00	暂停	G04 X_；(单位:秒) G04 P_；(单位:毫秒(整数))
G10		可编程数据输入	

代码	分组	意　义	格　式
G20	06	英制输入	
G21▲		米制输入	
G28	0	回归参考点	G28 X_ Z_;
G29		由参考点回归	G29 X_ Z_;
G30		由第2、3、4参考点回归	G30 X_ Z_;
G32	01	螺纹切削（由参数指定绝对和增量）	G32 X(U)_ Z(W)_ F_;
G34		变螺距螺纹切削	
G40▲	07	刀具补偿取消	G40;
G41		左半径补偿	G41 D_;
G42		右半径补偿	G42 D_;
G50	00		设定工件坐标系:G50 X_ Z_; 偏移工件坐标系:G50 U_ W_;
G52		局部坐标系设定	
G53		机械坐标系选择	G53 X_ Z_;
G54	14	选择工作坐标系1	Gxx;
G55		选择工作坐标系2	
G56		选择工作坐标系3	
G57		选择工作坐标系4	
G58		选择工作坐标系5	
G59		选择工作坐标系6	
G65	00	调用宏指令	
G66	12	模态宏调用	
G67		模态宏调用注销	
G70		精加工循环	G70 P(ns) Q(nf);
G71		外圆粗车循环	G71 U(Δd) R(e); G71 P(ns) Q(nf) U(Δu) W(Δw) F_S_T_;
G72	00	端面粗切削循环	G72 W(Δd) R(e); G72 P(ns) Q(nf) U(Δu) W(Δw) F_S_T_; Δd:切深量 e:退刀量 ns:精加工形状的程序段组的第一个程序段的顺序号 nf:精加工形状的程序段组的最后程序段的顺序号 Δu:X方向精加工余量的距离及方向 Δw:Z方向精加工余量的距离及方向

续表

代码	分组	意　义	格　式
G73		封闭切削循环	G73 U(i) W(Δk) R(d) G73 P(ns) Q(nf) U(Δu) W(Δw) F_ S_ T_;
G74		端面切断循环	G74 R(e); G74 X(U)_Z(W)_P(Δi) Q(Δk)R(Δd) F_ S_ T_; e:返回量 Δi:X 方向的移动量 Δk:Z 方向的切深量 Δd:孔底的退刀量　d:循环次数 F:进给速度　S:主轴转速　T:刀具功能
G75	00	内径/外径切断循环	G75 R(e); G75 X(U)_Z(W)_P(Δi)Q(Δk)R(Δd)F(f) S_ T_;
G76		复合形螺纹切削循环	G76 P(m)(r)(a) Q($\Delta d_{\min}$) R(d); G76 X(U)_Z(W)_R(i) P(k)Q(Δd)F_ S_ T_; m:最终精加工重复次数为 1~99 r:螺纹的精加工量(倒角量) a:刀尖的角度(螺牙的角度)可选择 80°,60°, 55°,30°,29°,0° 共 6 个种类 m,r,a:同用地址 P 一次指定 $\Delta d_{\min}$:最小切深度 i:螺纹部分的半径差 k:螺牙的高度 Δd:第一次的切深量 l:螺纹导程　S:主轴转速　T:刀具功能
G90		直线车削循环加工	G90 X(U)_ Z(W)_ F_; G90 X(U)_ Z(W)_ R_ F_;
G92	01	螺纹车削循环	G92 X(U)_ Z(W)_ F_; G92 X(U)_ Z(W)_ R_ F_;
G94		端面车削循环	G94 X(U)_ Z(W)_ F_; G94 X(U)_ Z(W)_ R_ F_;
G96	05	恒线速度启用	G96 S_;(单位:m/min)
G97▲		恒线速度取消	G97 S_;(单位:r/min)
G98	02	每分钟进给速度	G98 G01 X_ Z_ F_;(F 单位:mm/min)
G99▲		每转进给速度	G99 G01 X_ Z_ F_;(F 单位:mm/r)

2. 辅助功能(M 代码)

辅助功能由地址字 M 和其后的一或两位数字组成,主要用于控制零件程序的走向,以及机床各种辅助功能的开关动作。如表示主轴的旋转方向、起动、停止,切削液的开关等功能。

FANUC-0i 数控车床常用的 M 功能指令见表 2-4。

表 2-4　M 代码及功能

代码	意　义	格　式
M00	停止程序运行	
M01	选择性停止	
M02	结束程序运行	
M03	主轴正向转动开始	
M04	主轴反向转动开始	
M05	主轴停止转动	
M08	冷却液开启	
M09	冷却液关闭	
M30	结束程序运行且返回程序开头	
M98	子程序调用	M98 P×××$nnnn$； 调用程序号为 O$nnnn$ 的程序××× 次
M99	子程序返回到主程序	M99；

（1）程序暂停 M00

指令格式：

    M00；

当 CNC 执行到 M00 指令时，将暂停执行当前程序，以方便操作者进行刀具和工件的尺寸测量、工件调头、手动变速等操作。暂停时机床的进给停止，主轴停转，但全部现存的模态信息保持不变，欲继续执行后续程序，重按操作面板上的"循环启动"键。

（2）程序结束 M02

指令格式：

    M02；

M02 一般放在主程序的最后一个程序段中。当 CNC 执行到 M02 指令时，机床的主轴、进给、切削液全部停止运作，加工结束。使用 M02 的程序结束后，若要重新执行该程序，就得重新调用程序。

（3）程序结束并返回到零件程序头 M30

指令格式：

    M30；

M30 和 M02 功能基本相同，只是 M30 指令还兼有控制返回到零件程序头的作用。使用 M30 的程序结束后，若要重新执行该程序，只需再次按操作面板上的"循环启动"键。

（4）子程序调用 M98 及从子程序返回 M99

M98 用来调用子程序；M99 表示子程序结束，执行 M99 使控制返回到主程序。

（5）主轴控制指令 M03、M04、M05

指令格式：

    M03/M04 S_；

例如"M03 S1000；"主轴正转转速每分钟 1 000 转。M05 表示主轴停止转动。

M03 起动主轴以程序中编制的主轴速度顺时针方向(从 Z 轴负向朝 Z 轴正向看)旋转。

M04 起动主轴以程序中编制的主轴速度逆时针方向旋转。

M05 使主轴停止旋转。

(6) 切削液打开、停止指令 M08、M09

指令格式：

　　M08/M09；

M08 指令将打开切削液管道。

M09 指令将关闭切削液管道。

3. FANUC-0i、MATE-TB 编程规则

(1) 小数点编程　在本系统中输入的任何坐标字(包括 X、Z、I、K、U、W、R 等)的数值后必须加小数点，即"X100"必须记作"X100.0"或者"X100."，否则系统会默认为坐标字数值为 100×0.001 mm＝0.1 mm。该功能可以通过参数关闭。

(2) 绝对方式与增量方式　FANUC-0i 数控车床系统中用 U 或 W 表示增量方式。在程序段中出现 U 即表示 X 方向的增量值，出现 W 即表示 Z 方向的增量值。同时允许绝对方式与增量方式混合编程。注意与使用 G90 和 G91 表示增量方式的区别。

(3) 进给功能　系统默认进给方式为转进给。

(4) 程序名的指定　采用字母 O 后四位数字的格式。子程序文件名遵循同样的命名规则。通常在程序开始处指定文件名，程序结束须加程序结束指令。

(5) 指令简写模式　系统支持 G 指令或 M 指令简写，如 G01、G02、G00、M01、M02 指令可以依次简写为 G1、G2、G0、M1、M2 指令。

2.3.2　基本指令

1. 快速定位指令 G00

G00 指令使刀具以点定位控制方式从刀具所在点快速运动到下一个目标位置。它只是快速定位，而无运动轨迹要求，且无切削加工过程。

(1) 指令格式

　　G00 X(U)_Z(W)_；

其中：X、Z 指定刀具所要到达点的绝对坐标值；U、W 指定刀具所要到达点距离现有位置的增量值(不运动的坐标可以不写)。如图 2-39 所示，当刀具从起点 A 快速运动到目标点 B 的程序为：

绝对值编程时：

　　G00 X50. Z6.；

增量值编程时：

　　G00 U-70. W-84.；

(2) 说明

① G00 是模态指令，一般用于加工前的快速定位或加工后的快速退刀。

② 使用 G00 指令时，刀具的移动速度是由机床系统设定的。

③ 根据机床不同,刀具的实际运动路线有时不是直线,而是折线,如图 2-39 所示。使用 G00 指令时要注意刀具是否和工件及夹具发生干涉,在可能发生干涉的工件加工中,在进退刀时尽量采用单轴移动,忽略这一点,就容易发生碰撞。

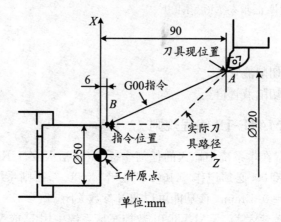

单位:mm

图 2-39　G00 指令

2. 直线插补指令 G01

G01 指令是直线运动命令,规定刀具在两坐标间以插补联动方式按指定的进给速度 F 做任意的直线运动。

（1）指令格式

　　G01 X(U)_Z(W)_F_ ;

其中:

① X、Z 或 U、W 含义与 G00 相同。

② F 为刀具的进给速度（进给量）,应根据切削要求确定。

如图 2-40 所示,O 点为工件原点,加工从 A→B→C

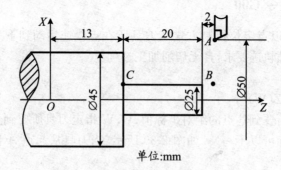

单位:mm

图 2-40　直线插补指令编程示例

绝对值编程:

　　G01 X25. Z35. F0.3;

　　G01 X25. Z13. ;

提示:不运动的坐标可省略不写,比如第二行的"X25."可以省去不写。

相对值编程:

 G01 U－25. W0 F0.3；
 G01 U0 W－22.；
（2）说明
① G01 指令是模态指令。
② 在编写程序时,当第一次应用 G01 指令时,一定要规定一个 F 指令,在以后的程序段中,如果没有新的 F 指令,则进给速度保持不变,不必每个程序段中都指定 F。如果程序中第一次出现的 G01 指令中没有指定 F,则机床不运动。

3. 圆弧插补指令 G02、G03

圆弧插补指令使刀具在指定平面内按给定的进给速度 F 作圆弧运动,切削出圆弧轮廓。

（1）指令格式
顺时针圆弧插补：
 G02 X(U)_Z(W)_R_F_；
或
 G02 X(U)_Z(W)_I_K_F_；
逆时针圆弧插补：
 G03 X(U)_Z(W)_R_F_；
或
 G03 X(U)_Z(W)_I_K_F_；
其中：
 X、Z 指定刀具所要到达点的绝对坐标值；
 U、W 指定刀具所要到达点距离现有位置的增量值；
 R 指定圆弧半径；
 F 指定刀具的进给量,应根据切削要求确定；
 I、K 指定圆弧的圆心相对圆弧起点在 X 轴、Z 轴方向的坐标增量（I 指定半径量）,当方向与坐标轴的方向一致是为"＋",反之为"－"。

注意：
① 当用半径方式指定圆心位置时,由于在同一半径 R 的情况下,从圆弧的起点到终点有两个圆弧的可能性,为区别两者,规定圆心角 $\alpha \leqslant 180°$ 时,用"＋R"表示,如图 2-41 中的圆弧 1；当 $\alpha > 180°$ 时,用"－R"表示,如图 2-41 中的圆弧 2。
② 用半径 R 方式指定圆心位置时,不能描述整圆。

（2）圆弧方向的判断
圆弧插补的顺（G02）、逆（G03）可按图 2-42 所示的方向判断。

（3）编程方法举例
如图 2-43 所示,写出圆弧的插补程序。
① 用 I、K 表示圆心位置：

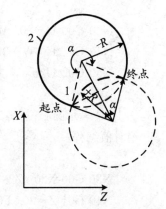

图 2-41 圆弧插补时＋R
 与－R 的区别

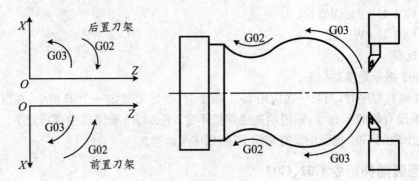

图 2-42　圆弧顺逆的判断

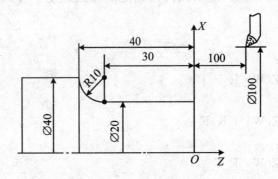

图 2-43　圆弧插补

绝对值编程：

　　…

　　N30 G00 X20. Z2. ;

　　N40 G01 Z−30. F0. 2;

　　N50 G02 X40. Z−40. I10. K0；

　　…

增量值编程：

　　…

　　N30 G00 U−80. W−98. ;

　　N40 G01 U0 W−32. F0. 2;

　　N50 G02 U20. W−10. I10. K0;

　　…

② 用 R 表示圆心位置：

绝对值编程：

　　…

　　N30 G00 X20. Z2. ;

　　N40 G01 Z−30. F0. 2;

　　N50 G02 X40. Z−40. R10. ;

　　…

增量值编程：

...

N30 G00 U−80. W−98. ;
N40 G01 U0 W−32. F0.2;
N50 G02 U20. W−10. R10. ;

...

（4）圆弧的车削方法

圆弧加工时,因受吃刀量的限制,一般情况下,不可能一刀将圆弧车好,需分几刀加工。常用的加工方法有车锥法(斜线法)和车圆法(同心圆法)两种。

① 车锥法:

车锥法就是加工时先将零件车成圆锥,最后再车成圆弧的方法。一般适用于圆心角小于 90°的圆弧,如图 2-44(a)所示。

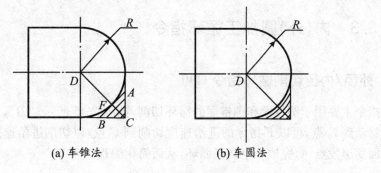

(a) 车锥法　　　　　　　　(b) 车圆法

图 2-44　圆弧凸表面车削方法

图 2-44(a)中 AB 为圆锥的极限位置,即车锥时加工路线不能超过 AB 线,否则因过切而无法加工圆弧。采用车锥法需计算 A、B 两点的坐标值,方法如下:

$$CD = \sqrt{2}R$$

$$CF = \sqrt{2}R - R = 0.414R$$

$$AC = BC = \sqrt{2}CF = 0.586R$$

A 点坐标为$(R−0.586R,0)$。

B 点坐标为$(R,−0.586R)$。

② 车圆法:

车圆法就是用不同半径的同心圆弧车削,逐渐加工出所需圆弧的方法。此方法数值计算简单,编程方便,但空行程时间较长,如图 2-44(b)所示。车圆法适用于圆心角大于 90°的圆弧粗车。

4. 暂停指令 G04

G04 指令的作用是按指定的时间延迟执行下一个程序段。

指令格式:

G04 X_;

或

G04 U_;

或

G04 P_;

其中：

X:指定暂停时间,单位为 s,允许小数点;

U:指定暂停时间,单位为 s,允许小数点;

P:指定暂停时间,单位为 ms,不允许小数点。

例如,暂停时间为 1.5 秒时,则程序为：

G04 X1.5;

或

G04 U1.5;

或

G04 P1500;

2.3.3 内(外)圆加工循环指令

1. 外径/内径切削循环指令 G90

该指令主要用于圆柱面和圆锥面的循环切削,如图 2-45 所示。刀具从 A 点开始,沿 X 轴快速移动到 B 点,再以 F 指令的进给速度切削到 C 点,以切削进给速度退到 D 点,最后快速退回到出发点 A,完成一个切削循环,从而简化编程。

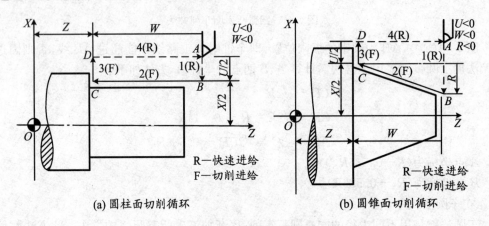

(a) 圆柱面切削循环   (b) 圆锥面切削循环

图 2-45 切削循环 G90

（1）指令格式

圆柱切削循环：

G90 X(U)_Z(W)_F_;

圆锥切削循环：

G90 X(U)_Z(W)_R_F_;

其中：

X、Z 指定切削终点的绝对坐标;

U、W 指定切削终点相对于循环起点的坐标增量;

R 指定圆锥面切削起点和切削终点的半径差,若起点坐标值大于终点坐标值时(X 轴

方向),R 为正,反之为负;

F 指定进给量,应根据切削要求确定。

注意:G90 指令中 F 的含义与 G92 指令中 F 有区别;而 G90 中 R 与 G92 指令中的 R 意义是相同的。

在增量编程中,地址 U、W 和 R 后面指定的数值的符号和刀具轨迹之间的关系如表 2-5 所示。

表 2-5　地址 U、W 和 R 后面指定的数值的符号与刀具轨迹之间的关系

1. $U<0,W<0,R<0$	2. $U>0,W<0,R>0$
3. $U<0,W<0,R>0$ at $\|R\| \leqslant \left\|\dfrac{U}{2}\right\|$	4. $U>0,W<0,R<0$ at $\|R\| \leqslant \left\|\dfrac{U}{2}\right\|$

(2) 编程示例

① 圆柱面切削:

【例 2-3】　如图 2-46 所示,加工一个 $\varnothing 50$ mm 的工件,固定循环的起始点为 X55.0, Z2.0 背吃刀量为 2.5 mm,程序如下:

```
O2012
N10 G54 G40 G97 G99 M03 S600;        主轴正转,转速 600 r/min
N20 T0101;                           换 1 号外圆车刀
N30 G00 X55. Z2.;                    快速进刀至循环起点
N40 G90 X45. Z-25. F0.2;             外圆切削循环第一次
N50 X40.;                            外圆切削循环第二次
N60 X35.;                            外圆切削循环第三次
N70 G00 X200. Z100.;                 快速回换刀点
N80 M30;                             程序结束
```

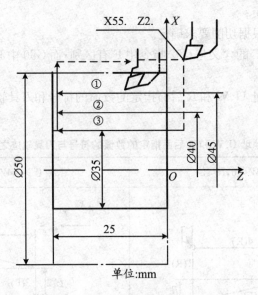

图 2-46　G90 的应用(圆柱面切削)

在增量编程中,地址 U、W 和 R 后面指定的数值的符号和刀具轨迹之间的关系如表 2-6 所示。

表 2-6　在增量编程中地址 U、W 和 R 后面指定的数值的符号与刀具轨迹之间的关系

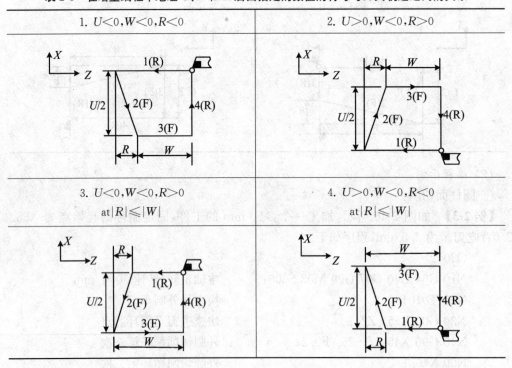

② 圆锥面切削:

【例 2-4】　如图 2-47 所示,加工一个 ⌀60 mm 的工件,固定循环的起始点为 X65.,Z2., 背吃刀量为 5 mm,程序如下:

O2013

N10 G54 G40 G97 G99 M03 S600；　　　主轴正转,转速 600 r/min

N20 T0101；　　　　　　　　　　　　　换 1 号刀

N30 G42 G00 X65. Z2.；　　　　　　　　建立刀具半径右补偿,快速进刀至循环起点

N40 G90 X60. Z－35. R－5. F0.2；　　　锥面切削循环第一次

N50 X50.；　　　　　　　　　　　　　　锥面切削循环第二次

N60 G40 G00 X200. Z100.；　　　　　　取消刀具半径补偿,快速回换刀点

N70 M30；　　　　　　　　　　　　　　程序结束

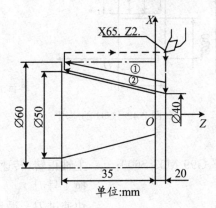

图 2-47　G90 的应用(圆锥面切削)

2. 端面切削循环 G94

G94 与 G90 指令的使用方法类似,可以互相代替。G90 主要用于轴类零件的切削,G94 主要用于大小径之差较大而轴向台阶长度较短的盘类工件端面切削,G94 的特点是选用刀具的端面切削刃作为主切削刃,以车端面的方式进行循环加工。G90 与 G94 的区别在于: G90 是在工件径向作分层粗加工,而 G94 是在工件轴向作分层粗加工,如图 2-48 所示。

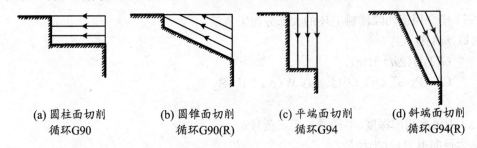

(a) 圆柱面切削　　　(b) 圆锥面切削　　　(c) 平端面切削　　　(d) 斜端面切削
　循环G90　　　　　　循环G90(R)　　　　　循环G94　　　　　　循环G94(R)

图 2-48　固定循环的选择

(1) 指令格式

平端面切削循环:

　　　G94 X(U)_Z(W)_F_;

斜端面切削循环:

　　　G94 X(U)_Z(W)_R_F_;

其中:X、Z、U、W、F、R 的含义与 G90 相同。

(2) 编程示例

【例 2-5】　如图 2-49 所示,加工一个 ∅30 mm 的工件,固定循环的起始点为 X85.,Z5.,

背吃刀量为 5 mm,程序如下:

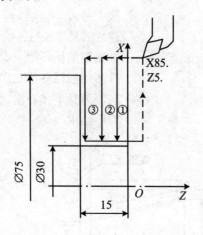

图 2-49　G94 的应用

O2014

N10 G54 G40 G97 G99 M03 S600;	主轴正转,转速 600 r/min
N20 T0101;	换 1 号刀
N30 G00 X85. Z5.;	快速进刀至循环起点
N40 G94 X30. Z−5. F0.2;	端面切削循环第一次
N50 Z10.;	端面切削循环第二次
N60 Z−15.;	端面切削循环第三次
N70 G00 X200. Z100.;	快速回换刀点
N80 M30;	程序结束

3. 外圆粗车复合循环指令 G71

G71 指令用于切除棒料毛坯的大部分加工余量。

(1) 指令格式

　　G71 U(Δd) R(e);

　　G71 P(ns) Q(nf) U(Δu) W(Δw) F_ S_ T_;

其中:

Δd 为每次切削深度(半径量),无正负号;

e 为径向退刀量(半径量);

ns 为精加工路线的第一个程序段的顺序号;

nf 为精加工路线的最后一个程序段的顺序号;

Δu 为 X 方向上的精加工余量(直径值),加工内径轮廓时,为负值;

Δw 为 Z 方向上的精加工余量。

如图 2-50 所示为外圆粗车循环 G71 指令的走刀路线,G71 可用于内孔加工。

(2) 本指令的运动轨迹

G71 粗车循环的运动轨迹如图 2-50 所示。刀具从循环起点(A 点)开始,快速退刀至 C 点,退刀量由 Δw 和 $\Delta u/2$ 值确定;再快速沿 X 向进刀 Δd(半径值);然后按 G01 进给切到位后,沿 45°方向快速退刀进行第二次切削;该循环至粗车完成,再进行平行于精加工表面的半精车。这时,刀具沿精加工表面分别留出 Δu 和 Δw 的加工余量。Δu 和 Δw 符号如图 2-51所示。半精车完成后,快速退回循环起点,结束粗车循环所有动作。

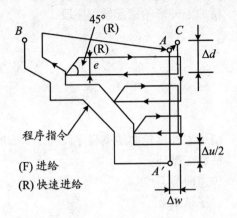

图 2-50　外圆粗车循环 G71 路径

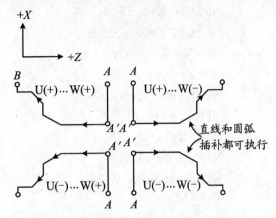

图 2-51　G71 指令中 Δu 和 Δw 符号的确定

（3）说明

指令中的 P 指定的值和 S 指定的值是指粗加工循环中的 F 指令和 S 指令指定的值,该值一经指定,则在程序段段号"ns"和"nf"之间所有的 F 指令和 S 指令的值均无效。另外,该值也可以不加指定而沿用前面程序段中的 F 指令的值,并可沿用至粗、精加工结束后的程序中去。

在 FANUC-0i 系统中,G71 粗加工循环轮廓外形必须采用单调递增或单调递减的形式。若是凹形轮廓,不是分层切削而是在半精加工时一次性切削出来。

在 FANUC 系列的 G71 循环中,顺序号"ns"程序段必须沿 X 向进刀,且不能出现 Z 轴的运动指令,否则会出现程序报警。如:

　　　　G01 X30. ;（正确的"ns"程序段）

　　　　G01 X30. Z2. ;（错误的程序段,程序段中出现了 Z 轴的运动指令）

4. 精加工复合循环指令 G70

使用 G71、G72 或 G73 指令完成粗加工后,用 G70 指令实现精车循环,精车时的加工量是粗车循环时留下的精车余量,加工轨迹是工件的轮廓线。

（1）指令格式

　　　　G70 P(ns) Q(nf) ;

其中：

　　ns 为精加工路线的第一个程序段的顺序号；

　　nf 为精加工路线的最后一个程序段的顺序号。

（2）编程示例

【例 2-6】　编写如图 2-52 所示零件的加工程序。

　　　　O2015

　　　　N10 G54 G40 G97 G99 M03 S500；　　　　　主轴正转,转速 500 r/min

　　　　N20 T0101；　　　　　　　　　　　　　　换 1 号刀

　　　　N30 G00 X120. Z10. ;　　　　　　　　　快速进刀至循环起点

　　　　N40 G71 U2. R1. ;　　　　　　　　　　　设定粗车时每次的切削深度和

                                                                      退刀距离

N50 G71 P60 Q120 U1. W0.1 F0.2;   指定精车路线及精加工余量

N60 G00 X40. S800;   精加工外形轮廓起始程序段

N70 G01 Z−30. F0.1;

N80 X60. Z−60.;

N90 Z−80.;

N100 X100. Z−90.;

N110 Z−110.;

N120 X120. Z−130.;   精加工外形轮廓结束程序段

N130 G70 P60 Q120;   精加工循环

N140 G00 X100. Z100.;   快速回换刀点

N150 M30;   程序结束

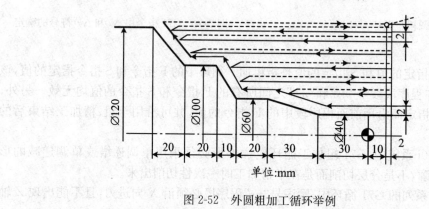

图 2-52　外圆粗加工循环举例

5. 端面粗车复合循环指令 G72

G72 适用于对大小径之差较大而长度较短的盘类工件端面复杂形状粗车,其走刀方向如图 2-53 所示。

(1) 指令格式

G72 W(Δd) R(e);

G72 P(ns) Q(nf) U(Δu) W(Δw) F_S_T_;

注意:只有第一段与 G71 稍有不同,Δd 表示 Z 向每次的切削深度,走刀方向为端面方向,其余各参数的含义与 G71 完全相同。指令中 Δu 和 Δw 符号如图 2-54 所示。

(2) 编程实例

【例 2-7】 试用 G72 和 G70 指令编写如图 2-55 所示零件的加工程序(直径 20 mm 的孔已钻好)。

O2016;

G54 G40 G97 G99 T0101;

M03 S600;

G00 X19. Z1.;   快速定位至粗车循环起点

G72 W1. R0.3;

G72 P100 Q200 U−0.05 W0.2 F0.3;   精车余量 Z 向取较大值

```
N100 G00 Z-12. F0.2;
     G01 X20.;
     X40. Z-8.;
     X52.;
     G02 X60. Z-4. R4.;
N200 G01 Z1.;
     G70 P100 Q200;
     G00 X100. Z100.;
     M30;
```

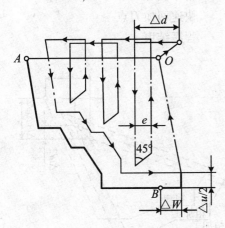
图 2-53 端面粗车复合循环 G72 路径

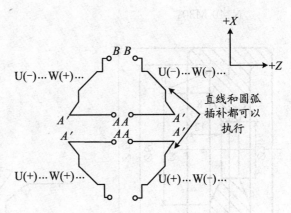
图 2-54 G72 指令中 Δu 和 Δw 符号

6. 固定形状粗车循环指令 G73

G73 指令主要用于加工毛坯形状与零件轮廓形状基本接近的铸造成型、锻造成型或已粗车成型的工件,如果是外圆毛坯直接加工,会走很多空刀,降低了加工效率。

(1) 指令格式

G73 U(Δi) W(Δk) R(d);
G73 P(ns) Q(nf) U(Δu) W(Δw) F_ S_ T_;

其中:

Δi 为 X 方向上的总退刀量(半径值);

Δk 为 Z 方向的总退刀量;

d 为循环次数;

其余各参数的含义与 G71 相同。

如图 2-56 所示,为固定形状粗车循环 G73 的路径。

(2) 编程示例

【例 2-8】 如图 2-57 所示,其程序为:

```
O2017
N10 G54 G40 G99 T0101;          换 1 号刀
N20 M03 S500;                    主轴正转,转速 500 r/min
N30 G00 X140. Z40.;              快速到达 A 点
```

N40 G73 U9.5 W9.5 R3.；　　　　　　使用 G73 功能

N50 G73 P60 Q110 U1. W0.5 F0.3；

N60 G00 X20. Z0；

N70 G01 Z−20. F0.1 S1000；　　　　车∅20 mm 外圆

N80 X40. Z−30.；　　　　　　　　　车锥面

N90 Z−50.；　　　　　　　　　　　车∅40 mm 外圆

N100 G02 X80. Z−70. R20.；　　　　车圆弧面

N110 G01 X100. Z−80.；　　　　　　车锥面

N120 G70 P60 Q110；　　　　　　　精车循环

N130 G00 X200. Z100.；　　　　　　快速回换刀点

N140 M30；　　　　　　　　　　　程序结束

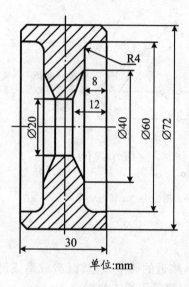

单位:mm

图 2-55　端面粗车复合循环举例

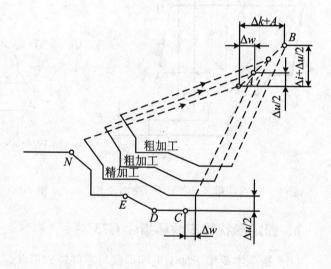

图 2-56　固定形状粗车循环

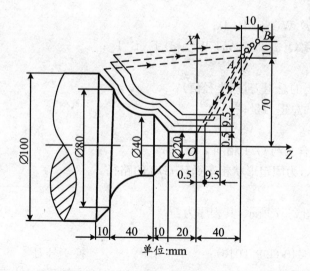

单位:mm

图 2-57　G73 的应用

在上述程序中,刀尖从起始点(200.0,100.0)出发,执行 N30 段走到 A 点(X140., Z40.)。接下去从 N40 开始进入 G73 循环。首先刀尖从 A 点退到 B 点,退出距离是 X 方向上为 $\Delta i+\dfrac{\Delta u}{2}=9.5+0.5=10$ (mm),Z 方向是 $\Delta k+\dfrac{\Delta w}{2}=9.5+0.5=10$ (mm),第一刀从 B 点起刀,快速接近工件轮廓后开始切削。轮廓形状是由 N60～N110 段程序运动指令给定的。第一刀后剩余量为从 A 点退到 B 点时的移动量,从第二刀起粗加工每刀切削余量相同。每一刀的切削余量为 R 指令的次数减 1 再平分 Δi 和 Δk。在上述程序中,粗加工共走三刀,第一刀后留有粗加工余量 9.5 mm,剩下二刀平分 9.5 mm,每刀 4.75 mm,走完第三刀后刀尖回到 A 点,循环结束。以下执行 G70 程序段,以完成精加工。

（3）注意事项

① G70 指令与 G71、G72、G73 配合使用时,不一定紧跟在粗加工程序之后立即进行。通常可以更换刀具,另用一把精加工的刀具来执行 G70 的程序段。但中间不能用 M02 或 M30 指令来结束程序。

② 在使用 G71、G72、G73 进行粗加工循环时,只有在 G71、G72、G73 程序段中的 F、S、T 功能才有效。而包含在 N(ns)～N(nf)程序段中的 F、S、T 功能无效。使用精加工循环指令 G70 时,在 G71、G72、G73 程序段中的 F、S、T 指令都无效,只有在 N(ns)～N(nf)程序段中的 F、S、T 功能才有效。

③ 当 G70 循环加工结束时,刀具返回到起点并读下一个程序段。

④ G70 到 G73 中 N(ns)～N(nf)间的程序段不能调用子程序。

7. 端面沟槽复合循环或深孔钻循环 G74

（1）格式

① 端面沟槽复合循环：

　　　G74 R(e)；

　　　G74 X(u) Z(w) P(Δi) Q(Δk) R(Δd) F(f)；

其中：

e:退刀量,本指定是状态指定,在另一个值指定前不会改变,可由参数(NO.5139)指定；

X:B 点的 X 坐标；

u:从 A 至 B 增量；

Z:C 点的 Z 坐标；

w:从 A 至 C 增量；

Δi:X 方向的移动量(无符号,直径值,单位:0.001 mm)；

Δk:Z 方向的移动量(无符号,单位:0.001 mm)；

Δd:刀具在切削底部的退刀量,Δd 的符号一定是(+),但是,如果 X(U)及 Δi 省略,退刀方向可以指定为希望的符号；

f:进给率。

② 啄式钻孔循环(深孔钻循环)：

　　　G74 R(e)；

　　　G74 Z(w) Q(Δk) F(f)；

其中：

e:退刀量,本指定是状态指定,在另一个值指定前不会改变,可由参数(NO.5139)指定;

Z:C点的 Z 坐标;

w:从 A 至 C 增量;

Δk:Z 方向的移动量(无符号,单位:0.001 mm);

f:进给率。

G74 的动作及参数如图 2-58 所示:

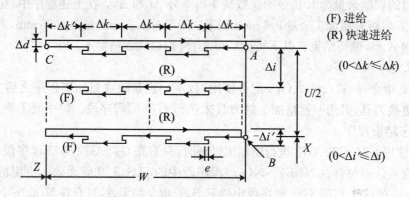

图 2-58 端面沟槽或深孔钻参数示意图

如图 2-58 所示在本循环可处理断削,如果省略 X(U)及 P,结果只在 Z 轴操作,用于钻孔。

【例 2-9】 用深孔钻削循环功能加工孔深为 80 深孔,试编写程序。其中:$e=1$,$\Delta k=2\,000$,$F=0.1$ 图略。

(2)编程示例

O2018

N10 T0303;

N20 M03 S600;

N30 G00 X0 Z1.;

N40 G74 R1.;   退刀量 1 mm

N50 G74 Z−80. Q2000 F0.1;   每刀吃 2 mm

N60 G00 Z100.;

N70 M30;

8. G75 外经/内径啄式钻孔、X 向切槽循环 G75

轴向(Z 轴)进刀循环复合径向断续切削循环:从起点径向(X 轴)进给、回退、再进给……直至切削到与切削终点 X 轴坐标相同的位置,然后轴向退刀、径向回退至与起点 X 轴坐标相同的位置,完成一次径向切削循环;轴向再次进刀后,进行下一次径向切削循环;切削到切削终点后,返回起点(G75 的起点和终点相同),径向切槽复合循环完成。G75 的轴向进刀和径向进刀方向由切削终点 X(U)Z(W)与起点的相对位置决定,此指令用于加工径向环形槽或圆柱面,径向断续切削起到断屑、及时排屑的作用。

G75 动作参数如图 2-59 所示。

(1)指令格式

G75 R(e)；

G75 X(u) Z(w) P(Δi) Q(Δk) R(Δd) F(f)；

功能：指令操作如图 2-59 所示，除 X 用 Z 代替外与 G74 相同，本循环可实现断屑加工，可在 X 轴切槽及 X 轴啄式钻孔。

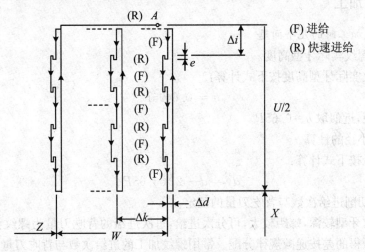

图 2-59 G75 指令段内部示意图参数

（2）编程示例

【例 2-10】 试编写如图 2-60 所示零件切断加工的程序。

O2019

N10 T0101；

N20 M03 S650；

N30 G00 X32. Z−13.；

N40 G75 R1.；   退刀量 1 mm

N50 G75 X20. Z−40. P5000 Q9000 F0.05； P：X 向吃刀量 5 mm，

                Q：Z 向每次增量移动 9 mm

N60 G00 X50.；

N70 Z100.；

N80 M05；

N90 M30；

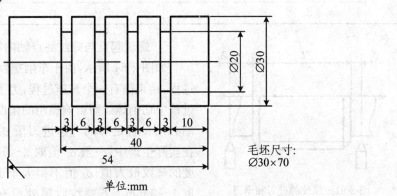

图 2-60 切槽循环加工 G75

2.3.4 螺纹加工及其循环指令

1. 螺纹加工

(1) 螺纹加工时的几个问题

① 普通螺纹实际牙型高度。

普通螺纹实际牙型高度按下式计算：

$$h = 0.6495P$$

P 为螺纹螺距，近似取 $h=0.65P$。

② 螺纹小径的计算。

螺纹小径按下式计算：

$$d' = d - 2 \times 0.65P$$

③ 螺纹切削进给次数与背吃刀量的确定。

如果螺纹牙型较深，螺距较大，可分次进给，每次进给的背吃刀量为螺纹深度减去精加工背吃刀量所得的差按递减规律分配。常用螺纹加工的进给次数与背吃刀量见表 2-7。

表 2-7 常用螺纹加工的进给次数与背吃刀量(单位:mm)

公 制 螺 纹							
螺　距	1.0	1.5	2.0	2.5	3.0	3.5	4.0
牙　深	0.65	0.975	1.3	1.625	1.95	2.275	2.6
切　深	1.3	1.95	2.6	3.25	3.9	4.55	5.2
走刀次数及每次进给量 第1次	0.7	0.8	0.9	1.0	1.2	1.5	1.5
第2次	0.4	0.5	0.6	0.7	0.7	0.7	0.8
第3次	0.2	0.5	0.6	0.6	0.6	0.6	0.6
第4次		0.15	0.4	0.4	0.4	0.6	0.6
第5次			0.1	0.4	0.4	0.4	0.4
第6次				0.15	0.4	0.4	0.4
第7次					0.2	0.4	0.4
第8次						0.15	0.3
第9次							0.2

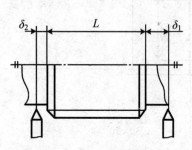

图 2-61 螺纹的进刀和退刀

④ 螺纹起点与螺纹终点轴向尺寸的确定。

如图 2-61 所示，由于车削螺纹起始需要一个加速过程，结束前有一个减速过程，为了避免在加速和减速过程中切削螺纹而影响螺距的精度，因此车螺纹时，两端必须设置足够的升速进刀段 δ_1 和减速退刀段 δ_2。在实际生产中，一般 δ_1 值取 2～5 mm，大螺纹和高精度的螺纹取大值；δ_2 值不得大于退刀槽宽度的一半，取 1～3 mm。若螺纹收尾处没有退刀槽时，一般按

45°退刀收尾。

（2）单行程螺纹切削指令 G32

用 G32 指令可加工固定导程的圆柱螺纹或圆锥螺纹，也可用于加工端面螺纹。但是刀具的切入、切削、切出、返回都靠编程来完成，所以加工程序较长，一般多用于小螺距螺纹的加工。

① 程序格式：

$$G32\ X(U)\_Z(W)\_F\_;$$

其中：

X、Z 指定螺纹切削终点的绝对坐标（X 指定直径值）；

U、W 指定螺纹切削终点相对切削起点的增量坐标（U 指定直径值）；

F 指定螺纹的导程（mm）。

注意：单线螺纹：导程＝螺距，多线螺纹：导程＝螺距×螺纹头数。

G32 加工直螺纹时如图 2-62（a）所示，每一次加工分四步：进刀（AB）→切削（BC）→退刀（CD）→返回（DA）。

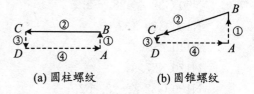

G32 加工锥螺纹时如图 2-62（b）所示，切削斜角 α 在 45°以下的圆锥螺纹时，螺纹导程以 Z 方向指定，大于 45°时，螺纹导程以 X 方向指定。

(a) 圆柱螺纹　　(b) 圆锥螺纹

图 2-62　单行程螺纹切削指令 G32 进刀路径

② 编程示例。

a. 圆柱螺纹加工

【例 2-11】　如图 2-63 所示，螺纹外径已车至 $\varnothing 29.8$ mm，4 mm×2 mm 的退刀槽已加工。用 G32 编制该螺纹的加工程序。

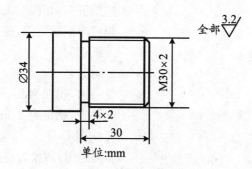

图 2-63　圆柱螺纹加工

计算螺纹加工尺寸。

螺纹的实际牙型高度：

$$h = 0.65 \times 2 = 1.3\ (\text{mm})$$

螺纹实际小径：

$$d_1 = d - 1.3P = (30 - 1.3 \times 2) = 27.4\ (\text{mm})$$

升速进刀段和减速退刀段分别取 $\delta_1 = 5$（mm），$\delta_2 = 2$（mm）。

确定背吃刀量。

查表得双边切深为 2.6 mm,分五刀切削,分别为 0.9 mm、0.6 mm、0.6 mm、0.4 mm 和 0.1 mm。

加工程序如下:

O2020

N10 G54 G40 G97 G99 S400 M03;	主轴正转
N20 T0404;	选 4 号螺纹刀
N30 G00 X32. Z5. ;	螺纹加工起点
N40 X29.1;	自螺纹大径 30 mm 进第一刀,切深 0.9 mm
N50 G32 Z−28. F2. ;	螺纹车削第一刀,螺距为 2 mm
N60 G00 X32.	X 向退刀
N70 Z5. ;	Z 向退刀
N80 X28.5;	进第二刀,切深 0.6 mm
N90 G32 Z−28. F2. ;	螺纹车削第二刀,螺距为 2 mm
N100 G00 X32. ;	X 向退刀
N110 Z5. ;	Z 向退刀
N120 X27.9;	进第三刀,切深 0.6 mm
N130 G32 Z−28. F2. ;	螺纹车削第三刀,螺距为 2 mm
N140 G00 X32. ;	X 向退刀
N150 Z5. ;	Z 向退刀
N160 X27.5;	进第四刀,切深 0.4 mm
N170 G32 Z−28. F2. ;	螺纹车削第四刀,螺距为 2 mm
N180 G00 X32. ;	X 向退刀
N190 Z5. ;	Z 向退刀
N200 X27.4;	进第五刀,切深 0.1 mm
N210 G32 Z−28. F2. ;	螺纹车削第五刀,螺距为 2 mm
N220 G00 X32. ;	X 向退刀
N230 Z5. ;	Z 向退刀
N240 X27.4;	光一刀,切深为 0
N250 G32 Z−28. F2. ;	光一刀,螺距为 2 mm
N260 G00 X200. ;	X 向退刀
N270 Z100. ;	Z 向退刀,回换刀点
N280 M30;	程序结束

b. 圆锥螺纹加工

【例 2-12】 如图 2-64 所示,圆锥螺纹外径已车至小端直径 $\varnothing$19.8 mm,大端直径 $\varnothing$24.8 mm,4mm×2mm 的退刀槽已加工,用 G32 编制该螺纹的加工程序。

计算螺纹加工尺寸,如图 2-65 所示。

螺纹的实际牙型高度

$$h = 0.65 \times 2 = 1.3 \text{(mm)}$$

升速进刀段和减速退刀段分别取 $\delta_1 = 3$ mm,$\delta_2 = 2$ mm。

A 点:$X = 19.5$ mm,$Z = 3$ mm;

B 点:$X=25.3$ mm,$Z=-34$ mm。

注意:加工圆锥螺纹时,要特别注意受 δ_1、δ_2 影响后的螺纹切削起点与终点坐标,以保证螺纹锥度的正确性。

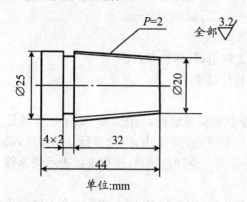

图 2-64 圆锥螺纹加工

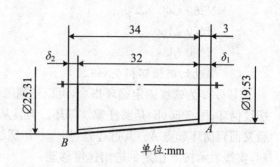

图 2-65 圆锥螺纹加工尺寸计算

确定背吃刀量。

查表得双边切深为 2.6 mm,分五刀切削,分别为 0.9 mm、0.6 mm、0.6 mm、0.4 mm 和 0.1 mm。

编制加工程序如下:

O2021

N10 G54 G40 G97 G99 S400 M03;	主轴正转
N20 T0404;	选 4 号螺纹刀
N30 G00 X27. Z3.;	螺纹加工起点
N40 X18.6;	进第一刀,切深 0.9 mm
N50 G32 X24.4 Z−34. F2.;	螺纹车削第一刀,螺距为 2 mm
N60 G00 X27.;	X 向退刀
N70 Z3.;	Z 向退刀
N80 X18.;	进第二刀,切深 0.6 mm
N90 G32 X23.8 Z−34. F2.;	螺纹车削第二刀,螺距为 2 mm
N100 G00 X27.;	X 向退刀
N110 Z3.;	Z 向退刀
N120 X17.4;	进第三刀,切深 0.6 mm
N130 G32 X23.2 Z−34. F2.;	螺纹车削第三刀,螺距为 2 mm
N140 G00 X27.;	X 向退刀
N150 Z3.;	Z 向退刀
N160 X17.;	进第四刀,切深 0.4 mm
N170 G32 X22.8 Z−34. F2.;	螺纹车削第四刀,螺距为 2 mm
N180 G00 X27.;	X 向退刀
N190 Z3.	Z 向退刀
N200 X16.9;	进第五刀,切深 0.1 mm
N210 G32 X22.7 Z−34. F2.;	螺纹车削第五刀,螺距为 2 mm

N220 G00 X27.;	X 向退刀
N230 Z3.;	Z 向退刀
N240 X16.9;	光一刀,切深为 0
N250 G32 X22.7 Z－34.F2.;	光一刀,螺距为 2 mm
N260 G00 X200.;	X 向退刀
N270 Z100.;	Z 向退刀,回换刀点
N280 M30;	程序结束

（3）螺纹切削循环指令 G92

① G92 为螺纹固定循环指令,可以切削圆柱螺纹和圆锥螺纹,如图 2-66(a)所示是圆锥螺纹循环,图 2-66(b)是圆柱螺纹循环。刀具从循环点开始,按 A、B、C、D 进行自动循环,最后又回到循环起点 A。其过程是:切入—切螺纹—让刀—返回起始点,图中虚线表示快速移动,实线表示按 F 指定的进给速度移动。

提示:加工多头螺纹时的编程,应在加工完一个头后,用 G00 或 G01 指令将车刀轴向移动一个螺距,然后再按要求编写车削下一条螺纹的加工程序。

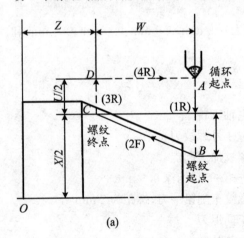 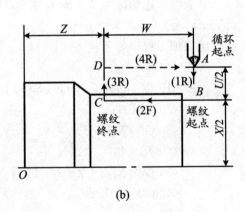

（a）　　　　　　　　　　　　　　　　　　　　　（b）

图 2-66　螺纹循环 G92

② 程序格式:

　G92 X(U)_Z(W)_R_F_;

其中:

X、Z 指定螺纹终点的绝对坐标;

U、W 指定螺纹终点相对于螺纹起点的坐标增量;

F 指定螺纹的导程（单线螺纹时为螺距）;

R 指定圆锥螺纹起点和终点的半径差,当圆锥螺纹起点坐标大于终点坐标时为正,反之为负,加工圆柱螺纹时,R 为零,省略。

③ 编程示例。

a. 圆柱螺纹加工

【例 2-13】　如图 2-63 所示,螺纹外径已车至 ∅29.8 mm,4 mm×2 mm 的退刀槽已加工,零件材料为 45 钢,用 G92 编制该螺纹的加工程序。

计算螺纹加工尺寸（同例 2-11）。

确定背吃刀量(同例 2-11)。

编制加工程序如下:

O2022

N10 G54 G40 G97 G99 S400 M03;	主轴正转
N20 T0404;	选 4 号螺纹刀
N30 G00 X31. Z5.;	螺纹加工起点
N40 G92 X29.1 Z—28. F2.;	螺纹车削循环第一刀,切深 0.9 mm,螺距 2 mm
N50 X28.5;	第二刀,切深 0.6 mm
N60 X27.9;	第三刀,切深 0.6 mm
N70 X27.5;	第四刀,切深 0.4 mm
N80 X27.4;	第五刀,切深 0.1 mm
N90 X27.4;	光一刀,切深为 0
N100 G00 X200. Z100.;	回换刀点
N110 M30;	程序结束

b. 圆锥螺纹加工

【例 2-14】　如图 2-64 所示,圆锥螺纹外径已车至小端直径 $\varnothing$19.8 mm,大端直径 $\varnothing$24.8 mm,4 mm×2 mm 的退刀槽已加工,用 G92 编制该螺纹的加工程序。

计算螺纹加工尺寸(同例 2-12):

$$R = \frac{19.5}{2} - \frac{25.3}{2} = -2.9 \,(\text{mm})$$

提示:对于圆锥螺纹中的 R,在编程时,除要注意有正负之分外,还要根据不同长度来确定 R 值大小,以保证螺纹锥度的正确性。

确定背吃刀量:

分五刀切削,分别为 0.9 mm、0.6 mm、0.6 mm、0.4 mm 和 0.1 mm。

编制加工程序如下:

O2023

N10 G54 G40 G97 G99 S400 M03;	主轴正转
N20 T0404;	选 4 号螺纹刀
N30 G00 X27. Z3.;	螺纹加工循环起点
N40 G92 X24.4 Z—34. R—2.9 F2.;	螺纹车削循环第一刀,切深 0.9 mm, 螺距为 2 mm
N50 X23.8;	第二刀,切深 0.6 mm
N60 X23.2;	第三刀,切深 0.6 mm
N70 X22.8;	第四刀,切深 0.4 mm
N80 X22.7;	第五刀,切深 0.1 mm
N90 X22.7;	光一刀,切深为 0
N100 G00 X200. Z100.;	回换刀点
N110 M30;	程序结束

(4) 螺纹切削复合循环指令 G76

① G76 指令用于多次自动循环切削螺纹,切深和进刀次数等设置后可自动完成螺纹的

加工,如图 2-67 所示。经常用于不带退刀槽的圆柱螺纹和圆锥螺纹的加工。

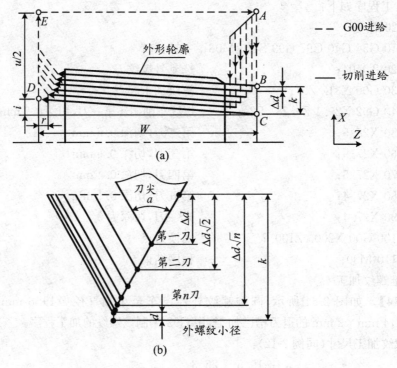

图 2-67   G76 循环的运动轨迹及进刀轨迹

② 指令格式:

G76 P(m) (r) (α) Q($\Delta d_{\min}$) R(d);

G76 X(U) Z(W) R(i) P(k) Q(Δd) F(L);

其中:

m 为精车重复次数,为 1~99 次,该值为模态值;

r 为螺纹尾部倒角量(斜向退刀),是螺纹导程(L)的 0.1~9.9 倍,以 0.1 为一挡逐步增加,设定时用 00~99 的两位整数来表示;

α 为刀尖角度,可以从 80°、60°、55°、30°、29°和 0°等 6 个角度中选择,用两位整数表示,常用 60°、55°和 30°三个角度;

m、r 和 α 用地址 P 同时指定,例如:$m=2$,$r=1.2L$,$\alpha=60°$,表示为 P021260;

$\Delta d_{\min}$ 切削时的最小背吃刀量,用半径编程,单位为微米(μm);

d 为精车余量,用半径编程;

X(U)、Z(W)为螺纹终点坐标;

i 为螺纹半径差,与 G92 中的 R 相同,$i=0$ 时,为直螺纹;

k 为螺纹高度,用半径值指定,单位为微米(μm);

Δd 为第一次车削深度,用半径值指定;

f 为导程。

③ 编程示例:

【例 2-15】   如图 2-68 所示,螺纹外径已车至 ∅29.8 mm,零件材料为 45 钢。用 G76 编写螺纹的加工程序。

计算螺纹加工尺寸。

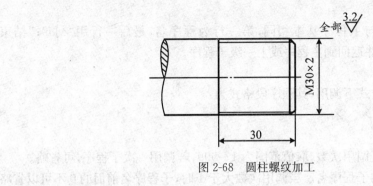

图 2-68　圆柱螺纹加工

螺纹实际牙型高度：

$$h_1 = 0.65P = 0.65 \times 2 = 1.3\,(\text{mm})$$

螺纹实际小径：

$$d' = d - 1.3P = (30 - 1.3 \times 2) = 27.4\,(\text{mm})$$

升降进刀段取 $\delta_1 = 5$ mm。

确定切削用量：

精车重复次数 $m=2$，螺纹尾倒角量 $r=1.1L$，刀尖角度 $\alpha=60°$，表示为 P021160；

最小车削深度 $\Delta d_{\min}=0.1$ mm，单位变成 μm，则表示为 Q100；

精车余量 $d=0.05$ mm，表示为 R50.；

螺纹终点坐标 $X=27.4$ mm，$Z=-30.0$ mm；

螺纹部分的半径差 $i=0$，R0 省略；

螺纹高度 $k=0.65P=1.3$ mm，表示为 P1300；

螺距 $f=2$ mm，表示为 F2.；

第一次车削深度 Δd 取 1.0 mm，表示为 Q1000。

参考程序：

O2024	
N10 G54 G40 G97 G99 S400 M03；	主轴正转,转速 400 r/min
N20 T0404；	螺纹刀 T04
N40 G00 X32. Z5.；	螺纹加工循环起点
N50 G76 P021160 Q100 R50.；	螺纹车削复合循环
N60 G76 X27.4 Z-30. P1300 Q1000 F2.；	螺纹车削复合循环
N70 G00 X200. Z100.；	回换刀点
N80 M30；	程序结束

2.3.5　子程序

1. 子程序

某些被加工的零件中,常常会出现几何形状完全相同的加工轨迹,在程序编制中,将有固定顺序和重复模式的程序段,作为子程序存放到存储器中,由主程序调用,可以简化程序。

（1）子程序的格式

子程序的程序格式与主程序基本相同，第一行为程序名，最后一行用"M99;"结束。"M99;"表示子程序结束并返回到主程序或上一级子程序。

（2）子程序的调用

子程序可以在自动方式下调用，其程序段格式为：

M98 P△△△××××；

其中：

△△△为子程序重复调用次数，取值范围为1～999，若调用一次子程序，可省略。

××××为被调用的子程序名。当调用次数大于1时，子程序名前面的0不可以省略。例如，"M98 P50020;"表示调用程序名为0020的子程序5次；"M98 P20;"表示调用程序名为0020的子程序1次。

（3）编程示例

【例2-16】 如图2-69所示，已知毛坯直径为$\varnothing 32$ mm，长度为77 mm，一号刀具为外圆车刀，三号刀为切断刀，宽度为2 mm，其加工程序为：

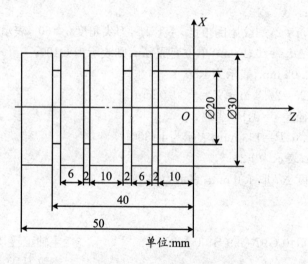

图2-69 子程序的应用

```
O2025
N2 G54 G40 G97 G99 T0101;            调用1号刀
N4 S800 M03;                         主轴正转，转速为800 r/min
N6 M08 G00 X35. Z0;                  快速到达加工准备点
N8 G01 X0 F0.3;                      切端面
N10 G00 X30. Z2.;                    退刀
N12 G01 Z−55. F0.3;                  车外圆
N14 G00 X150. Z100.;                 退刀
N16 T0303;                           换3号刀，使用3号补偿
N18 G00 X32. Z0;                     快速到达加工准备点
N20 M98 P22026;                      调用子程序切槽
```

N22 G00 W−12. ;	Z 向进刀
N24 G01 X0 F0.12;	切断工件
N26 G04 X2. ;	暂停 2 s
N28 G00 X150. Z100. ;	返回起始点
N30 M30;	程序结束

子程序：

O2026	
N101 G00 W−12. ;	Z 方向进刀
N102 G01 U−12. F0.15;	切槽
N103 G04 X1. ;	暂停 1 s
N104 G00 U12. ;	X 方向退刀
N105 W−8. ;	Z 方向进刀
N106 G01 U−12. F0.15;	切槽
N107 G04 X1. ;	暂停 1 s
N108 G00 U12. ;	X 方向退刀
N109 M99;	返回主程序

2.3.6 用户宏程序

宏程序编程简单地解释就是利用变量编程的方法。FANUC-0i-TA 数控系统为用户配备了强有力的类似于高级语言的宏程序功能,用户可以使用变量进行算术运算、逻辑运算和函数的混合运算,此外宏程序还提供了循环语句、分支语句和子程序调用语句,利于编制各种复杂的零件加工程序,减少乃至免除手工编程时进行繁琐的数值计算以及精简程序量。宏程序指令适合抛物线、椭圆、双曲线等没有插补指令的曲线编程;适合图形一样,只是尺寸不同的系列零件的编程;适合工艺路径一样,只是位置参数不同的系列零件的编程。

1. 变量

普通加工程序直接用数值指定 G 代码和移动距离。使用用户宏程序时,数值可以直接指定或用变量指定。当用变量时,变量值可用程序或用 MDI 面板上的操作改变。

(1) 变量的表示

计算机允许使用变量名,用户宏程序不行。变量用变量符号"♯"和后面的变量号指定。

例如：

♯1

表达式可以用于指定变量号。此时,表达式必须封闭在括号中。

例如：

♯[♯1＋♯2−12]

(2) 变量的类型

变量根据变量号可以分成 4 种类型,如表 2-8 所示。

表 2-8　变量的类型

变量号	变量类型	功　　能
♯0	空变量	该变量总是空,没有值能赋给该变量
♯1～♯33	局部变量	局部变量只能用在宏程序中存储数据,例如,运算结果。当断电时,局部变量被初始化为空。调用宏程序时,自变量对局部变量赋值
♯100～♯199 ♯500～♯999	公共变量	公共变量在不同的宏程序中的意义相同。当断电时,变量♯100～♯199初始化为空,变量♯500～♯999的数据保存,即使断电也不丢失
♯1 000～	系统变量	系统变量用于读和写 CNC 运行时的各种数据,例如,刀具的当前位置和补偿值。

(3) 变量值的范围

局部变量和公共变量可以是 0 值或下面范围中的值:

$$-10^{47} 到 -10^{-29}$$

或

$$10^{-29} 到 10^{47}$$

如果计算结果超出有效范围,则发出 P/S 报警。

(4) 小数点的省略

当在程序中定义变量值时,小数点可以省略。

例如:当定义♯1＝123;时,变量♯1 的实际值是 123.000。

(5) 变量的引用

为在程序中使用变量值,指定后跟变量号的地址。当用表达式指定变量时,要把表达式放在括号中。

例如:

　　G01 X[♯1＋♯2]F♯3;

被引用变量的值根据地址的最小设定单位自动地舍入。

例如:当"G00 X♯1;"时,以 1/1 000 mm 的单位执行,会把 12.345 6 赋值给变量♯1,实际指令值为"G00 X12.346;"。

改变引用的变量值的符号,要把负号"－"放在"♯"的前面。

例如:

　　G00 X－♯1;

当引用未定义的变量时,变量及地址字都被忽略。

例如:当变量♯1 的值是 0,并且变量♯2 的值是空时

　　G00 X♯1 Y♯2;

的执行结果为

　　G00 X0;

2. 算术和逻辑运算

表 2-9 中列出的运算可以在变量中执行。运算符右边的表达式可包含常量和(或)由函数或运算符组成的变量。表达式中的变量 $\#j$ 和 $\#k$ 可以用常数赋值。左边的变量也可以用表达式赋值。

表 2-9 算术和逻辑运算

功 能	格 式	备 注
定 义	$\#i = \#j$;	
加 法	$\#i = \#j + \#k$;	
减 法	$\#i = \#j - \#k$;	
乘 法	$\#i = \#j * \#k$;	
除 法	$\#i = \#j \# k$;	
正 弦	$\#i = \mathrm{SIN}[\#j]$;	
反正弦	$\#i = \mathrm{ASIN}[\#j]$;	
余 弦	$\#i = \mathrm{COS}[\#j]$;	角度以度指定。$90°30'$ 表示为 90.5 度
反余弦	$\#i = \mathrm{ACOS}[\#j]$;	
正 切	$\#i = \mathrm{TAN}[\#j]$;	
反正切	$\#i = \mathrm{ATAN}[\#j]/[\#k]$;	
平方根	$\#i = \mathrm{SQRT}[\#j]$;	
绝对值	$\#i = \mathrm{ABS}[\#j]$;	
舍 入	$\#i = \mathrm{ROUN}[\#j]$;	
上取整	$\#i = \mathrm{FIX}[\#j]$;	
下取整	$\#i = \mathrm{FUP}[\#j]$;	
自然对数	$\#i = \mathrm{LN}[\#j]$;	
指数函数	$\#i = \mathrm{EXP}[\#j]$;	
或	$\#i = \#j \ \mathrm{OR} \ \#k$;	
异(或)	$\#i = \#j \ \mathrm{XOR} \ \#k$;	逻辑运算一位一位地按二进制数执行
与	$\#i = \#j \ \mathrm{AND} \ \#k$;	
从 BCD 转为 BIN	$\#i = \mathrm{BIN}[\#j]$;	用于与 PMC 的信号交换
从 BIN 转为 BCD	$\#i = \mathrm{BCD}[\#j]$;	

(1) 算术和逻辑运算指令的缩写

程序中指令函数时,函数名的前两个字符可以用于指定该函数。

例如:

　　ROUND→RO

　　FIX→FI

(2) 运算次序

① 函数；

② 乘和除运算（＊、/、AND）；

③ 加和减运算（＋、一、OR、XOR）。

（3）括号嵌套

括号用于改变运算次序。括号可以使用 5 级，包括函数内部使用的括号。当超过 5 级时，出现报警。

3. 转移和循环

在程序中使用 GOTO 语句和 IF 语句可以改变控制的流向。有 3 种转移和循环操作可供使用，无条件转移（GOTO 语句）、条件转移（IF 语句）和循环（WHILE 语句）。

（1）无条件转移（GOTO 语句）

转移到标有顺序号 n 的程序段。当指定 1 到 99 999 以外的顺序号时，出现 P/S 报警。可用表达式指定顺序号。

    GOTOn； n 为顺序号（1~99 999）

例如：

    GOTO1；

    GOTO#10；

（2）条件转移（IF 语句）[〈条件表达式〉]

IF 之后指定条件表达式。

① IF [〈条件表达式〉] GOTO n。

如果指定的条件表达式满足时，转移到标有顺序号 n 的程序段。如果指定的条件表达式不满足，执行下个程序段，如图 2-70 所示。

例如：如果变量#1 的值大于 10，转移到顺序号 N2 的程序段。

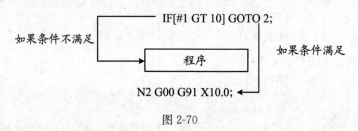

图 2-70

② IF [〈条件表达式〉] THEN。

如果条件表达式满足，执行预先决定的宏程序语句。只执行一个宏程序语句。

例如：如果#1 和#2 的值相同，0 赋给#3。

    IF [#1 EQ #2] THEN#3＝0；

说明：

ⅰ 条件表达式必须包括算符。插在两个变量中间或变量和常数中间，并且用括号"[ ]"封闭。表达式可以替代变量。

ⅱ 运算符由 2 个字母组成，用于两个值的比较，以决定它们是相等还是一个值小于或大于另一个值。注意，不能使用不等符号。运算符如表 2-10 所示。

表 2-10　运算符

运 算 符	含 义
EQ	等于(＝)
NE	不等于(≠)
GT	大于(＞)
GE	大于或等于(≥)
LT	小于(＜)
LE	小于等于(≤)

ⅲ 典型程序:

下面的程序用于计算数值 1~10 的总和。

O2027;	
♯1＝0;	存储和数变量的初值
♯2＝1;	被加数变量的初值
N1 IF［♯2 GT 10］GOTO 2;	当被加数大于 10 时转移到 N2
♯1＝♯1＋♯2;	计算和数
♯2＝♯2＋♯1;	下一个被加数
GOTO 1;	转到 N1
N2 M30;	程序结束

(3) 循环(WHILE 语句)

在 WHILE 后指定一个条件表达式。当指定条件满足时,执行从 DO 到 END 之间的程序,否则转到 END 后的程序段,如图 2-71 所示。

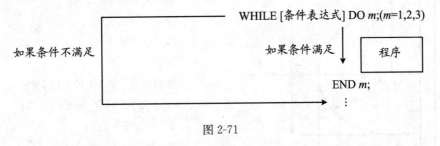

图 2-71

说明:当指定的条件满足时,执行 WHILE 从 DO 到 END 之间的程序。否则,转而执行 END 之后的程序段。这种指令格式适用于 IF 语句。DO 后的号和 END 后的号是指定程序执行范围的标号,标号值为 1、2、3。若用 1、2、3 以外的值会产生报警。

① 嵌套:

在 DO~END 循环中的标号(1 到 3)可根据需要多次使用。但是,当程序有交叉重复循环(DO 范围的重叠)时出现报警。嵌套使用情况如下:

ⅰ 标号(1 到 3)可以根据要求多次使用。

ⅱ DO 的范围不能交叉。

ⅲ DO 循环可以嵌套 3 级。

ⅳ 控制可以转到循环的外边。

ⅴ 转移不能进入循环区内。

② 注意：

ⅰ 无限循环：当指定 DO 而没有指定 WHILE 语句时，产生从 DO 到 END 的无限循环。

ⅱ 处理时间：当在 GOTO 语句中有标号转移的语句时，进行顺序号检索。反向检索的时间要比正向检索长。用 WHILE 语句实现循环可减少处理时间。

ⅲ 未定义的变量：在使用 EQ 或 NE 的条件表达式中，〈空〉和零有不同的效果。在其他形式的条件表达式中，〈空〉被当做零。

下面的程序用于计算数值 1 到 10 的总和。

```
O2028;
#1=0;
#2=1;
WHILE [#2 LE 10] DO 1;
#1=#1+#2;
#2=#2+1;
END 1;
M30;
```

4. 宏程序编程示例

【例 2-17】 利用宏程序编程加工如图 2-72 所示零件。

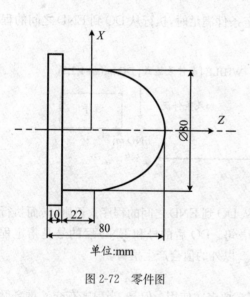

图 2-72 零件图

```
O2029;
T0101;
M03 S800 F0.15;
G00 X10. Z10.;
G01 X0 Z0;
#1=0;
WHILE [#1 LE 90] DO 1;
G01 X[#3] Z[#2] F0.3;
#1=#1+1;
#2=50*COS[#1]-50;
#3=40*SIN[#1];
END 1;
G00 X50.;
    Z50.;
M30;
```

【例 2-18】 用宏程序编制如图 2-73 所示抛物线 $Z=X^2/8$ 在区间[0,16]内的程序。

```
O2030
#10=0;        赋 X 坐标初值
#11=0;        赋 Z 坐标初值
T0101;
G00 X0 Z0;
```

M03 S600；

WHILE［♯10 LE 16］DO 1；

G90 G01 X［♯10］Z［♯11］F0.2；

♯10＝♯10＋0.08；

♯11＝♯10 * ♯10/8；

END 1；

G00 X100.；

G00 Z100.；

M30；

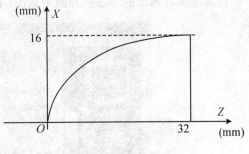

图 2-73　宏程序编制图

2.4　FANUC-0i 数控车床仿真系统

2.4.1　上海宇龙数控仿真软件的安装与进入

1. 安装

将"数控加工仿真系统"的安装光盘放入光驱。

在"资源管理器"中，点击"光盘"，在显示的文件夹目录中点击"数控加工仿真系统 3. x"的文件夹。在弹出的下级子目录中根据操作系统选择适当的文件夹（Windows 2000 操作系统选择名为"2000"的文件夹；Windows 98 和 Windows me 操作系统选择名为"9x"的文件夹；Windows xp 操作系统选择名为"xp"的文件夹）。

选择了适当的文件夹后，点击打开。在显示的文件名目录中点击文件"SETUP. EXE"，系统弹出如图 2-74 所示的"安装向导"界面。

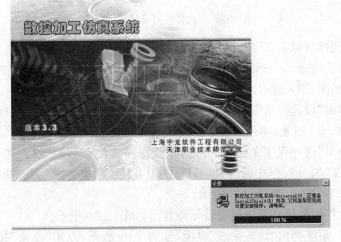

图 2-74　"安装向导"界面

在系统接着弹出的"欢迎"界面中点击"下一个"按钮,如图 2-75 所示。

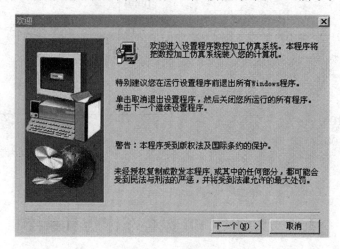

图 2-75　"欢迎"界面

在系统接着弹出的"软件许可证协议"界面中点击"是"按钮,如图 2-76 所示。

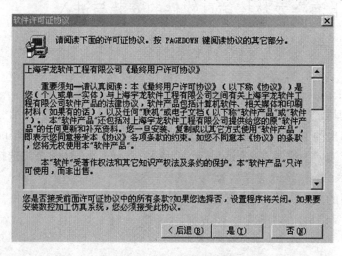

图 2-76　"软件许可证协议"界面

系统弹出"选择目标位置"界面,在"目标文件夹"中点击"浏览"按钮,选择所需的目标文件夹,默认的是"c:\programme files\数控加工仿真系统"。目标文件夹选择完成后,点击"下一个"按钮,如图 2-77 所示。

此时系统弹出"设置类型"界面,根据需要选择"教师机/学生机",选择完成后点击"下一个"按钮,如图 2-78 所示,本用户手册安装的是"教师机"。

接着系统弹出"选择程序文件夹"界面,默认程序文件夹名为"数控加工仿真系统",可以在"程序文件夹"的 text 框中修改,也可以在"现有的文件夹"中选择。选择程序文件夹完成后,点击"下一个"按钮,如图 2-79 所示。

此时弹出数控加工仿真系统的安装等待界面,如图 2-80 所示。

安装完成后,系统弹出"设置完成"界面,如图 2-81 所示,点击"结束"按钮,完成整个安装过程。

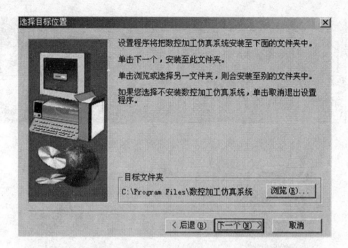

图 2-77 "选择目标位置"界面

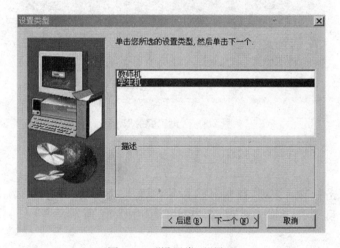

图 2-78 "设置类型"界面

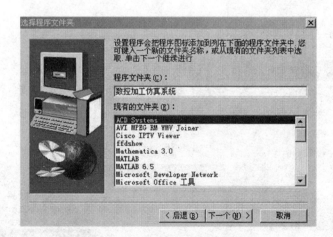

图 2-79 "选择程序文件夹"界面

图 2-80 "安装等待"界面

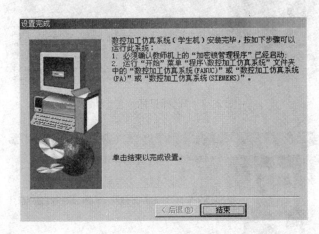

图 2-81 "设置完成"界面

2. 进入

鼠标左键点击"开始"按钮,在"程序"目录中弹出"数控加工仿真系统"的子目录,在接着弹出的下级子目录中点击"加密锁管理程序",如图 2-82 所示。

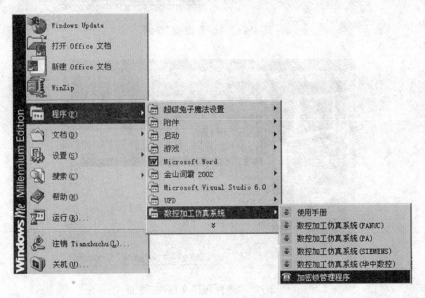

图 2-82 启动加密锁程序

加密锁程序启动后,屏幕右下方工具栏中出现☎的图表,此时重复上面的步骤,在最后弹出的目录中点击所需的数控系统名（SIEMENS），系统弹出"用户登录"界面，如图 2-83 所示。

图 2-83　"用户登录"界面

点击"快速登录"按钮或输入用户名和密码，再点击"登录"按钮，进入数控加工仿真系统。

管理员用户名：manage；口令：system；

一般用户名：guest；口令：guest。

2.4.2　FANUC-0i 数控车床的基本操作

1. 选择机床类型

打开菜单"机床/选择机床…"，在选择机床对话框中选择控制系统类型和相应的机床并按确定按钮，此时界面如图 2-84 所示。

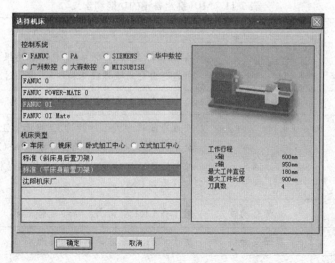

图 2-84　"选择机床"界面

2. 机床的操作面板

机床的操作面板主要由操作箱面板、MDI 键盘、紧急停止按钮、主轴转速倍率开关和进给倍率开关几部分组成,如图 2-85 所示。

图 2-85 机床的操作面板

MDI 键盘由数字键和功能键组成,其含义见表 2-11。

表 2-11 MDI 键盘各键的功能和含义

键	名 称	功能说明
RESET	复位键	按下此键,复位 CNC 系统,包括取消报警、主轴故障复位中途退出自动操作循环和输入、输出过程等
	地址和数字键	按下这些键输入字母数字和其他字符
INPUT	输入键	除程序编辑方式以外的情况,当面板上按下一个字母或数字键以后,必须按下此键才能输入 CNC 内。另外,与外部设备通信时,按下此键,才能启动输入设备,开始输入数据到 CNC 内
CURSOR	光标移动键	用于在 CRT 页面上。移动当前光标
PAGE	页面变换键	用于 CRT 屏幕选择不同的页面
POS	位置显示键	在 CRT 上显示机床当前的坐标位置

续表

键	名　称	功能说明
PROG	程序键	在编辑方式中,编辑和显示在系统的程序 在 MDI 方式中输入和显示 MDI 数据
OFFSET/SETTING	参数设置	刀具偏置数值和宏程序变量的显示的设定
DGNOS/PRARM	自诊断的参数键	设定和显示参数表及自诊表的内容
CUSTOM/GRAPH	辅助图形	图形显示功能,用于显示加工轨迹
SYSTEM	参数信息键	显示系统参数信息
MESSAGE	错误信息键	显示系统错误信息
ALTER	替代键	用输入域内的数据替代光标所在的数据
DELETE	删除键	删除光标所在的数据
INSERT	插入键	将输入域之中的数据插入到当前光标之后的位置
CAN	取消键	取消输入域内的数据
EOB	回车换行键	结束一行程序的输入并且换行

注：ALTER、DELETE、INSERT、CAN、EOB 均属于"编辑键"。

CRT 屏幕用于显示机床坐标值、主轴转速、进给速度、加工程序、刀具号等信息,便于操作者实时监控机床状态。

3. 机床基本操作

（1）激活机床

点击"启动"按钮,松开"急停"。

（2）机床回参考点

进入回原点模式,此时 CRT 屏幕左下角显示为"REF"模式。点击操作面板上的"X"按钮,再点击"＋"按钮,此时 X 轴将回原点,X 轴回原点灯变亮。同理,使 Z 轴也回原点。

（3）手动连续移动坐标轴

进入手动模式,CRT 屏幕左下角显示为"JOG"模式。点击"X"、"Z"键,选择移动的坐标轴;再点击"＋"、"－"键,控制机床的移动方向。

（4）手动脉冲方式移动坐标轴

需精确调节机床时,可使用手动脉冲方式。具体操作如下:

① 点击操作面板上的"手动脉冲"按钮,进入手动脉冲方式,CRT 屏幕左下角显示为"HNDL"模式。

② 点击最右下角的手轮按钮,显示手轮。

③ 鼠标对准"轴选择"旋钮,点击左键或右键,选择坐标轴。

④ 鼠标对准"手轮进给速度"旋钮,点击左键或右键,选择合适的脉冲当量。

⑤ 鼠标对准手轮,点击左键或右键,精确控制机床的移动。

⑥ 点击手轮按钮,可隐藏手轮。

（5）主轴转动

点击相应的按钮，控制主轴正转、反转和停止。

4. 零件毛坯的设置

FANUC-0i 系统有两种形状的毛坯供选择：长方形毛坯和圆柱形毛坯，车床只有圆柱形毛坯。

（1）定义毛坯

打开菜单"零件/定义毛坯"或在工具条上选择"⊙"，系统打开对话框如图 2-86 所示。在该对话框中可以输入零件的名称，选择毛坯形状、材料以及零件尺寸等。

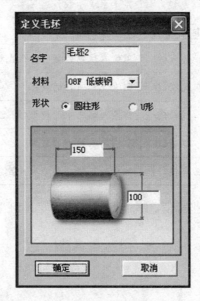

图 2-86 "定义毛坯"界面

（2）放置零件

打开菜单"零件/放置零件"命令或者在工具条上选择相应图标，选择定义好的零件，界面如图 2-87 所示，可将零件放置到工作台上。

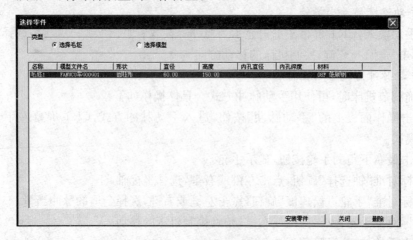

图 2-87 "选择零件"界面

（3）调整零件位置

零件放置好后可以在工作台面上移动，毛坯放上工作台后，系统将自动弹出一个小键盘，界面如图 2-88 所示，通过按动小键盘上的方向按钮，实现零件的平移和旋转。选择菜单"零件/移动零件"也可以打开小键盘。

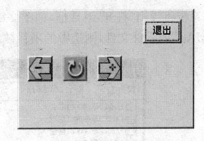

图 2-88　调整零件位置

5. 零件模型导入与导出

机床在加工零件时，除了可以使用原始的毛坯，还可以对经过部分加工的毛坯进行再加工。经过部分加工的毛坯称为零件模型，可以通过导入零件模型的功能调用零件模型。

打开菜单"文件/导入零件模型"，若已通过导出零件模型功能保存过成型毛坯，则系统将弹出"打开"对话框，在此对话框中选择并且打开所需的后缀名为"PRT"的零件文件，则选中的零件模型被放置在工作台面上。此类文件为已通过"文件/导出零件模型"所保存的成型毛坯。

导出零件模型相当于保存零件模型，利用这个功能，可以把经过部分加工的零件作为成型毛坯予以存放。此毛坯已经过部分加工，称为零件模型。可通过导出零件模型功能予以保存。

若经过部分加工的成型毛坯希望作为零件模型予以保存，打开菜单"文件/导出零件模型"，系统弹出"另存为"对话框，在对话框中输入文件名，按保存按钮，此零件模型即被保存。可在以后放置零件时调用。

6. 选择刀具

打开菜单"机床/选择刀具"或者在工具条中选择"⊙"，系统弹出刀具选择对话框。

① 在对话框按照零件加工的需要依次选择好刀具，最多可定义 8 把刀。但平床身前置四方刀架只能定义 4 把刀。

② 对选择的刀具可以修改刀尖半径和刀具长度的尺寸。

③ 选择完刀具，双击 1 号刀位，并按"确认退出"键完成选刀，刀具将按所选刀位安装在刀架上，同时 1 号刀被放在当前位置。

④ 把其他刀具放到当前位置的方法（以换 2 号刀为例）：

ⅰ 在 MDI 方式下，按下"PROG"键，输入指令"T0202"，然后按下"INSERT"键，按下循环启动键。

ⅱ 在 EDIT 方式下，输入一个换刀程序，然后转换到"自动运行"方式，光标移到程序开头，按下循环启动键，即完成换刀。

ⅲ 好多厂家的产品一般来说都设置有手动换刀按钮，可以在手动方式下直接完成换刀任务。

注意：在 MDI 和 EDIT 方式下换刀，必须是在返回机床参考点之后，才可以执行换刀任务。

7. 打开与保存项目文件

打开菜单"文件/打开项目"，若已通过"保存项目"或"另存项目"功能保存过项目文件，

则系统将弹出"打开"对话框,如图 2-89 所示,在此对话框中选择并且打开所需的后缀名为
"MAC"的零件文件,则选中的项目被放置在工作台面上,按"打开"按钮即可。

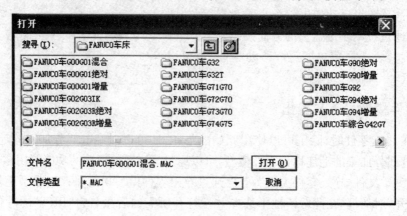

图 2-89　打开文件/项目

　　打开菜单"文件/另存项目",会出现如下"选择保存类型"对话框,如图 2-90 所示,按"确
定"按钮。

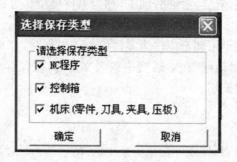

图 2-90　"选择保存类型"界面

出现"另存为"对话框,如图 2-91 所示,在"文件名"处输入一个文件名按"保存"键即可。

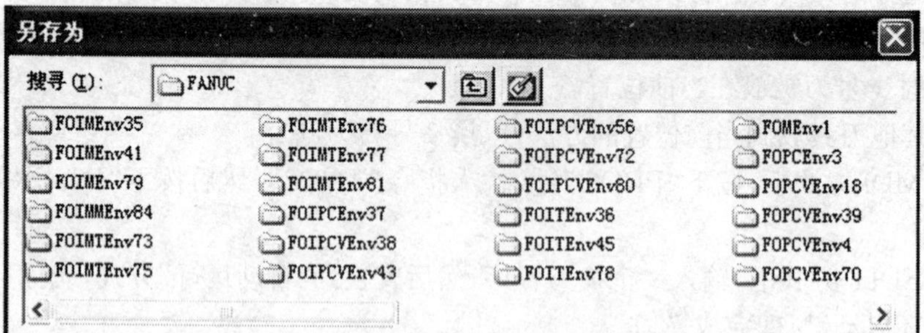

图 2-91　"另存为"界面

　　利用这个功能,可以把项目文件各种状态予以存放。项目文件的内容包括:机床、毛
坯、经过加工的零件、选用的刀具和夹具、在机床上的安装位置和方式、工件坐标系、刀具长
度和半径补偿数据、输入的数控程序等。

2.4.3　程序数据处理

1. 导入数控程序

数控程序可以通过记事本或写字板等编辑软件输入,并保存为文本格式文件,也可直接用 FANUC-0i 系统的 MDI 键盘输入。

① 点击操作面板上的编辑键,进入编辑状态。

② 点击 MDI 键盘上的"PROG"键,CRT 界面转入编辑页面,界面如图 2-92 所示。

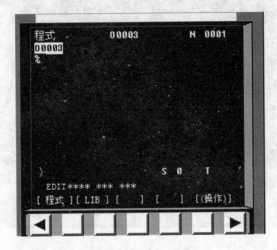

图 2-92　编辑界面

③ 按软键[操作],在出现的下级子菜单中按翻页软键,再按软键[READ],出现主编辑界面。

④ 点击 MDI 键盘上的数字/字母键;输入程序名"Ox"(x 为任意不超过 4 位的数字),并按软键[EXEC],界面如图 2-93 所示。

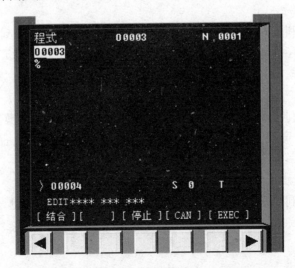

图 2-93　输入程序名

⑤ 点击菜单"机床/DNC 传送",在弹出的对话框中选择所需的 NC 程序,按"打开"确认,则数控程序被导入并显示在 CRT 界面上。

2. 数控程序管理

(1) 显示数控程序目录

按上述方法进入编辑页面,按软键[LIB],经过 DNC 传送的数控程序名显示在 CRT 界面上,如图 2-94 所示。

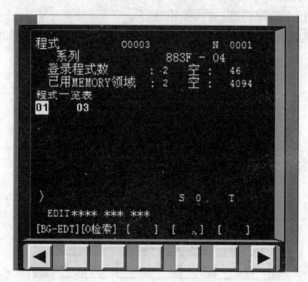

图 2-94　显示数控程序目录

(2) 选择一个数控程序

在编辑页面,利用 MDI 键盘输入要选择的程序号"Ox"(x 为数控程序目录中显示的程序号),按"↓"键开始搜索,搜索到后,"Ox"显示在屏幕首行程序号位置,NC 程序显示在屏幕上,或者按"O 检索"软件来进行检索而打开程序。

(3) 编辑数控程序

进入编辑状态,利用 MDI 键盘中的光标的上下移动,当光标移动到要编辑的内容时,按"DELETE"键,此程序内容即被删除。同理利用"ALTER"和"INSERT"键可以对程序进行替换以及输入等操作。

(4) 新建一个 NC 程序

在编辑页面下,利用 MDI 键盘输入"Ox"(x 为程序号),但仿真操作时,为了减少重复性工作,可将一些设置及加工零件的操作结果以项目文件的形式保存起来,其后缀为".MAC"。

(5) 删除全部数控程序

在编辑页面下,利用 MDI 键盘输入"0‐9999",按"DELETE"键,全部数控程序即被删除。

3. 导出程序

进入编辑状态,按软键[操作],在下级子菜单中按软键,再按软键[Punch],在弹出的对话框中输入文件名、选择文件类型和保存路径,按"保存"按钮,可将仿真系统中的数控程序导出。

2.4.4　程序的自动加工

1. 检查运行轨迹

NC 程序导入后,可检查运行轨迹。操作步骤如下:

转入自动加工模式,找到欲运行的程序,程序显示在 CRT 界面上。点击"CUSTOM GRAPH"按钮,进入检查运行轨迹模式。点击操作面板上的循环启动按钮,即可观察数控程序的运行轨迹,此时也可通过"视图"菜单中的动态旋转、动态放缩、动态平移等方式,对三维运行轨迹进行全方位的动态观察。

2. 自动连续加工

(1) 自动加工流程

① 检查机床是否回零,若未回零,先将机床回零。

② 导入数控程序或自行编写一段程序。

③ 点击操作面板上的"自动运行"按钮。

④ 点击操作面板上的循环启动键,程序开始执行。

(2) 中断运行

数控程序在运行过程中可根据需要暂停、停止、急停和重新运行。

① 数控程序在运行时,按暂停键,程序停止执行;再点击循环启动键,程序从暂停位置开始执行。

② 数控程序在运行时,按停止键,程序停止执行;再点击循环启动键,程序从开头重新执行。

③ 数控程序在运行时,按下急停按钮,数控程序中断运行,继续运行时,先将急停按钮松开,再按循环启动按钮,余下的数控程序从中断行开始作为一个独立的程序执行。

3. 自动单段运行

点击操作面板上的"单节"按钮,其他操作同自动连续加工,就可进行自动单段运行。在自动运行过程中应注意的事项有:

① 自动/单段方式执行每一行程序均需点击一次循环启动按钮。

② 点击"单节跳过"按钮,则程序运行时跳过符号"/"有效,该行成为注释行,不执行。

③ 点击"选择性停止"按钮,则程序中 M01 有效。

④ 可以通过主轴倍率旋钮和进给倍率旋钮,来调节主轴旋转的速度和移动的速度。

⑤ 按复位键可将光标移到程序开头。

2.5　数控车床编程综合实例

2.5.1　综合实例一

加工如图 2-95 所示零件,材料为 45♯钢,毛坯外径为 ⌀34 mm。

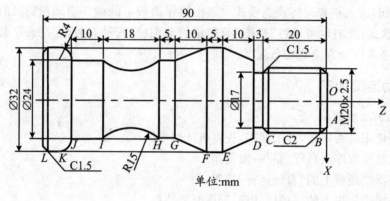

图 2-95

1. 工艺分析

以工件右端面圆心 O 为原点建立工件坐标系,起刀点设在坐标(100,50)处。工件轮廓从 $A \rightarrow B \rightarrow C \rightarrow D \rightarrow E$,在 X 方向上单调递增,因切削余量较大,可选用基准刀(外圆车刀,刀号设为 4)进行外径粗车循环(G71)加工。而轮廓从 $F \rightarrow G \rightarrow H \rightarrow I \rightarrow J \rightarrow K \rightarrow L$,在 X 方向上为非单调轨迹(先递减后递增),且切削余量也较大,可通过调用子程序加工,为了保证刀具不与 FG 面干涉,可采用副偏角较大的刀(设定为 3 号刀)。切槽、切断采用切断刀(设定为 1 号刀)。螺纹加工可采用螺纹单一固定循环(G92)切削(刀号设定为 2 号)。加工顺序,切削用量的选择参见程序。

2. 编程

根据以上加工工艺,编制加工程序如下:

程　序	注　释
O2031;	主程序文件名
N10 G54 G99 G21;	以工件右端面圆心为原点建立工件坐标系
N20 G00 X100. Z50.;	
N30 T0404;	调 4 号外圆刀(基准刀)
N40 M03 S700;	
N50 G00 X34. Z2.;	G71 循环起刀点

N60 G71 U1. R0.5；

N70 G71 P80 Q120 U0.4 W0.2 F0.3；　　G71 粗加工循环

N80 G00 X12.；

N90 G01 U8. W－4. F0.15；

N100 U0 W－21.；

N110 U12. W－10.；

N120 U0 W－5.；

N130 G00 X100. Z50.；

N140 T0400；

N150 T0101 S500；　　　　　　　　　　　调 1 号切槽刀

N160 G00 X21. Z－23.；

N170 G01 X17. F0.15；

N180 G00 X21.；

N190 G01 X20. Z－21.5；

N200 X17. Z－23.；

N210 G00 X30.；

N220 X100. Z50.；

N230 T0100；

N240 T0303 S600；　　　　　　　　　　　调 3 号偏刀

N250 G00 X50. Z－37.；

N260 M98 P62032；　　　　　　　　　　　调子程序"O2032"6 次

N270 G00 X100. Z50.；

N280 T0300；

N290 T0404 S800；

N300 G00 X34. Z2.；

N310 G70 P80 Q120；　　　　　　　　　　G70 精加工

N320 G00 X100. Z50.；

N330 T0400；

N340 T0202；　　　　　　　　　　　　　　调 2 号外螺纹刀

N350 G00 X24. Z2.；　　　　　　　　　　螺纹单一固定循环起刀点

N360 G92 X19. Z－21.5 F2.5；　　　　　　G92 螺纹单一固定循环

N370 X18.；

N380 X17.；

N390 X16.；

N400 X15.7；

N420 X15.7;

N430 G00 X100. Z50.;

N440 T0200;

N450 T0101 S500;

N460 G00 X33. Z−93.;

N470 G01 X28. F0.15;

N480 G00 X33.;

N490 X32. Z−91.5;

N500 G01 X29. Z−93.;

N510 X0;

N520 G00 X100. Z50.;

N530 T0100;

N540 M05;

N550 M30;

O2032   子程序文件名

N10 G00 U−4. W−1.;

N20 G01 U−8. W−10. F0.3;

N30 U0 W−5.;

N40 G02 U0 W−18. R15.;

N50 G01 U0 W−10.;

N60 G03 U8. W−4. R4.;

N70 G01 U0 W−8.;

N80 G0 U1. W56.;

N90 U−1.;

N100 M99;

3. 加工

加工步骤简述如下：

① 开机；

② 机床手动回参考点；

③ 装夹工件毛坯；

④ 以工件右端面圆心 O 为原点，设定 G54 坐标系；

⑤ 输入程序；

⑥ 程序校验；

⑦ 加工；

⑧ 关机并清理机床。

2.5.2 综合实例二

试用外圆加工循环和螺纹加工循环指令编写图 2-96 所示工件的加工程序,毛坯直径为 $\varnothing$50 mm。

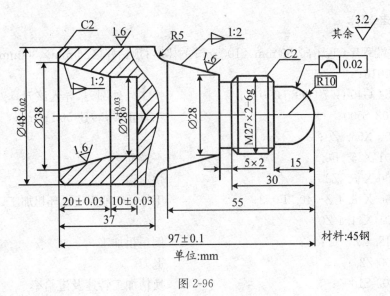

图 2-96

1. 零件图样分析

图示工件主要由圆弧、圆锥、螺纹、内孔等形状构成,是一个典型的综合型零件,最大外圆 $\varnothing$48 mm 尺寸要求较高,整体表面粗糙度要求较高,R_a 为 1.6 μm,圆弧弧度要求为 0.02 mm。无公差要求的长度尺寸,一般可按:±0.2 mm 公差加工。

2. 零件加工工艺分析

工件右端有圆弧、锥度和螺纹,难以装夹,所以先加工好左端内孔和外圆再加工右端。加工左端时,先完成内孔各项尺寸的加工,再精加工外圆尺寸。调头装夹时要找正左右端的同轴度。右端加工时,先完成圆弧和锥度的加工,再进行螺纹加工。弧度和锥度都有相应的要求,在加工锥度和圆弧时,一定要进行刀尖半径补偿才能保证其要求。该工件装夹采用标准的三爪自定心卡盘,但加工右端时,要用铜皮或者 C 形套包住左端已加工表面,防止卡爪夹伤表面。

3. 数控加工步骤

① 手工钻孔 $\varnothing$24 mm 底孔,预切除内孔余量。

② 粗车左端端面和外圆,留精加工余量 0.2～0.5 mm。

③ 粗镗内孔,留精加工余量 0.2～0.5 mm。

④ 精镗内孔,到达图样各项要求。

⑤ 精车左端各表面,达到图样要求,重点保证 $\varnothing$48 mm 外圆尺寸。

⑥ 调头装夹,找正夹紧。

⑦ 粗车右端外圆表面,留精加工余量 $0.2 \sim 0.5$ mm。

⑧ 精车右端锥度和圆弧表面,螺纹大径车至 19.8 mm,其余加工达到图样尺寸和形位公差要求。

⑨ 车螺纹退刀槽并完成槽口倒角。

⑩ 螺纹粗、精加工达图样要求。

4. 参考程序

工件左端程序(毛坯:$\varnothing 50$ mm×100 mm 的棒料;预钻好 $\varnothing 26$ mm×30 mm 孔):

O0018;	
G54 G40 G97 G99 T0101;	换 1 号外圆刀,导入该刀具刀补
M03 S500;	主轴正转,转速 500 r/min
G00 X55. Z0;	
G01 X25. F0.1;	平端面
G00 X55. Z2.;	快速退刀
G90 X48.4 Z−40. F0.3;	用外径切削固定循环粗加工 $\varnothing 48$ mm 外圆
G01 X44.4 Z0;	
X48.4 Z−2.;	倒角粗加工
G00 Z2.;	退刀
M03 S1000;	换精加工转速及进给率
G00 X44.;	快速到达精加工起刀位置
G01 Z0 F0.1;	开始精加工
X48. Z−2.;	
Z−40.;	
X51.;	
Z60.;	
T0404;	换内孔镗刀
G00 X24. Z2.;	快速定位到循环起点
G71 U2. R1.;	
G71 P10 Q20 U−0.1 W0.05 F0.2;	粗加工内轮廓
N10 G41 G01 X38.;	
Z0;	
X28. Z−20.;	
Z−30.;	
N20 X25.;	
M03 S1000 F60.;	
G70 P10 Q20;	精加工内轮廓
G00 G40 Z80.;	
M30;	

工件右端程序:

O0181;

```
    T0101;                              换 1 号外圆刀
    M03 S500;                           主轴正转,转速 500 r/min
    G00 X55. Z2. ;                      快速进刀
    G71 U2. R1. ;
    G71 P30 Q40 U0.4 W0.05 F0.15;       粗加工右端外轮廓
    N30 G42 G01 X0;                     外轮廓起点
    Z0;
    G03 X20. Z-10. R10. ;
    G01 Z-15. ;
    X23. ;
    X26.8 Z-17. ;
    Z-35. ;
    X28. ;
    X38. Z-55. ;
    G02 X48. Z-60. R5. ;
    N40 G01 X50. ;                      外轮廓终点
    M03 S1000 F0.1;                     换精加工转速及进给率
    G70 P30 Q40;
    G00 G40 X100. Z60. ;                回换刀点
    M03 S350;                           换切槽转速
    T0202;                              换切槽刀
    G00 X30. ;
    Z-35. ;
    G01 X23.1 F0.04;                    切槽第一刀
    G00 X30. ;
    Z-32. ;
    G01 X27. ;                          进刀
    X23. Z-34. ;                        切槽刀右刀尖倒角
    Z-35. ;                             平槽底
    G00 X30. ;                          退刀
    G00 X100. Z60. ;                    回换刀点
    M03 S400;                           换切螺纹转速
    T0303;                              换螺纹刀
    G00 X30. ;
    Z-10. ;                             快速定位到螺纹循环起点
    G76 P021060 Q50 R0. ;
    G76 X24.4 Z-32. P1299 Q500 F2. ;    复合固定循环加工螺纹
    G00 X100. Z60. ;
    T0300;
    M30;
```

2.5.3 综合实例三

加工如图 2-97 所示零件,材料为 45# 钢,毛坯外径为 $\varnothing 35$ mm。

1. 零件图纸

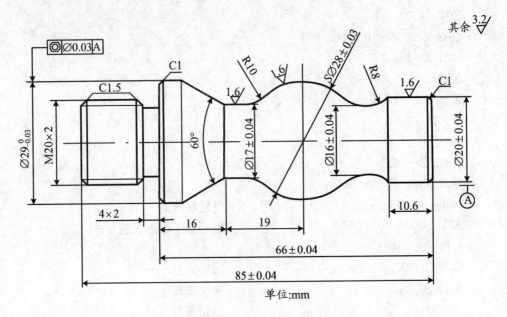

图 2-97 螺纹球面短轴

2. 工艺分析

该零件主要加工内容包括外圆粗、精加工、切槽及螺纹的加工。参考工艺如下:

(1) 车制工艺台阶

在零件图中需要加工螺纹的部位以背吃刀量 2 mm 手动车削一个长 15 mm 的工艺台阶,为零件右端加工提供可靠的装夹基准。

(2) 零件右端加工

① 由于 $\varnothing 29_{-0.03}^{0}$ mm 的外圆和 $\varnothing 20 \pm 0.04$ mm 外圆有同轴度要求,所以右端加工时,两处外圆应在一次装夹过程中加工完毕。

② 考虑到仅夹持 15 mm 的工艺台阶,工件悬伸量较大,易产生"让刀"现象,故尽量采用一夹一顶的装夹方式加工。

③ 此处外轮廓包含圆弧和圆锥面,为避免"欠切"和"过切"现象的产生,程序中应采用刀尖圆弧半径补偿功能。

(3) 零件左端加工

左端加工较简单,只需夹住 $\varnothing 20 \pm 0.04$ mm 外圆,用一夹一顶的装夹方式切槽和加工螺纹即可。

3. 刀具选择

① 选用 $\varnothing 3A$ 型中心钻钻削中心孔。

② 粗、精车外轮廓及车削端面时选用 93°硬质合金机夹式外圆刀（刀尖角 35°、刀尖圆弧半径 0.4 mm）。

③ 螺纹退刀槽采用 4 mm 切槽刀加工。

④ 车削螺纹选用 60°硬质合金外螺纹车刀。

具体刀具参数见表 2-12。

表 2-12　螺纹球面短轴加工刀具卡

序　号	刀具号	刀具类型	刀具半径	数　量	加工表面	备　注
1	T0101	93°外圆刀	0.4 mm	1	从右至左外轮廓	刀尖角 35°
2	T0202	外切槽刀	4 mm 槽宽	1	螺纹退刀槽	
3	T0303	外螺纹刀		1	外螺纹	刀尖角 60°

4. 切削用量选择

（1）背吃刀量的选择

粗车轮廓时选用 $a_p=2$ mm，精车轮廓时选用 $a_p=0.5$ mm。

（2）主轴转速的选择

主轴转速的选择与工件材料、刀具材料、工件直径的大小及加工精度和表面粗糙度要求等都有关系，根据图 2-97 要求，选择外轮廓粗加工转速 800 r/min，精车转速 1 500 r/min。车螺纹时，主轴转速 $n=400$ r/min。切槽时，主轴转速 $n=400$ r/min。

（3）进给速度的选择

根据背吃刀量和主轴转速选择进给速度，分别选择外轮廓粗精车的进给速度为 0.3 mm/r 和 0.2 mm/r；切槽的进给速度为 0.05 mm/r。

具体工步顺序、工作内容、各工步所用的刀具及切削用量等（不含工艺台阶车削工步）见表 2-13。

表 2-13　螺纹球面短轴加工切削用量表

操作序号	工步内容	刀具号	切削用量			
			主轴转速（r/min）	进给量（mm/r）	切削深度（mm）	
1	加工工件端面	T0101	800	0.2	0.5	
2	粗车工件外轮廓（右端）	T0101	800	0.3	2	
3	精车工件外轮廓（右端）	T0101	1 500	0.2	0.5	
4	粗、精车螺纹大径表面	T0101	粗 800 精 1 200	0.2	粗 2 精 0.5	
5	车螺纹退刀槽	T0202	400	0.2	4×2	
6	车削外螺纹 M20×2	T0303	400	螺距 2	0.3	
7	检验、校核					

5. 加工程序

加工程序见表 2-14。

表 2-14　螺纹球面短轴加工程序表

数控车程序卡	零件毛坯	$\varnothing$32 mm×90 mm			编写日期	
	零件名称	螺纹球面短轴	图　号		材　料	45#
	车床型号	CK6136	夹具名称	三爪卡盘	实训车间	数控中心

程序号	O0001	编程原点:工件右端面与中心轴线交点

程序段号	程　序	说明(右端加工程序)
N10	G54 G99 G21 G40;	程序初始化
N20	M03 S800 M08 T0101;	主轴正转,转速 800 r/min,冷却液开 刀具选择
N30	G00 X34. Z5.;	快速点定位,工件加工起始点
N40	G73 U6.5 W0 R5.;	型车粗车循环
N50	G73 P130 Q240 U0.5 W0 F0.3;	型车粗车循环 U:每次单边车深 R:单边退刀量 P130:精加工第一程序段号 Q240:精加工最后程序段号 X:直径双边精加工余量 Z:Z向精加工余量 F:粗车进给量
N60	G00 X100.;	退刀
N70	Z100.;	
N80	M05;	主轴停转
N90	M00 M09;	程序暂停,冷却液关,用于粗加工后检测
N100	M03 S1500 M08;	主轴正转,转速 1 500 r/min,冷却液开
N110	T0101;	刀具选择
N120	G00 X34. Z5.;	快速点定位,工件加工起始点
N130	G42 G00 X18. Z3.;	刀具靠近工件起始点,刀补建立
N140	G01 Z0. F0.2;	
N150	X20. Z−1.;	倒角
N160	Z−10.6;	
N170	G02 X20. Z−21.202 R8.;	
N180	G03 X21.58 Z−39.92 R14.;	
N190	G02 X17. Z−45.66 R10.;	
N200	G01 Z−50.;	

程序段号	程序	说明
N210	X29 Z−60.392;	
N220	Z−66.;	
N230	X32.;	
N240	G40 G00 X35.;	加工结束,刀补取消
N250	X100.;	退刀
N260	Z100.;	
N270	M05 M09;	主轴停转,冷却液关
N280	M30;	程序结束,返回程序头
程序号	O0002	编程原点:工件左端面与中心轴线交点
程序段号	程　序	说　明(左端加工)
N10	G54 G21 G99;	程序初始化,选择工件坐标系
N20	M03 S800 M08 T0101;	主轴正转,转速 800 r/min,冷却液开,刀具选择
N30	G00 X34. Z5.;	快速点定位,工件加工起始点
N40	G71 U2. R1.;	外径粗车循环
N50	G71 P130 Q220 U0.5 W0.1 F0.3;	外径粗车循环 U:每次单边车深,R:单边退刀量,P130:精加工第一程序段号,Q220:精加工最后程序段号,X:直径双边精加工余量,Z:Z 向精加工余量,F:粗车进给量
N60	G00 X100.;	退刀
N70	Z100.;	
N80	M05;	主轴停转
N90	M00 M09;	程序暂停,冷却液关
N100	M03 S1500 M08;	主轴正转,转速 1 500 r/min,冷却液开
N110	T0101;	刀具选择
N120	G00 X34. Z5.;	快速点定位,工件加工起始点
N130	G42 G00 X17. Z3.;	刀具靠近工件起始点,刀补建立
N140	G01 Z0 F0.2;	
N150	X20 Z−1.5;	倒角
N160	Z−13.5;	
N170	X17. Z−15.;	倒角
N180	Z−19.;	

N190	X27. ;	
N200	X29. Z−20. ;	倒角
N210	X32. ;	
N220	G40 G00 X34. Z5. ;	加工结束,刀补取消
N230	X100. ;	退刀
N240	Z100. ;	
N250	M05 M09;	主轴停转,冷却液关
N260	M30;	程序结束,返回程序头
程序号	O0003	编程原点:工件左端面与中心轴线交点
程序段号	程　　序	说　明(退刀槽加工)
N10	G54 G21 G99;	程序初始化,选择工件坐标系
N20	M03 S400 M08;	主轴正转,转速 400 r/min,冷却液开
N30	T0202;	刀具选择
N40	G00 X30. Z5. ;	快速点定位,工件加工起始点
N50	Z−19. ;	定位
N60	G01 X16. F0. 05;	切槽
N70	X30. F0. 3;	退刀
N80	G00 X100. ;	退刀
N90	Z100. ;	
N100	M05 M09;	主轴停转,冷却液关
N110	M30;	程序结束,返回程序头
程序号	O0004	编程原点:工件左端面与中心轴线交点
程序段号	程　　序	说　明(螺纹加工程序)
N10	G54 G21 G99;	程序初始化,选择工件坐标系
N20	M03 S400 M08;	主轴正转,转速 400 r/min,冷却液开
N30	T0303;	刀具选择
N40	G00 X25. Z5. ;	快速点定位,工件加工起始点
N50	G76 P021260 Q100 R100. ; G76 X17. 4 Z−15. P1. 299 Q400 F2. ;	外螺纹复合循环 C:精加工次数,A:刀尖角度,K:螺纹牙高,X、Z:螺纹终点坐标,U:精加工单边余量,V:最小背吃刀量,Q:第一次背吃刀量,F:螺纹导程
N60	G00 X100. ;	退刀
N70	Z100. ;	
N80	M05 M09;	主轴停转,冷却液关
N90	M30;	程序结束,返回程序头

习　题

2.1　数控车床的加工对象有何特点?

2.2　数控车床的机床坐标系和工件坐标系通常是如何规定的?

2.3　工件在数控车床上的装夹方式有哪几种? 各有何特点?

2.4　轴类零件的装夹方法有哪些?

2.5　对不同的加工表面,如何确定刀具的进给路线?

2.6　在结构上数控车刀可分为哪几类? 各有何特点?

2.7　刀具 T 功能如"T0204"的含义是什么?

2.8　对刀及刀具偏置补偿的意义是什么?

2.9　简述 FANUC-0i 数控车床试切对刀的操作过程。

2.10　使用刀尖圆弧半径补偿的注意事项是什么?

2.11　已知毛坯是直径 $\varnothing$22 mm 的铝棒,割刀宽 3 mm。试编写图 2-98 所示零件的加工程序并进行图形模拟。

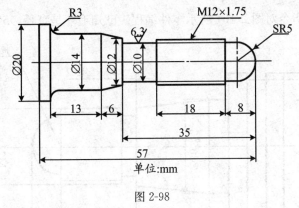

图 2-98

2.12　用循环指令加工图 2-99 所示零件。

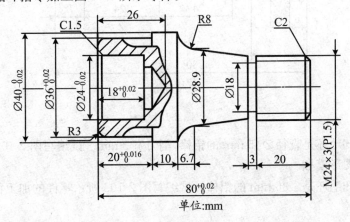

图 2-99

2.13 已知毛坯是直径 $\varnothing$22 mm 的铝棒，割刀宽 3 mm。试编写图 2-100 所示零件的加工程序并进行图形模拟。

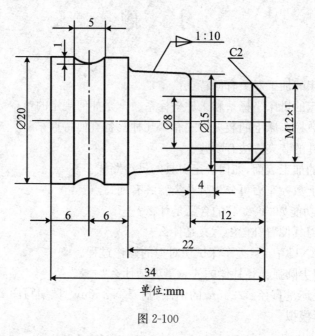

单位:mm

图 2-100

2.14 利用宏指令对图 2-101 所示零件编程。已知毛坯是直径 $\varnothing$50 mm 的铝棒。

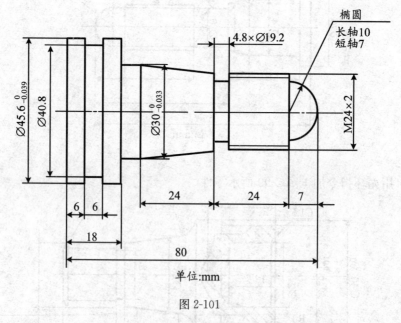

单位:mm

图 2-101

2.15 已知毛坯是直径 $\varnothing$45 mm 的铝棒，割刀宽 3 mm。试编写图 2-102 所示零件的加工程序并进行图形模拟。

2.16 已知毛坯是 $\varnothing$36 mm 的铝棒。试编写图 2-103 所示零件的加工程序并进行图形模拟。

2.17 已知毛坯是外径 $\varnothing$40 mm 的铝棒，割刀宽 3 mm。试编写图 2-104 所示零件的加工程序。

2.18　用循环指令和宏指令加工图 2-105 所示零件,椭圆方程为 $\dfrac{x^2}{13^2}+\dfrac{x^2}{20^2}=1$。

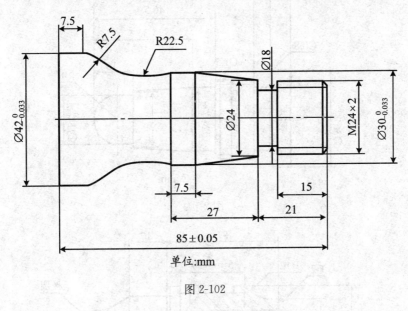

图 2-102

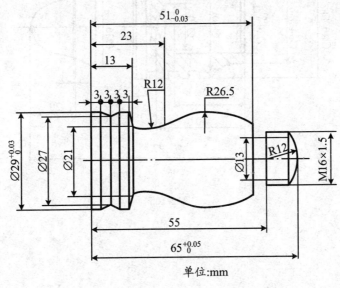

图 2-103

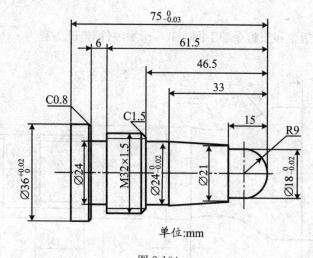

单位:mm

图 2-104

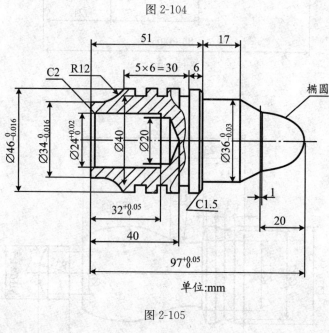

单位:mm

图 2-105

第3章 数控铣床编程与操作

3.1 数控铣削加工工艺

3.1.1 数控铣削加工的主要对象

数控铣床进行铣削加工主要是以加工零件的平面、曲面为主,还能加工孔、内圆柱面和螺纹。铣削加工可使各个加工表面获得很高的形状及位置精度。

1. 平面类零件

被加工表面平行、垂直于水平面或加工面与水平面的夹角为定角的零件称为平面类零件。这类零件的被加工表面是平面或可以展开成平面。

对于垂直于坐标轴的平面,其加工方法与普通铣床的加工方法一样。斜面的加工可采用以下方法。

(1) 将斜面垫平加工

在零件不大或零件容易装夹的情况下采用。

(2) 用行切法加工

如图 3-1 所示,行切法会留有行与行之间的残留余量,最后需要由钳工修锉平整。飞机上的整体壁板零件经常用该方法加工。

(3) 用五坐标数控铣床的主轴摆角加工

该方法没有残留余量,加工效果最好,如图3-2所示。

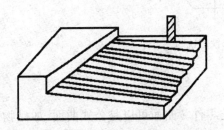　　　　　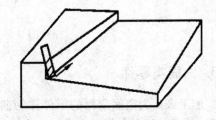

图 3-1　行切法加工斜面　　　　　图 3-2　主轴摆角加工斜面

2. 变斜角类零件

被加工表面与水平面夹角呈连续变化的零件称为变斜角类零件。这类零件一般为飞机上的零部件(如飞机的大梁、桁架框等)以及与之相对应的检验夹具和装配支架上的零件。

变斜角零件不能展成平面,在加工中被加工面与铣刀的圆周素线瞬间接触。

① 曲率变化较小的变斜角面用 X、Y、Z 和 A 四坐标联动的数控铣床加工,如图 3-3 所示。

② 曲率变化较大的变斜角面用 X、Y、Z 和 A、B 五坐标联动的数控铣床加工,如图 3-4 所示。也可以用鼓形铣刀采用三坐标方式铣削加工,如图 3-5 所示,所留刀痕由钳工修锉抛光去除。

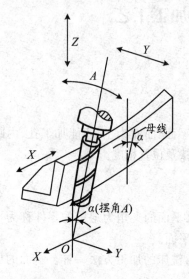

图 3-3　四轴联动铣床加工

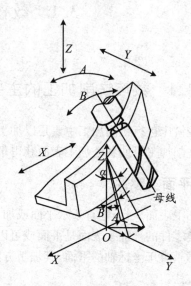

图 3-4　五轴联动铣床加工

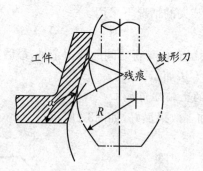

图 3-5　鼓形铣刀铣削

3. 曲面类零件

被加工表面为空间曲面的零件称为曲面类零件。曲面可以是公式曲面,如抛物面、双曲面等,也可以是列表曲面。曲面类零件的被加工表面不能展开为平面,铣削加工时,被加工表面与铣刀始终是点对点接触。用三坐标数控铣床加工曲面类零件时,一般用球头铣刀采用行切法铣削加工,如图 3-6 所示。

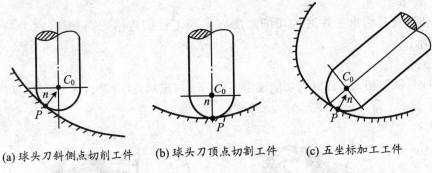

(a) 球头刀斜侧点切削工件　　(b) 球头刀顶点切割工件　　(c) 五坐标加工工件

图 3-6　球头刀加工曲面零件

4. 孔类零件

孔类零件上常有多组不同类型的孔,如通孔、不通孔、螺纹孔、台阶孔、深孔等。数控铣床上加工的通常是对孔的位置要求较高的零件,如圆周分布孔、行列均布孔等,一般采用钻孔、扩孔、铰孔、镗孔、锪孔、攻螺纹的加工方法。

3.1.2　数控铣削加工方式

数控铣削是一种应用非常广泛的数控切削加工方法。数控铣床一般是多轴联动,可以进行钻、扩、铰、镗、攻螺纹等孔的加工及铣削平面、台阶、槽等平面的加工。

数控铣削与普通铣削的加工方式一样,可以分为周铣和端铣,顺铣和逆铣,对称铣和不对称铣等。

1. 周铣法

如图 3-7(a)所示,用分布于铣刀圆柱面上的刀齿铣削工件表面称为周铣。周铣有顺铣和逆铣两种铣削方式。

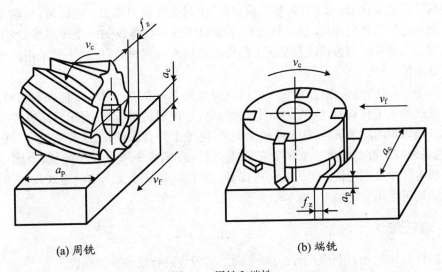

(a) 周铣　　　　　　　　　　　(b) 端铣

图 3-7　周铣和端铣

（1）顺铣

铣削时，铣刀切出工件时的切削速度方向与工件的进给方向相同，称为顺铣，如图3-8(a)所示。

（2）逆铣

铣削时，铣刀切入工件时的切削速度方向与工件进给方向相反，称为逆铣，如图3-8(b)所示。

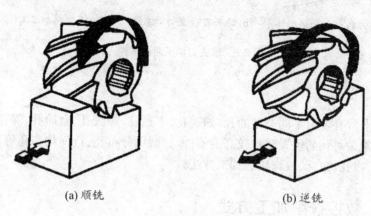

(a) 顺铣   (b) 逆铣

图 3-8   顺铣和逆铣

（3）顺铣和逆铣的特点

① 铣削厚度变化的影响：逆铣时，刀齿的切削厚度由薄到厚。切削刃初接触工件时，由于侧吃刀量几乎为零，刃口先是在工件已加工表面上滑行，滑到一定距离，切削刃才能切入工件。刀齿在滑行时对已加工表面的挤压，使工件表面产生冷硬层，同时工件表面粗糙度值增大，使刀刃磨损加剧。顺铣时，刀齿的切削厚度是从厚到薄，没有上述缺点。

② 切削力方向的影响：顺铣时，铣削力的纵向（水平）分力的方向与进给力方向相同。如果丝杠螺母传动副中存在背向间隙，当纵向分力大于工作台与导轨间的摩擦力时，会使工作台连同丝杠沿背隙窜动，使由螺母副推动的进给运动变成了由铣刀带动工作台窜动，引起进给量突然变化，影响工件的加工质量，严重时会使铣刀崩刃。逆铣时，铣削力纵向分力的方向与进给力方向相反，使丝杠与螺母能始终保持在螺纹的一个侧面接触，工作台不会发生窜动。顺铣时刀齿每次都是从工件外表面切入金属材料，所以不宜采用此种方式来加工有硬皮的工件。

实际上，顺铣与逆铣相比，顺铣加工可以提高铣刀寿命2～3倍，工件表面粗糙度较小，尤其在铣削难加工材料时，效果更加明显。但是，采用顺铣时，首先要求铣床有消除工作台进给丝杠螺母副间隙的机构，能消除传动间隙，避免工作台窜动；其次要求毛坯表面没有硬皮，工艺系统有足够的刚度。如果具备以上条件，应当优先考虑采用顺铣，否则应采用逆铣。目前生产中采用逆铣加工方式的比较多。数控铣床采用无间隙的滚珠丝杠传动，因此数控铣床均可采用顺铣加工。

2. 端铣法

如图 3-7(b)所示，用分布于铣刀端平面上的刀齿进行铣削称为端铣。

端铣法的特点是：主轴刚度好，切削过程中不易产生振动；面铣刀刀盘直径大，刀齿多，铣削过程比较平稳;面铣刀的结构使其易于采用硬质合金可转位刀片,而硬质合金材质的刀具可以采用较高的切削速度,所以铣削用量大,生产率高;端铣刀还可以利用修光刃获得较小的表面粗糙度值。目前,在平面铣削中,端铣基本上代替了周铣。但周铣可以加工成形表面和组合表面,而端铣只能加工平面。

端铣有三种切削方式,如图 3-9 所示。

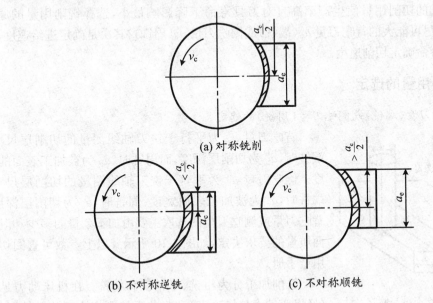

图 3-9　端铣的铣削方式

(1) 对称铣削

铣削时,面铣刀轴线位于所铣弧长的对称中心位置,刀具轴线上方的顺铣部分等于下方的逆铣部分,如图 3-9(a)所示。一般端铣多用此种铣削方式,尤其适用于铣削淬硬钢。

(2) 不对称逆铣

面铣刀从较小的切削厚度处切入工件,从较大的切削厚度处切出,其中逆铣部分大于顺铣部分,如图 3-9(b)所示。不对称逆铣切入时冲击小,适用于端铣普通碳素钢和高强度低合金钢。这时的刀具寿命较对称铣削时的可提高一倍,加工表面粗糙度较小。

(3) 不对称顺铣

面铣刀从较大的切削厚度处切入,从较小的切削厚度处切出,其中顺铣部分大于逆铣部分,如图 3-9(c)所示。它适合于加工不锈钢等中等强度和高塑性的材料。

图 3-7 中所示平行于铣刀轴线测量的切削层参数 a_p 为背吃刀量,垂直于铣刀轴线测量的切削层参数 a_e 为侧吃刀量,f_z 是每齿进给量。单独的周铣和端铣主要用于加工平面类零件,数控铣削中常用周铣、端铣组合加工曲面和型腔。

3.1.3　铣削用量的选择

1. 选择铣削用量的原则

铣削用量是铣削吃刀量、进给速度和切削速度的总称。所谓合理选择切削用量,是指所选切削用量能充分利用刀具的切削性能和机床的动力性能,在保证加工质量的前提下,获得高生产率和低加工成本。

从高的生产率考虑,应该在保证刀具寿命的前提下,使吃刀量、进给速度、切削速度三者的乘积(即材料的去除率)最大。切削用量三要素中,任一要素的增加都会使刀具寿命下降。但是影响的大小是不同的,影响最大的是切削速度,其次是进给速度,最小的是吃刀量。为使所选的切削用量使生产率高且对刀具寿命下降影响最小,选择铣削用量的原则是:首先选择尽可能大的背吃刀量 a_p(端铣)或侧吃刀量 a_e(周铣),其次是确定进给速度,最后根据刀具寿命确定切削速度。

2. 切削用量的选定

(1) 背吃刀量(端铣)或侧吃刀量(周铣)的选定

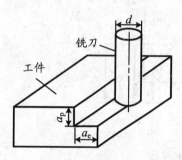

图 3-10 背吃刀量与侧吃刀量

背吃刀量 a_p 为平行于铣刀轴线测量的切削层尺寸。端铣时,a_p 为切削层深度;而周铣时,a_p 为被加工表面的宽度。侧吃刀量 a_p 为垂直于铣刀轴线测量的切削层尺寸。端铣时,a_e 为被加工表面宽度;周铣时,a_e 为切削层深度。背吃刀量或侧吃刀量的选取主要由加工余量的多少和对表面质量的要求决定,如图 3-10 所示。以上参数可查阅切削用量手册。

铣削加工分为粗铣、半精铣和精铣。在机床动力足够(经机床动力校核确定)和工艺系统刚度许可的条件下,应选取尽可能大的吃刀量(端铣的背吃刀量 a_p 或周铣的侧吃刀量 a_e)。当侧吃刀量 $a_e < \dfrac{d}{2}$(d 为铣刀直径)时,取 $a_p = \left(\dfrac{1}{3} \sim \dfrac{1}{2}\right)d$;当侧吃刀量 $\dfrac{d}{2} \leqslant a_e < d$ 时,取 $a_p = \left(\dfrac{1}{4} \sim \dfrac{1}{3}\right)d$;当侧吃刀量 $a_e = d$(即满刀切削)时,取 $a_p = \left(\dfrac{1}{5} \sim \dfrac{1}{4}\right)d$。当机床的刚性较好,且刀具的直径较大时,$a_p$ 可取得更大。

粗加工的铣削宽度一般取 0.6~0.8 倍刀具的直径,精加工的铣削宽度由精加工余量确定(精加工余量一次性切削)。

一般情况下,在留出精铣和半精铣的余量 0.5~2 mm 后,其余的余量可作为粗铣吃刀量,尽量一次切除。半精铣吃刀量可选为 0.5~1.5 mm,精铣吃刀量可选为 0.2~0.5 mm。

(2) 进给速度 v_f 的选定

进给速度 v_f 与每齿进给量 f_z 有关。进给速度 v_f 与铣刀每齿进给量 f_z、铣刀齿数 z 及刀具主轴转速 n(r/min)的关系为

$$v_f = z f_z n \qquad\qquad 3\text{-}1$$

粗加工时,每齿进给量 f_z 的选取主要取决于工件材料的力学性能、刀具材料和铣刀类型。工件材料强度和硬度越高,选取的 f_z 越小,反之则越大;同一类型的铣刀,采用硬质合金材料铣刀的每齿进给量 f_z 应大于高速钢铣刀;而对于面铣刀、圆柱铣刀、立铣刀,由于刀齿强度不同,其每齿进给量 f_z 的选取,按面铣刀→圆柱铣刀→立铣刀的排列顺序依次递减。

精加工时,每齿进给量 f_z 的选取要考虑工件表面粗糙度的要求,表面粗糙度值越小,每齿进给量 f_z 越小。每齿进给量的确定可参考表 3-1 选取。

表 3-1　各种铣刀每齿进给量

工件材料	每齿进给量 f_z(mm/z)			
	粗　铣		精　铣	
	高速钢铣刀	硬质合金铣刀	高速钢铣刀	硬质合金铣刀
钢	0.10～0.15	0.10～0.25	0.02～0.05	0.10～0.15
铸铁	0.12～0.20	0.15～0.30		

（3）切削速度的选定

切削速度选定的原则是：切削速度值的大小应该与刀具寿命 T、背吃刀量 a_p 侧吃刀量 a_e、每齿进给量 f_z、刀具齿数 z 成反比,与铣刀直径成正比。此外切削速度还与工件材料、刀具材料、铣刀材料、加工条件等因素有关。

铣削的切削速度可参考表 3-2 选取。

表 3-2　铣刀切削速度

工件材料	铣削速度 v_c(m/min)		工件材料	铣削速度 v_c(m/min)	
	高速钢铣刀	硬质合金铣刀		高速钢铣刀	硬质合金铣刀
20 钢	20～45	150～250	黄铜	30～60	120～200
45	20～45	80～220	铝合金	112～300	400～600
40Cr	15～25	60～90	不锈钢	16～21	50～100
HT150	14～22	70～100			

主轴转速 n(r/min)与铣削速度 v_c(m/min)及铣刀直径 d(mm)的关系为

$$n = \frac{1\,000 v_c}{\pi d} \tag{3-2}$$

3.1.4　数控铣床常用刀具

1. 数控铣床常用铣刀的种类

（1）面铣刀

面铣刀适用于加工平面,尤其适合加工大面积平面,主偏角为 90°的面。

铣刀还能同时加工出与平面垂直的直角面,这个直角面的高度受到刀片长度的限制。面铣刀的主切削刃分布在外圆柱面或外圆锥面上,其端面上的切削刃为副切削刃。

面铣刀的直径一般较大,通常将其制成镶齿结构,即将其刀齿和刀体分开。刀齿是由硬质合金制成的可转位刀片,刀体的材料为 40Cr。把刀齿夹固在刀体上,刀齿的一个切削刃用钝后,只需松开夹固件,直接在刀体上转换刀片的新切削刃或更换刀片后重新夹固,即可继续切削。目前,普遍使用的硬质合金铣刀片有四边形、三角形及圆形等。

面铣刀可用于粗加工,也可用于精加工。粗加工要求有较大的生产率,即要求有较大的铣削用量,为使粗加工时能取较大的切削深度、切除较大的余量,粗加工宜选较小的铣刀直径。精加工应能够保证加工精度,要求加工表面粗糙度值要小,应该避免在精加工面上的接刀痕迹,所以精加工的铣刀直径要选大些,最好能包容加工面的整个宽度。

面铣刀齿数对铣削生产率和加工质量有直接影响,齿数越多,同时工作齿数也多,生产率高,铣削过程平稳,加工质量好。直径相同的可转位铣刀根据齿数的不同可分为粗齿、细齿、密齿三种。粗齿铣刀主要用于粗加工;细齿铣刀用于平稳条件下的铣削加工;密齿铣刀铣削时的每齿进给量较小,主要用于薄壁铸铁的加工。

(2) 立铣刀

立铣刀分为高速钢立铣刀和硬质合金立铣刀两种,主要用于加工沟槽、台阶面、平面和二维曲面(例如平面凸轮的轮廓)。习惯上用直径表示立铣刀名称。

立铣刀通常由 3～6 个刀齿组成。每个刀齿的主切削刃分布在圆柱面上,呈螺旋线形,其螺旋角在 $30°～45°$,这样有利于提高切削过程的平稳性及加工精度;刀齿的副切削刃分布在端面上,用来加工与侧面垂直的底平面。立铣刀的主切削刃和副切削刃可以同时进行切削,也可以分别单独进行切削。

根据其刀齿数目可将立铣刀分为粗齿立铣刀、中齿立铣刀和细齿立铣刀。粗齿立铣刀刀齿少、强度高、容屑空间大,适于粗加工;细齿立铣刀齿数多、工作平稳,适于精加工;中齿立铣刀的用途介于粗齿立铣刀和细齿立铣刀之间。

直径较小的立铣刀一般制成带柄的形式,可分为直柄($\varnothing 2～\varnothing 7$ mm 立铣刀)、莫氏锥柄($\varnothing 6～\varnothing 63$ mm 立铣刀)和锥度为 7:24 的锥柄($\varnothing 25～\varnothing 80$ mm 立铣刀)三种。直径大于 $\varnothing 40～\varnothing 60$ mm 的立铣刀可做成套式结构。

(3) 键槽铣刀

键槽铣刀有两个刀齿,圆柱面上和端面上都有切削刃,兼有钻头和立铣刀的功能。端面刃延至圆心,使键槽铣刀可以沿其轴向钻孔,加工到键槽的深度;又可以像立铣刀那样用圆柱面上刀刃铣削出键槽长度。铣削时,键槽铣刀先对工件钻孔,然后沿工件轴线铣出键槽全长。

(4) 模具铣刀

模具铣刀是由立铣刀发展而成的,其直径在 $\varnothing 4～\varnothing 63$ mm 范围内,主要用于加工三维的模具型腔或凸凹模成形表面。模具铣刀通常有以下三种类型。

① 圆锥形立铣刀(圆锥半角可为 $3°$、$5°$、$7°$、$10°$)。如记为 $\varnothing 10$ mm$\times 5°$ 的刀具,表示直径为 $\varnothing 10$ mm、圆锥半角为 $5°$ 的圆锥立铣刀。

② 圆柱形球头立铣刀。如 $\varnothing 12$R6 的刀具,表示直径为 $\varnothing 12$ mm 的球头立铣刀。

③ 圆锥形球头立铣刀。如 $\varnothing 15$ mm$\times 7°$R 的刀具,表示直径为 $\varnothing 15$ mm、圆锥半角为 $7°$ 的圆锥形球头立铣刀。

在模具铣刀的圆柱面(或圆锥面)和球头上都有切削刃,可以进行轴向和径向进给切削。铣刀的工作部分用高速钢或硬质合金制造。小尺寸的硬质合金模具铣刀制成整体结构;$\varnothing 16$ mm 以上直径的模具铣刀可制成焊接结构或可转位刀片形式。模具铣刀的柄部有直柄、削平型直柄和莫氏锥柄三种类形。

(5) 鼓形铣刀

鼓形铣刀的切削刃分布在半径为 R 的中凸的鼓形外廓上,其端面无切削刃。铣削时控制铣刀的上下位置,从而改变刀刃的切削部位,可以在工件上加工出由负到正的不同斜角表面。鼓形铣刀常用于数控铣床加工立体曲面。R 值越小,鼓形铣刀所能加工的斜角范围越广,而加工后的表面粗糙度值也越大。鼓形刀具刃磨困难,切削条件差,而且不能加工有底的轮廓。

（6）成形铣刀

成形铣刀一般为专用刀具，是为某个工件或某项加工内容而专门制造（刃磨）的。图3-11所示为几种常见的成形铣刀，适用于加工特定形状的面和特定形孔、槽等。

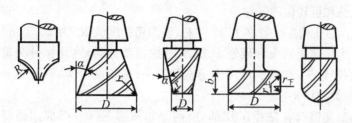

图 3-11　成形铣刀

2. 铣刀的选择

（1）根据加工表面的形状和尺寸选择刀具的种类及尺寸

例如，加工较大的平面应选择面铣刀；加工凸台、凹槽和平面曲线轮廓可选用高速钢立铣刀，但高速钢立铣刀不能加工毛坯面，因为毛坯面的硬化层和夹砂会使刀具很快磨损；加工毛坯面可选用硬质合金立铣刀；加工空间曲面、模具型腔等多选用模具铣刀或鼓形铣刀；加工键槽可选用键槽铣刀；加工各种圆弧形的凹槽、斜角面、特殊孔等可选用成形铣刀。

（2）根据切削条件选用铣刀几何角度

在强力间断切削铸铁、钢等硬质材料时，应选用负前角铣刀；铸铁、碳素钢等软性钢材的连续切削应选用正前角铣刀。在铣削有台阶面的平面时，应选用主偏角为 90° 的面铣刀；铣削无台阶面的平面时，应选择主偏角为 75° 的面铣刀，以提高铣刀的使用寿命。

（3）立铣刀刀具参数的选择

立铣刀是数控铣削加工中常用的刀具，一般情况下，为减少进给次数和保证铣刀有足够的刚度，应选择直径较大的铣刀。但由于工件内腔狭窄、工件内廓形连接凹圆弧 r_{min} 较小等因素的限制，会将刀具限制为细长形，使其刚度降低。为解决这一问题，通常采取直径大小不同的两把铣刀分别进行粗、精加工，这时因粗铣铣刀直径过大，粗铣后在连接凹圆处的 r_{min} 值过大，精铣时再用直径为 $2r_{min}$ 的铣刀铣去留下的死角。

如图 3-12 所示，立铣刀端面刃圆角半径 r 一般应与零件图样底面圆角相等，但 r 值越大，铣刀端面刃铣削平面的能力越差，效率越低。当 r 等于立铣刀圆柱半径 R 时，就变成了球头铣刀。为提高切削效率，采用与上述类似的方法，用两把 r 值不同的铣刀，粗铣用 r 值较小的铣刀，粗铣后留下的余量，再用 r 等于零件图样底面圆角的精铣刀精铣（清根）。

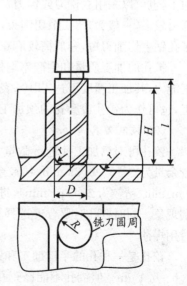

图 3-12　立铣刀加工中的参数

3. 孔加工刀具

（1）钻孔刀具

钻孔一般作为扩孔、铰孔前的粗加工以及加工螺纹底孔。数控铣床常用的钻孔刀具有麻花钻、中心孔钻和可转位浅孔钻等。

① 麻花钻。钻孔精度一般在 IT12 左右，表面粗糙度值 R_a 为 12.5 μm。按刀具材料分类，麻花钻可分为高速钢钻头和硬质合金钻头；按柄部分类，麻花钻分为锥柄和直柄式，锥柄一般用于大直径钻头，直柄一般用于小直径钻头；按长度分类，麻花钻分为基本型和短、长、加长、超长等类型钻头。

在结构上，高速钢麻花钻由工作部分、柄部和颈部三部分组成。柄部用以夹持刀具。麻花钻的工作部分由切削部分和导向部分组成，前者担负主要的切削工作，后者起导向、修光和排屑作用，也是钻头重磨的储备部分。

② 中心孔钻。中心孔钻是专门用于加工中心孔的钻头。在数控铣床钻孔时，刀具的定位是由数控程序控制的，不需要钻模导向。为保证加工孔的位置精度，在用麻花钻钻孔前，通常用中心孔钻划窝，或用刚性较好的短钻头划窝，以保证钻孔过程中的刀具引正，确保麻花钻的定位。

③ 可转位浅孔钻。钻削直径在 $\varnothing$20～$\varnothing$60 mm、孔的长径比小于 3 的中等直径浅孔时，可选用硬质合金可转位浅孔钻。该钻头切削效率和加工质量均好于麻花钻，最适于箱体零件的钻孔加工。可转位浅孔钻的结构是：刀体上有内冷却通道及排屑槽，刀体头部装有一组硬质合金刀片（刀片可以是正多边形、菱形、四边形）。为了提高刀具的使用寿命，常在刀片上涂镀碳化钛涂层。使用这种钻头钻箱体孔，比普通麻花钻效率可提高 4～6 倍。

（2）扩孔刀具

扩孔是对已钻出、铸（锻）出或冲出的孔的进一步加工。数控机床上扩孔多采用扩孔钻加工，也可以采用立铣刀或镗刀扩孔。扩孔钻结构与麻花钻相比，有以下特点：扩孔钻的切削刃较多，一般为 3～4 个切削刃，切削导向性好；扩孔钻扩孔加工余量小，一般为 2～4 mm，扩孔钻主切削刃短，容屑槽较麻花钻小，刀体刚度好；扩孔钻没有横刃，切削时轴向力小。

扩孔的加工质量和生产率均优于钻孔，扩孔对于预制孔的形状误差和轴线的歪斜有修正能力，其加工精度可达 IT10，表面粗糙度值 R_a 为 6.3～3.2 μm。钻孔可用于孔的终加工，也可作为铰孔或磨孔的预加工。

（3）铰孔刀具

铰孔可对已加工孔进行微量切削。其合理的切削用量为：背吃刀量取为铰削余量（粗铰余量为 0.15～0.35 mm，精铰余量为 0.05～0.15 mm），采用低速切削（粗铰钢件为 5～7 m/min，精铰为 2～5 m/min），进给量一般为 0.2～1.2 mm/r，进给量太小会产生打滑和啃刮现象。同时铰孔时要合理选择切削液，在钢材上铰孔宜选用乳化液，在铸铁件上铰孔有时用煤油。

铰孔是一种孔的半精加工和精加工方法，其加工精度为 IT6～IT9，表面粗糙度 R_a 值为 1.6～0.4 μm。但铰孔不能修正孔的位置误差，所以铰孔之前，孔的位置精度应该由上一道工序保证。

铰刀由工作部分、颈部和柄部组成，刀柄形式有直柄、锥柄和套式三种。铰刀的工作部分（即切削刃部分）又分为切削部分和校准部分。切削部分为锥形，承担主要的切削工作；

校准部分包括圆柱和倒锥,圆柱部分主要起铰刀的导向、加工孔的校准和修光的作用,倒锥主要起减少铰刀与孔壁的摩擦和防止孔径扩大的作用。

数控铣床上铰孔所用刀具还有机夹硬质合金刀片单刃铰刀及浮动铰刀等。

（4）镗孔刀具

镗孔是使用镗刀对已钻出的孔或毛坯孔进一步加工的方法。镗刀的通用性较强,可以粗加工、精加工不同尺寸的孔,镗通孔、不通孔、阶梯孔,镗削同轴孔系、平行孔系等。粗镗孔的精度为 IT11～IT13,表面粗糙度 R_a 为 6.3～12.5 μm;半精镗的精度为 IT9～IT10,表面粗糙度 R_a 为 1.6～3.2 μm;精镗的精度可达 IT6,表面粗糙度 R_a 为 0.1～0.4 μm。镗孔具有修正形状误差和位置误差的能力。常用的镗刀有单刃镗刀、双刃镗刀和微调镗刀。

① 单刃镗刀。单刃镗刀与车刀类似,但刀具的大小受到孔径尺寸的限制,刚性较差,容易发生振动。所以在切削条件相同时,镗孔的切削用量一般比车削小 20%,单刃镗刀镗孔生产率较低。但其结构简单,通用性好,因此应用广泛。

② 双刃镗刀。双刃镗刀的两端有一对对称的切削刃同时参与切削。双刃镗刀可以消除背向力对镗杆的影响,增加了系统刚度,能够采用较大的切削用量,生产率高;工件的孔径尺寸精度由镗刀来保证,调刀方便。其缺点是刃磨次数有限,刀具材料不能充分利用。

③ 微调镗刀。微调镗刀的径向尺寸可在一定范围内调整。为了提高镗刀的调整精度,在数控机床上常使用微调镗刀。这种镗刀的读数精度可达 0.01 mm,其结构比较简单,刚性好。

4. 刀具的装夹

（1）刀片在刀体上的装夹（针对机夹可转位铣刀）

装夹时应注意:一是保证刀片在刀体上的定位,即刀片在转位或更换切削刃后径向误差在允差范围内;二是确保刀片、定位元件以及夹紧元件在切削过程中不松动和移位。具体的装夹方式与适量的位置调整要根据所用刀具而定。

（2）铣刀在机床上的装夹

数控铣床的刀具由两部分组成,即刀柄和刀具本体。刀柄是机床主轴与刀具之间连接的工具,刀具必须装在统一的标准刀柄上,以便能够装在主轴和刀库上。刀柄与主轴孔的配合锥面一般采用 7∶24 的锥度。因为这种锥度的刀柄不自锁,换刀方便,定心精度和刚度比直柄高。刀柄往主轴上装夹之前,要把拉钉与刀柄装配在一起,刀柄装在主轴上时,机床主轴内的蝶簧给卡头施力,夹住拉钉,从而使刀柄固定在主轴上。

套式面铣刀的装夹:直径在 $\varnothing$50～$\varnothing$160 mm 以上的面铣刀,以其内孔和端面在刀柄上定位,用螺钉将铣刀固定在带端键的刀柄上,由端面键传递力矩;直径大于 $\varnothing$160 mm 的套式面铣刀用内六角螺钉固定在端键传动接杆上。

带柄式铣刀的装夹:铣刀刀柄分为直柄和锥柄两种,锥柄铣刀主要是通过带有莫氏锥孔的刀柄过渡,通过刀柄将铣刀安装在主轴上;直柄铣刀是通过带有弹簧夹头的刀柄安装到主轴上,将直柄铣刀装入弹簧夹头并旋紧螺母。使用时应根据铣刀直柄的直径和与铣床主轴相连的铣刀柄内孔锥度,选择弹簧夹头的内孔尺寸和外锥。具体参数可查阅有关国家标准。

3.1.5 数控铣削加工工艺的制订

制订零件的数控铣削加工工艺是数控铣削加工的一项重要工作。数控铣削加工工艺制订的合理与否,直接影响到零件的加工质量、生产率和加工成本。制订数控铣削加工工艺主要应解决以下几个问题。

1. 零件的工艺分析

对零件进行工艺分析的目的就是要读懂零件图,找出零件的重要加工表面及其精度(尺寸、形状、位置)和表面质量要求,以此为主线,确定零件的定位基准、装夹方法及加工工艺,从而将零件的设计与加工紧密地结合起来。

2. 装夹方案的确定

(1) 定位基准的选择

选择定位基准时,尽量做到在一次安装中能把零件上所有要加工的表面都加工出来,以减少装夹次数;尽量选用工件上不需数控铣削的平面和孔作定位基准;尽量使定位基准与设计基准重合,以减少定位误差对尺寸精度的影响。

(2) 夹具的选择

数控铣床可加工形状复杂的零件,因数控铣削是由程序控制刀具的运动,不需要利用夹具对刀和导向,所以数控铣床所用夹具只要求有工件的定位和夹紧功能,其结构一般比较简单。

夹具选用原则:单件或小批生产时,若零件复杂,应采用组合夹具。若零件结构简单,可采用通用夹具,如台虎钳、压板;批量生产时,一般用专用夹具,其定位效率高,且定位稳定可靠;大量生产时,可采用多工位夹具、机动夹具,如液压、气压夹具。

(3) 工件的装夹方法

数控铣床上工件装夹通常采用 4 种方法:ⅰ 在机床工作台上按工件找正定位,用压板和 T 形槽螺栓夹紧工件;ⅱ 工件用螺钉紧固在固定板上,按工件找正定位,在机床工作台上用压板和 T 形槽螺栓夹紧固定板,或用平口台虎钳夹紧固定板;ⅲ 使用平口台虎钳、三爪自定心卡盘等通用夹具装夹工件;ⅳ 使用组合夹具、专用夹具等。

(4) 工件在数控铣床上装夹的要求

工件在数控铣床上装夹时,除应满足对夹具的几点基本要求外,还应考虑以下两个方面。

① 装夹时应使工件的加工面充分暴露在外,同时要求夹紧机构元件的高度较低,以防止夹具与铣床主轴套筒或刀套、刀刃在加工时产生干涉而碰撞。

② 为保持零件安装方位与机床坐标系及编程坐标系方向的一致性,夹具在机床上应定向安装,该功能一般由夹具底座下的定位键完成。

(5) 常用数控铣削夹具

数控铣削加工与加工中心加工的装夹方案、加工方式及夹具类型大同小异,在此只介绍几种通用的数控铣削夹具。

① 机床用平口台虎钳。数控铣床常用夹具是平口台虎钳。使用时,先把平口台虎钳固

定在工作台上,找正钳口,再把工件装夹在平口台虎钳上。夹紧时,工件应紧密地靠在平行垫铁上,铣削力应指向固定钳口,工件高出钳口或伸出钳口两端距离应适量,以防铣削时产生振动。这种方式装夹方便,应用广泛,适于装夹形状规则的小型工件。

② 压板装夹。压板装夹工件时所用工具比较简单,主要是压板、垫铁、T 形螺栓及螺母。对中型、大型和形状比较复杂的零件,一般采用压板将工件紧固在数控铣床工作台台面上。

③ 气动夹紧通用台虎钳。指可调支承钳口、气动夹紧通用台虎钳,适于批量生产。

④ 万能分度头。分度头是数控铣床常用的通用夹具之一,通常将万能分度头作为机床附件,其主要作用是对工件进行圆周等分分度或不等分分度。许多机械零件(如花键等)在铣削时需要利用分度头进行圆周等分;万能分度头可把工件轴线装夹成水平、垂直或倾斜的位置,以便用两坐标联动加工斜面。

⑤ 组合夹具。组合夹具是一种标准化、系列化程度很高的柔性化夹具,并已商品化。适合于单件小批量生产的中、小型工件的装夹,体现了与数控柔性加工相配套的夹具的柔性。

3. 加工工序的划分

(1) 加工阶段

当零件的加工质量要求较高时,往往不可能用一道工序来满足其要求,而要用几道工序逐步达到所要求的加工质量。为保证加工质量和合理地使用设备、人力,零件的加工过程通常按工序性质不同,分为粗加工、半精加工、精加工和光整加工 4 个阶段。

(2) 数控铣削加工工序的划分原则

在数控铣床上加工的零件,一般按工序集中原则划分工序,划分方法如下:

① 按所用刀具划分。以同一把刀具完成的那一部分工艺过程为一道工序。这种方法适用于工件的待加工表面较多,机床连续工作时间较长,加工程序的编制和检查难度较大等情况。加工中心常用这种方法划分。

② 按安装次数划分。以一次安装完成的那一部分工艺过程为一道工序。这种方法适用于加工内容不多的工件,加工完成后就能达到待检状态。

③ 按粗、精加工划分。以粗加工中完成的那部分工艺过程为一道工序,精加工中完成的那一部分工艺过程为一道工序。这种划分方法适用于加工后变形较大,需粗、精加工分开的零件,如毛坯为铸件、焊接件或锻件的零件。

④ 按加工部位划分。以完成相同型面的那一部分工艺过程为一道工序。对于加工表面多而复杂的零件,可按其结构特点(如内形、外形、曲面和平面等)划分成多道工序。

(3) 数控铣削加工顺序的安排

数控铣削加工工序通常按下列原则安排:ⅰ 基面先行原则;ⅱ 先粗后精原则;ⅲ 先主后次原则;ⅳ 先面后孔原则。

(4) 数控加工工序与普通工序的衔接

数控工序前后一般都穿插有其他普通工序,若衔接不好就容易产生矛盾,因此要解决好数控工序与非数控工序之间的衔接问题。最好的办法是建立相互状态要求,例如,要不要为后道工序留加工余量,留多少;定位面与孔的精度要求及形位公差等。其目的是达到相互满足加工需要,质量目标与技术要求明确,交接验收有依据。

4. 进给路线的确定

数控加工过程中刀具相对工件的运动轨迹和运动方向称为进给路线。进给路线对零件的加工精度和表面质量有直接的影响,因此,确定好进给路线是保证铣削加工精度和表面质量的工艺措施之一。进给路线的选择还应考虑以下几个方面问题。

(1) 孔加工路线的确定

① 孔加工导入量与超越量。孔加工导入量是指在孔加工过程中,刀具自快进转为工进时,刀尖点位置与孔上表面之间的距离,如图 3-13 所示。

孔加工导入量的具体值由工件表面的尺寸变化量确定,一般情况下取 2~10 mm。当孔上表面为已加工表面时,导入量取较小值(2~5 mm)。

对于孔加工的超越量(图 3-13 中 $\Delta Z'$),当钻不通孔时,超越量大于等于钻尖高度 Z_p($Z_p \approx 0.3D$);镗通孔时,刀具超越量取 1~3 mm;铰通孔时,刀具超越量取 3~5 mm;钻通孔时,超越量等于 $Z_p + (1\sim3)$ mm。

② 相互位置精度高的孔系的加工路线。对于位置精度要求较高的孔系加工,特别要注意孔的加工顺序的安排,避免将坐标轴的反向间隙带入,影响位置精度。

如图 3-14 所示孔系加工,若按 $A \to 1 \to 2 \to 3 \to 4 \to 5 \to 6 \to P$ 安排加工进给路线,在加工 5、6 孔时,X 方向的反向间隙会使定位误差增加,而影响 5、6 孔与其他孔的位置精度。而采用 $A \to 1 \to 2 \to 3 \to P \to 6 \to 5 \to 4$ 的进给路线,可避免反向间隙的引入,提高 5、6 孔与其他孔的位置精度。

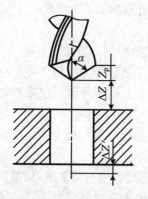

图 3-13 空加工导入量与超越量

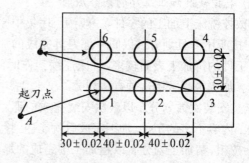

图 3-14 孔系加工路线

③ 孔系加工采用最短加工路线,提高效率。图 3-15 所示为最短加工路线选择。按照一般习惯,总是先加工均布于同一圆周上的一圈孔后,再加工另一圈孔,如图 3-15(a)所示,但这不是最好的进给路线。若按图 3-15(b)所示的进给路线加工,可使各孔间距的总和最小,进给路线最短,减少刀具空行程时间,从而节省定位时间。

(2) 铣削内外轮廓的进给路线

铣削平面零件外轮廓,一般采用立铣刀侧刃切削。刀具切入工件时,应避免沿零件外轮廓的法向切入,而应沿外轮廓曲线延长线的切线切入,以免在切入处产生接刀痕。沿切削起始点延伸线[图 3-16(a)]或轮廓切线方向[图 3-16(b)]逐渐切入工件,保证零件曲线的平滑过渡。同样,在切离工件时,也应避免在切削终点处直接抬刀,要沿着切削终点延伸线或轮廓切线方向逐渐切离工件。

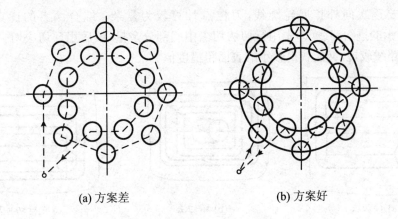

(a) 方案差　　　　　　　　　　　　　(b) 方案好

图 3-15　最短加工路线选择

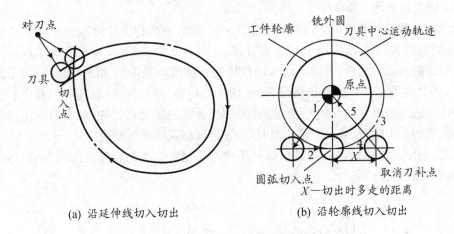

(a) 沿延伸线切入切出　　　　　　　　(b) 沿轮廓线切入切出

图 3-16　铣削外轮廓的进给路线

　　铣削封闭的内轮廓表面同铣削外轮廓一样,刀具不能沿轮廓曲线的法向切入和切出。此时刀具可以沿一过渡圆弧切入切出工件轮廓。图 3-17 所示为铣削内轮廓的进给路线。图中 R_1 为零件圆弧轮廓半径,R_2 为过渡圆弧半径。

图 3-17　铣削内轮廓的进给路线

　　在外轮廓加工中,由于刀具的运动范围比较大,一般采用立铣刀加工;而在内轮廓的加工中,如果没有预留(或加工出)孔时,一般用键槽铣刀进行加工。由于键槽铣刀一般为两刃刀具,比立铣刀的切削刃要少,所以在主轴转速相同的情况下其进给速度应比立铣刀进给速度小。

　　(3) 铣削内槽的进给路线

　　图 3-18 所示为加工内槽的三种进给路线。

　　图 3-18(a)和图 3-18(b)所示分别为用行切法和环切法加工内槽。两种进给路线的共同点是都能切净内腔中全部面积,不留死角,不伤轮廓,同时尽量减少重复进给的搭接量。不同点是行切法的进给路线比环切法短,但行切法将在每两次进给的起点与终点间留下残留面积而达不到所要求的表面粗糙度值;用环切法获得的表面粗糙度值要小于行切法,但

环切法需要逐次向外扩展轮廓线,刀位点计算较为复杂。综合两者的优点,可采用图 3-18(c)所示的进给路线(即先用行切法切去中间部分余量,最后用环切法切一刀),既能使总的进给路线较短,又能获得较小的表面粗糙度值。

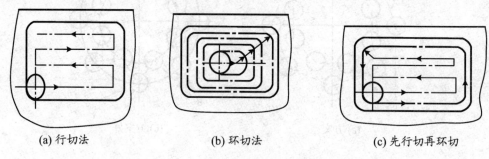

| (a) 行切法 | (b) 环切法 | (c) 先行切再环切 |

图 3-18　铣内槽的三种进给路线

（4）铣削曲面的进给路线

对于边界敞开的曲面加工,可采用如图 3-19 所示的两种进给路线。对于发动机大叶片,当采用如图 3-19(a)所示的加工方案时,每次沿直线加工,刀位点计算简单,程序短,加工过程符合直纹面的形成,可以准确保证母线的直线度。当采用如图 3-19(b)所示的加工方案时,符合这类零件数据给出情况,便于加工后检验,叶形的准确度高,但程序较长。当曲面零件的边界是敞开的、没有其他表面限制时,曲面边界可以延伸,球头刀应由边界外开始加工。当边界不敞开,或有干涉曲面时,确定进给路线要另行处理。

总之,确定进给路线的原则是在保证零件加工精度和表面粗糙度的条件下,尽量缩短进给路线,以提高生产率。

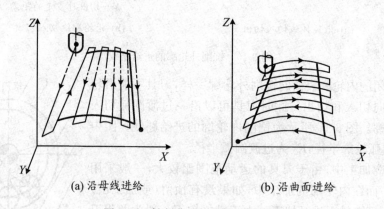

| (a) 沿母线进给 | (b) 沿曲面进给 |

图 3-19　铣削曲面的两种进给路线

5. Z 向加工深度

（1）钻孔深度

由于麻花钻头部为 118°的锥形,所以在通孔钻削时不能按图上的尺寸进行编程,应该考虑其锥形的影响,一般再加上一个钻头的半径为宜,以保证能可靠钻通。通孔钻孔深度取 $H=h$(孔深)$+0.5D$(钻头直径)。

（2）铣削深度

用键槽铣刀加工时,编程的铣削深度就按型腔深度确定。如果用立铣刀加工整个侧面,最后加工深度应考虑刀尖的倒角影响(一般铣刀在刀尖部位有 0.1~0.3 mm 的倒角),通常取铣削深度 $H=h$(侧深)$+(0.5\sim1)$ mm。

(3) 镗孔深度

精镗通孔时,为保证孔完全镗通,常取镗削深度 $H=h$(孔深)$+(0.5\sim1)$ mm。

3.2　FANUC-0i 数控铣床典型编程指令

3.2.1　准备功能

准备功能 G 指令由 G 后续一或二位数值组成,它用来规定刀具和工件的相对运动轨迹、机床坐标系、坐标平面、刀具补偿、坐标偏置等多种加工操作。准备功能是编制程序中的核心内容,必须熟练掌握这些基本功能的特点、使用方法,才能更好地编制加工程序。FANUC-0i 系统的准备功能 G 代码如表 3-3 所示。

1. 与坐标、坐标系有关的功能指令

(1) 工件坐标系零点偏移及取消指令 G54~G59、G53

① 格式:

G54/G55/G56/G57/G58/G59;程序中设定工件坐标系零点偏移指令。

G53;程序中取消工件坐标系设定,即选择机床坐标系。

② 说明:工件坐标系原点通常通过零点偏置的方法来进行设定,其设定过程为:找出装夹后工件坐标系的原点在机床坐标系中的绝对坐标值(图 3-20 中的 $-a$、$-b$ 和 $-c$ 值),将这些值通过操作机床面板输入机床偏置存储器参数(这种参数有 G54~G59 共计 6 个)中,从而将机床坐标系原点偏置至工件坐标系原点。

表 3-3　FANUC-0i 系统的准备功能 G 代码

G 代码	组别	功　　能	程序格式及说明
G00▲		快速点定位	G00 X_Y_Z_;
G01		直线插补	G01 X_Y_Z_F_;
G02	01	顺时针圆弧插补	G02 X_Y_R_F_;或 G02 X_Y_I_J_F_;
G03		逆时针圆弧插补	G03 X_Y_R_F_;或 G03 X_Y_I_J_F_;
G04		暂停	G04 X_;或 G04 P_;
G05.1		预读处理控制	G05.1;(接通)或 G05.0;(取消)
G07.1		圆柱插补	G07.1 IP1;(有效)或 G07.1 IP0;(取消)
G08	00	预读处理控制	G08 P1;(接通)或 G08 P0;(取消)
G09		准确停止	G09 IP_;
G10		可编程数据输入	G10 L50;(参数输入方式)
G11		可编程数据输入取消	G11;

续表

G 代码	组别	功 能	程序格式及说明
G15▲	17	极坐标取消	G15;
G16		极坐标指令	G16;
G17▲	02	选择 XY 平面	G17;
G18		选择 ZX 平面	G18;
G19		选择 YZ 平面	G19;
G20	06	英制输入	G20;
G21▲		米制输入	G21;
C22▲	04	存储行程检测接通	G22 X_Y_Z_I_J_K_;
G23		存储行程检测断开	G23;
G27	00	返回参考点检测	G27 IP_;(IP 为指定的参考点)
G28		返回参考点	G28 IP_;(IP 为经过的中间点)
G29		从参考点返回	G29 IP_;(IP 为返回参考点)
G30		返回第 2、3、4 参考点	G30 P3 IP_;或 G30 P4 IP_;
G31		跳转功能	G31 IP_;
G33	01	螺纹切削	C33 IP_F_;(F 为导程)
G37	00	自动刀具长度测量	G37 IP_;
G39	00	拐角偏置圆弧插补	G39;或 G39 I_J_;
G40▲	07	刀具半径补偿取消	G40;
G41		刀具半径左补偿	G41 G01 IP_D_;
G42		刀具半径右补偿	G42 G01 IP_ D_;
G40.1▲		法线方向控制取 5n	G40.1
G41.1		左侧法线方向控制	G41.1;
G42.1		右侧法线方向控制	G42.1;
G43		正向刀具长度补偿	G43 G01 Z_H_;
G44		负向刀具长度补偿	G44 G01 Z_H_;
G45		刀具位置偏重加	G45 IP_D_;
G46		刀具位置偏重减	G46 IP_D_;
G47		刀具位置偏置加 2 倍	G47 IP_D_;
G48		刀具位置偏置减为 $\frac{1}{2}$	G48 IP_D_;
G49▲		刀具长度补偿取消	G49;
G50▲		比例缩放取消	G50;
G51		比例缩放有效	G51 IP_P_;或 G51 I_J_K_P_;

G 代码	组别	功　　能	程序格式及说明
G50.1		可编程镜像取消	G50.1 IP_;
G51.1▲		可编程镜像有效	G51.1 IP_;
G52		局部坐标系设定	G52 IP_;(IP 以绝对值指定)
G53		选择机床坐标系	G53 IP_;
G54▲		选择工件坐标系	G54;
G54.1		选择附加工件坐标系	G54.1 Pn;(n 取 1~48)
G55		选择工件坐标系 2	G55;
G56		选择工件坐标系 3	G56;
G57		选择工件坐标系 4	G57;
G58		选择工件坐标系 5	G58;
G59		选择工件坐标系 6	G59;
G60		单方向定位方式	G60 IP_;
G61		准确停止方式	G61;
G52	18	自动拐角倍率	G62;
G63		攻螺纹方式	G63;
G64▲		切削方式	G64;
G65		宏程序非模态调用	G65 P_L_;(自变量指定)
G66		宏程序模态调用	G66 P_L_;(自变量指定)
G67▲		宏程序模态调用取消	G67;
G68		坐标系旋转	G68 IP_R_;
G69▲		坐标系旋转取消	G69;
G73		探孔钻循环	G73 X_Y_Z_R_Q_F_;
G74		左螺纹攻螺纹循环	G74 K_Y_Z_R_P_F_;
G76		精镗孔循环	G76 X_Y_Z_R_Q_P_F_;
G80▲		固定循环取消	G80;
G81		钻孔、镶、镗孔循环	G81 X_Y_Z_R_;
G82		钻孔循环	G82 X_Y_Z_R_P_;

续表

G 代码	组别	功　　能	程序格式及说明
G83		探孔循环	G83 X_Y_Z_R_Q_F_;
G84		攻右旋螺纹循环	G84 X_Y_Z_R_P_F_;
G85		镗孔循环	G85 X_Y_Z_R_F_;
G86	09	镗孔循环	G86 X_Y_Z_R_P_F_;
G87		背镗孔循环	G87 X_Y_Z_R_Q_F_;
G88		镗孔循环	C88 X_Y_Z_R_P_F_;(手动返回)
G89		镗孔循环	G89 X_Y_Z_R_P_F_;
G90▲	03	绝对值编程	G90 G01 X_Y_Z_P_;
G91		增量值编程	G91 G01 X_Y_Z_F_;
G92	00	设定工件坐标系	G92 IP_;
G92.1		工件坐标系预置	G92.1 X0 Y0 Z0;
G94▲	05	每分钟进给	单位为 mm/min
G95		每转进给	单位为 mm/r
G96	13	恒线速度	G96 S200;(200 m/min)
G97▲		每分钟转速	G97 S800;(800 r/min)
G98▲	10	固定循环返回初始点	G98 G81 X_Y_Z_R_F_;
G99		固定循环返回 R 点	G99 G81 X_Y_Z_R_F_;

注:带"▲"的 G 代码为开机默认代码。

　　零点偏置设定工件坐标系的实质就是在编程与加工之前让数控系统知道工件坐标系在机床坐标系中的具体位置。通过这种方法设定的工件坐标系,只要不对其进行修改、删除操作,该工件坐标系将永久保存,即使机床关机,其坐标系也将保留。

　　一般通过对刀操作及对机床面板的操作,输入不同的零点偏置数值,可以设定 G54～G59 共 6 个不同的工件坐标系。在编程及加工过程中可以通过 G54～G59 指令来对不同的工件坐标系进行选择,如图 3-21 所示。

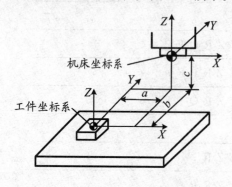

图 3-20　设定工件坐标系零点偏移

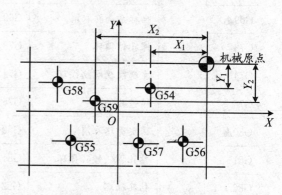

图 3-21　工件坐标系设定

　　工件坐标系的设定可采用输入每个坐标系距机械原点的 X、Y、Z 轴的距离 (X, Y, Z) 来实现。在图 3-21 中分别设定 G54 和 G59 时可用下列方法：

　　　　G54：$X—X_1$、$Y—Y_1$、$Z—Z_1$

　　　　G59：$X—X_2$、$Y—Y_2$、$Z—Z_2$

　　（2）工件坐标系设定指令 G92

　　① 格式：

　　　　G92 X_Y_Z_ ;

　　② 说明：其中 X、Y、Z 为刀具当前位置相对于新设定的工件坐标系的新坐标值。

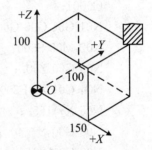

　　通过 G92 设定的工件坐标系位置，实际上由刀具的当前位置及 G92 指令后的坐标值反推得出。

　　采用 G92 设定的工件坐标系，不具有记忆功能，当机床关机后，设定的坐标系即消失。因此，G92 设定坐标系的方法通常用于单件加工。此外，在执行该指令前，必须将刀具的刀位点先通过手动方式准确移动到新坐标系的指定位置点，操作步骤较多。因此，新的系统大多不采用 G92 指令来设定工件坐标系。

　　例如，将图 3-22 中工件坐标系设为 O 点的指令为：

　　　　G92 X150. Y100. Z100. ;

图 3-22　G92 设定工件坐标系

　　（3）绝对坐标与相对坐标编程 G90、G91

　　① 格式：

　　　　G90 ;

　　　　G91 ;

　　② 说明：G90 为绝对值编程，每个编程坐标轴上的编程值是相对于程序原点的。G91 为增量值编程，每个编程坐标轴上的编程值是相对于前一位置而言的，该值等于沿轴移动的距离。G90、G91 为模态功能，可相互注销，G90 为默认值。

　　选择合适的编程方式可使编程简化。当图样尺寸由一个固定基准给定时，采用绝对方式编程较为方便。当图样尺寸是以轮廓顶点之间的间距给出时，则采用增量方式编程较为方便。

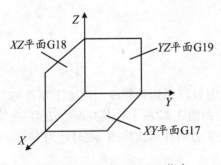

图 3-23　G17、G18、G19 指令

　　（4）坐标平面选择指令 G17、G18、G19

　　平面选择指令 G17、G18、G19 分别用来指定程序段中刀具的圆弧插补平面和刀具半径补偿平面。在笛卡儿直角坐标系中，三个互相垂直的轴 X、Y、Z 分别构成三个平面（如图3-23所示），G17 表示选择在 XY 平面内加工，G18 表示选择在 ZX 平面内加工，G19 表示选择在 YZ 平面内加工。

　　G17、G18、G19 为模态功能，可相互注销，G17 为默认值。立式数控铣床大都在 XY 平面内加工。

2. 与插补有关的功能指令

　　（1）快速点定位指令 G00

　　格式：

　　　　G00 X_Y_Z_ ;

（2）直线插补指令 G01

① 格式：

G01 X_Y_Z_F_；

② 说明：X、Y、Z指定刀具目标点坐标。当使用增量方式时，X、Y、Z指定目标点相对于起始点的增量坐标，不运动的坐标可以不写。

【例 3-1】 在立式数控铣床上，按图 3-24 所示的进给路线铣削工件上表面，已知主轴转速为 600 r/min，进给量为 200 mm/min，试编制加工程序。

建立如图所示工件坐标系，编制加工程序如下：

O0001；

N01 G54 G90 G00 X155. Y40. ；　　　　　　　　　　　　　　　①

N02 M03 S600；

N03 G00 Z50. ；　　　　　　　　　　　　　　　　　　　　　②

N04 G01 Z0 F200；　　　　　　　　　　　　　　　　　　　　③

N05 X－155. ；　　　　　　　　　　　　　　　　　　　　　④

N06 G00 Y－40. ；　　　　　　　　　　　　　　　　　　　　⑤

N07 G01 X155. ；　　　　　　　　　　　　　　　　　　　　⑥

N08 G00 Z150. ；　　　　　　　　　　　　　　　　　　　　⑦

N09 X250. Y180. ；　　　　　　　　　　　　　　　　　　　⑧

N10 M30；

（3）圆弧插补指令 G02/G03

① 格式：

G17 G02/G03 X_Y_I_J_F_；

或

G17 G02/G03 X_Y_R_F_；

G18 G02/G03 X_Z_I_K_F_；

或

G18 G02/G03 X_Z_R_F_；

G19 G02/G03 Y_Z_J_K_F_；

或

G19 G02/G03 Y_Z_R_F_；

② 说明：G02 为顺时针圆弧插补指令，G03 为逆时针圆弧插补指令。因加工零件均为立体的，在不同平面上其圆弧切削方向（G02 或 G03）如图 3-25 所示。其判断方法为：在笛卡儿右手直角坐标系中，从垂直于圆弧所在平面轴的正方向往负方向看，顺时针为 G02，逆时针为 G03。

G17、G18、G19 为圆弧插补平面选择指令，以此来决定加工表面所在的平面，G17 可省略，X、Y、Z指定圆弧终点坐标值（用绝对值坐标或增量坐标均可），采用相对坐标时，其圆弧终点相对于圆弧起点的增量值，I、J、K 分别指定圆弧圆心相对于圆弧起点在 X、Y、Z 轴上的增量坐标，与前面定义的 G90 或 G91 无关，I、J、K 为零时可省略，F 为指定圆弧切向的进给速度。

用圆弧半径 R 编程时，数控系统为满足插补运算需要，规定当所插补圆弧小于或等于

180°时,R 为正值,否则 R 为负值。

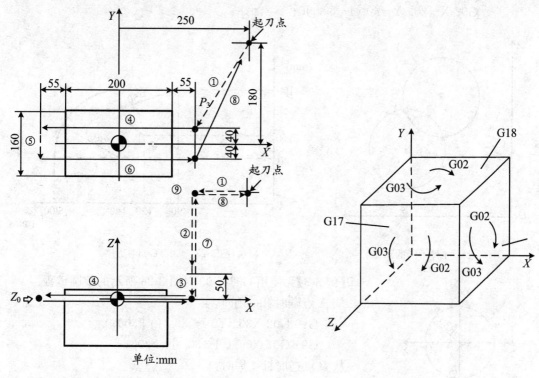

图 3-24　刀具进给路线
图 3-25　不同平面的 G02、G03

如图 3-26 所示,P_0 是圆弧的起点,P_1 是圆弧的终点。对于一个相同数值 R,有 4 种不同的圆弧通过这两个点,它们的编程格式如下:

圆弧 1:

　　G02 X_Z_R－_;

圆弧 2:

　　G02 X_Z_R＋_;

圆弧 3:

　　G03 X_Z_R＋_;

圆弧 4:

　　G03 X_Z_R－_;

若用给定半径编制完整的圆时,由于存在无限个解,CNC 系统将显示圆弧编程出错报警,所以对整圆插补只能用给定的圆心坐标编程。

【例 3-2】　用 G02、G03 指令对图 3-27 所示圆弧进行编程,设刀具从 A 开始沿 A、B、C 切削。

用绝对值尺寸指令编程:

　　G92 X200. Y40. Z0;

　　G90 G03 X140. Y100. I－60. J0 F100;

　　G02 X120. Y60. I－50. J0;

用增量尺寸指令编程:

G91 G03 X−60. Y60. I−60. J0 F100;

G02 X−20. Y−40. I−50. J0;

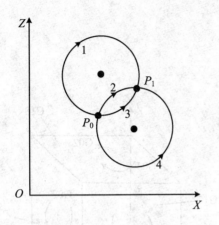

图 3-26　4 种不同的圆弧

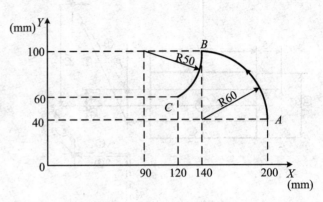

图 3-27　G02/G03 实例

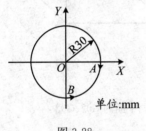

图 3-28

单位:mm

【例 3-3】　使用 G02/G03 对图 3-28 所示的整圆编程。

从 A 点顺时针一周时:

G90 G02 X30. Y0 I−30. J0 F300;

G91 G02 X0 Y0 I−30. J0 F300;

从 B 点逆时针一周时:

G90 G03 X0 Y−30 I0 J30. F300;

G91 G03 X0 Y0 I0 J30. F300;

3. 与参考点有关的指令 G27、G28、G29

（1）返回参考点

参考点是 CNC 机床上的固定点,可以利用返回参考点指令将刀架移动到该点。可以设置多个参考点,其中第一参考点与机床参考点一致,第二、第三和第四参考点与第一参考点的距离利用参数事先设置。接通电源后必须先进行第一参考点返回,否则不能进行其他操作。

参考点返回有两种方法:手动参考点返回和自动参考点返回。接通电源已进行手动参考点返回后,在程序中需要返回参考点进行换刀时使用自动参考点返回功能。

自动参考点返回时需要用到如下指令:

G28 X_;　　　　　　　X 向回参考点

G28 Z_;　　　　　　　Z 向回参考点

G28 X_Y_Z_;　　　　　主轴回参考点

其中,X,Y,Z 坐标设定值为指定的某一中间点,但此中间点不能超过参考点,该点可以以绝对值方式写入,也可以增量方式写入。

系统在执行"G28 X_;"时,X 向快速向中间点移动,到达中间点后,再快速向参考点定位,到达参考点,X 向参考点指示灯亮,说明参考点已到达。

"G28 Z_;"的执行过程与 X 向回参考点完全相同,只是 Z 向到达参考点时,Z 向参考点的指示灯亮。

"G28 X_Y_Z_;"是 *X*、*Y*、*Z* 同时各自回其参考点,最后以 *X* 向参考点与 *Z* 向参考点的指示灯都亮而结束。

返回机床这一固定点的功能用来在加工过程中检查坐标系的正确与否和建立机床坐标系,以确保精确地控制加工尺寸。

　　　　G30 P2 X_Y_Z_;　　　　第二参考点返回,P2 可省略

　　　　G30 P3 X_Y_Z_;　　　　第三参考点返回

　　　　G30 P4 X_Y_Z_;　　　　第四参考点返回

第二、第三和第四参考点返回中的 *X*、*Y*、*Z* 的含义与 G28 中的相同。

（2）参考点返回校验 G27

用于加工过程中,检查是否准确地返回参考点。指令格式如下:

　　　　G27 X_;　　　　　　　*X* 向参考点校验

　　　　G27 Z_;　　　　　　　*Z* 向参考点校验

　　　　G27 X_Y_Z_;　　　　　参考点校验

执行 G27 指令的前提是机床在通电后必须返回过一次参考点(手动返回或用 G28 返回)。

执行完 G27 指令以后,如果机床准确地返回参考点,则面板上的参考点返回指示灯亮,否则,机床将出现报警。

（3）从参考点返回 G29

G29 指令使刀具以快速移动速度,从机床参考点经过 G28 指令设定的中间点,快速移动到 G29 指令设定的返回点,如图 3-29 所示。其程序段格式为:

　　　　G29 X_Y_Z_;

其中,X、Y、Z 可以是指定绝对坐标,也可以是指定相对坐标。当然,在从参考点返回时,可以不用 G29 而用 G00 或 G01,但此时,不经过 G28 设置的中间点,而直接运动到目标点。

图 3-29 中,G28 的轨迹为 *A*→*B*→*R*;G29 的轨迹为 *R*→*B*→*C*;G00(G01)的轨迹为 *R*→*C*。在铣削类数控机床上,G28、G29 后面可以跟 *X*、*Y*、*Z* 三轴中的任一轴或任两轴的坐标,亦可以三轴坐标都跟。

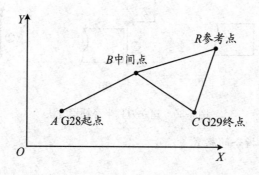

图 3-29　G28、G29 与 G00(G01)的关系

3.2.2　刀具补偿功能指令

对于数控铣床来说,一般情况下都要应用刀具补偿来编程。数控铣床上刀具补偿通常有 3 种:刀具半径补偿、刀具长度补偿和刀具磨损补偿。现代数控机床的刀具半径补偿常应用 G 功能进行刀具补偿。

1. 刀具半径补偿 G40、G41、G42

二维刀具半径补偿仅在指定的二维进给平面内进行,进给平面由 G17、G18 和 G19 指定,刀具半径则通过调用相应的刀具半径补偿寄存器号码(用 D 指定)来取得。

(1) 刀具半径补偿的目的

在数控铣床上进行轮廓的铣削加工时,由于刀具半径的存在,刀具中心(刀心)轨迹和工件轮廓不重合。如果数控系统不具备刀具半径自动补偿功能,则只能按刀心轨迹进行编程,即在编程时给出刀具中心运动轨迹,其计算相当复杂,尤其当刀具磨损、重磨或换新刀而使刀具直径变化时,必须重新计算刀心轨迹,修改程序,这样既繁琐,又不易保证加工精度。当数控系统具备刀具半径补偿功能时,数控编程只需按工件轮廓进行,数控系统会自动计算刀心轨迹,使刀具偏离工件轮廓一个半径值,即进行刀具半径补偿。

(2) 刀具半径补偿的方法

铣削加工刀具半径补偿分为刀具半径左补偿(用 G41 定义)和刀具半径右补偿(用 G42 定义),使用非零的 Dxx 代码选择正确的刀具半径补偿寄存器号。当不需要进行刀具半径补偿时,则用 G40 取消刀具半径补偿。

编程时,使用 D 代码(D01~D99)选择刀补表中对应的半径补偿值。地址 D 所对应的偏置存储器中存入的偏置值通常指刀具半径值。刀具刀号与刀具偏置存储器号可以相同,也可以不同,一般情况下,为防止出错,最好采用相同的刀具号与刀具偏置号。

刀具半径补偿的建立有以下 3 种方式(见图 3-30)。

图 3-30(a)所示方式为先下刀后,再在 X、Y 轴移动中建立半径补偿;图 3-30(b)所示方式是先建立半径补偿后,再下刀到加工深度位置;图 3-30(c)所示方式是 X、Y、Z 三轴同时移动,建立半径补偿后再下刀。一般取消半径补偿的过程与建立过程正好相反。

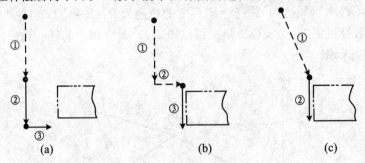

(a)　　　　　　　　　　(b)　　　　　　　　　　(c)

图 3-30　建立刀具半径补偿方法

(3) 刀具半径补偿指令的格式

① 格式:

　　G17 G41 G01 X_Y_F_D_;

或

　　G17 G42 G01 X_Y_F_D_;

　　…

　　G40 G00/G01 X_Y_;

② 说明:X、Y 指定 G00/G01 的参数,即刀补建立或取消的终点(注:投影到补偿平面上的刀具轨迹受到补偿);D 为 G41/G42 的参数,即刀补号码(D00~D99),它代表了刀补偿中

对应的半径补偿值。

　　G41、G42 都是模态代码,可以在程序中保持连续有效。G41、G42 的撤销可以使用 G40 进行。

　　G41 与 G42 的判断方法是,迎着垂直于补偿平面的坐标轴的正方向,沿刀具的移动方向看,当刀具处在切削轮廓左侧时,称为刀具半径左补偿;当刀具处在切削轮廓的右侧时,称为刀具半径右补偿,如图 3-31 所示。

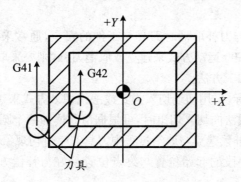

图 3-31　刀具半径补偿方向的判断

　　(4) 刀具半径补偿的过程

　　刀具半径补偿的过程如图 3-32 所示,共分三步,即刀补建立、刀补进行和刀补取消。程序如下:

```
        …
N10 G41 G01 X100. Y90. F100 D01;    刀补建立
N20 Y200. ;
N30 X200. ;                         刀补进行
N40 Y100. ;
N50 X90. ;
N60 G40 G00 X0 Y0;                  刀补取消
```

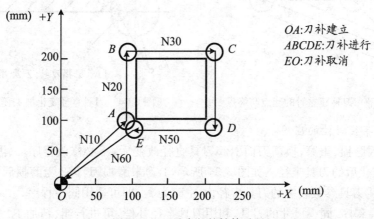

图 3-32　刀具半径的补偿过程

　　① 刀补建立。刀补的建立指刀具从起点接近工件时,刀具中心从与编程轨迹重合过渡到与编程轨迹偏离一个偏置量的过程。该过程的实现必须有 G00 或 G01 功能才有效。

② 刀补进行。在 G41 或 G42 程序段后,程序进入补偿模式,此时刀具中心与编程轨迹始终相距一个偏置量,直到刀补取消。

③ 刀补取消。刀具离开工件,刀具中心轨迹过渡到与编程轨迹重合的过程称为刀补取消,如图 3-32 中的 EO 段程序。刀补的取消用 G40 或 D00 来执行。

（5）刀具半径补偿注意事项

① 刀具半径补偿模式的建立与取消程序段只能在 G00 或 G01 移动指令模式下才有效。

② 为保证刀补建立与刀补取消时刀具与工件的安全,通常采用 G01 运动方式来建立或取消刀补。如果采用 G00 运动方式来建立或取消刀补,则要采取先建立刀补再下刀和先退刀再取消刀补的编程加工方法。

③ 为了便于计算坐标,采用切线切入方式或法线切入方式来建立或取消刀补。不便于沿工件轮廓线方向切向或法向切入切出时,可根据情况增加一个圆弧辅助程序段。

④ 为了防止在半径补偿建立与取消过程中刀具产生过切现象（图 3-33 中的 OM）,刀具半径补偿建立与取消程序段的起始位置与终点位置最好与补偿方向在同一侧（图 3-33 中的 OA）。

⑤ 在刀具补偿模式下,一般不允许存在连续两段以上的非补偿平面内移动指令,否则刀具也会出现过切等危险动作。

非补偿平面移动指令通常指:只有 G、M、S、F、T 代码的程序段（如 G90;M05 等）;程序暂停程序段（如"G04 X10."等）;G17(G18,G19)平面内的 Z(Y,X)轴移动指令等。

⑥ 从左向右或者从右向左切换补偿方向时,通常要经过取消补偿方式。

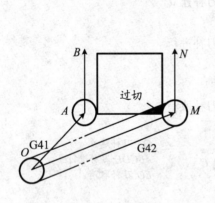

图 3-33 刀补建立时的起点与终点

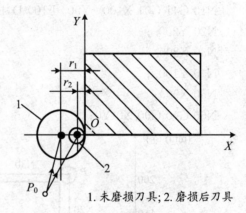

1. 未磨损刀具; 2. 磨损后刀具

图 3-34 刀具直径变化加工程序不变

（6）刀具半径补偿的应用

① 刀具因磨损、重磨、换新刀而引起刀具直径改变后,不必修改程序,只需在刀具参数设置中输入变化后的刀具半径。如图 3-34 所示,1 为未磨损刀具,2 为磨损后刀具,两者尺寸不同,只需将刀具参数表中的刀具半径由 r_1 改为 r_2,即可适用同一程序。

② 用同一程序、同一尺寸的刀具,利用刀具半径补偿,可进行粗、精加工。如图 3-35 所示,刀具半径 r,精加工余量 Δ。粗加工时,输入刀具直径 $D=2(r+\Delta)$,则加工出细点划线轮廓;精加工时,用同一程序、同一刀具,但输入刀具直径 $D=2r$,则加工出实线轮廓。

③ 采用同一程序段加工同一公称直径的凹、凸型面。如图 3-36 所示,对于同一公称直

径的凹、凸型面,内外轮廓编写成同一程序,在加工外轮廓时,将偏置值设为＋D,刀具中心将沿轮廓的外侧切削;当加工内轮廓时,将偏置值设为－D,这时刀具中心将沿轮廓的内侧切削。这种编程与加工方法,在模具加工中运用较多。

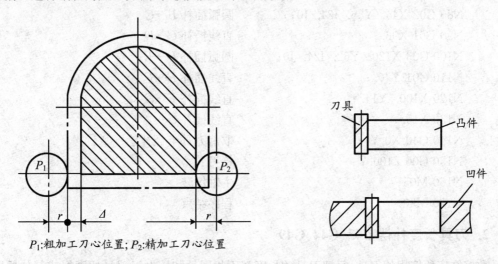

P_1:粗加工刀心位置; P_2:精加工刀心位置

图 3-35　利用刀具半径补偿进行粗精加工　　　　图 3-36　利用刀具半径补偿进行模具加工

【例 3-4】　加工如图 3-37 所示零件凸台的外轮廓,采用刀具半径补偿指令进行编程。

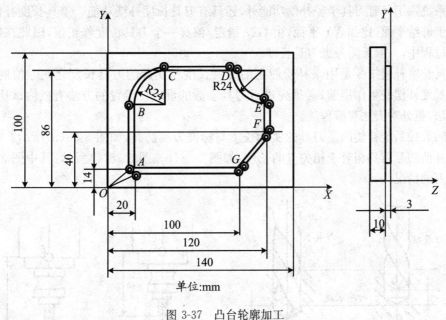

单位:mm

图 3-37　凸台轮廓加工

采用刀具半径左补偿,数控程序如下:

O0001;

N10 G54 M03 S1500;　　　　　　　　　设工件零点于 O 点,主轴正转 1 500 r/min

N20 G90 G00 Z50.;　　　　　　　　　　抬刀至安全高度

N30 X0 Y0;　　　　　　　　　　　　　刀具快进至(0,0,50)

N40 Z2.;　　　　　　　　　　　　　　刀具快进到(0,0,2)

N50 G01 Z-3. F50. ;	刀具以切削进给到深度 3 mm 处
N60 G41 X20. Y10. F150. D01;	建立刀具半径左补偿,补偿值存放在 D01
N70 Y62. ;	直线插补→B
N80 G02 X44. Y86. I24. J0;	圆弧插补 B→C
N90 G01 X96. ;	直线插补 C→D
N100 G03 X120. Y62. I24. J0;	圆弧插补 D→E
N110 G01 Y40. ;	直线插补 E→F
N120 X100. Y14. ;	直线插补 F→G
N130 X15. ;	直线插补 G→
N140 G40 X0 Y0;	取消刀具半径补偿→O
N150 G00 Z100. ;	抬刀
N160 M05;	主轴停转
N170 M30;	程序结束

2. 刀具长度补偿 G43、G44、G49

数控铣床所使用的刀具,每把刀具的长度都不相同,同时,由于刀具的磨损或其他原因也会引起刀具长度发生变化,使用刀具长度补偿指令可使每一把刀具加工出来的深度尺寸都正确。为了简化零件的数控加工编程,使数控程序与刀具形状和刀具尺寸尽量无关,现代数控系统除了具有刀具半径补偿功能外,还具有刀具长度补偿功能。刀具长度补偿使刀具垂直于进给平面(比如 XY 平面,由 G17 指定)偏移一个刀具长度修正值,因此在数控铣床编程过程中,一般无需考虑刀具长度。

刀具长度补偿指令是用来补偿假定的刀具长度与实际的刀具长度之间差值的指令。在刀具长度补偿发生作用前,必须先进行刀具参数的设置。设置的方法有机内试切法、机内对刀法、机外对刀法和编程法。

有的数控系统补偿的是刀具的实际长度与标准刀具的差,如图 3-38(a)所示。有的数控系统补偿的是刀具相对于相关点的长度,如图 3-38(b)、图 3-38(c)所示,其中图 3-38(c)是球形刀的情况。

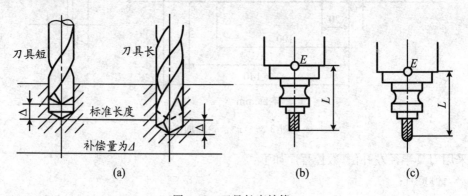

图 3-38　刀具长度补偿

(1) 刀具长度补偿指令

① 格式:

　　　　G17 G43(G44) G01 Z_H_F_；
　　　　　…
　　　　G49 G01 Z_；

　　② 说明：G17 指定刀具长度补偿轴为 Z 轴；G18 指定刀具长度补偿轴为 Y 轴；G19 指定刀具长度补偿轴为 X 轴。

　　G43 为正向偏置（补偿轴终点加上偏置值）；G44 为负向偏置（补偿轴终点减去偏置值）；G49 为取消刀具长度补偿。

　　X、Y、Z：G01 的参数，即刀具长度补偿建立或取消的终点。

　　H：G43/G44 的参数，即刀具长度补偿偏置号（H00～H99），它代表了刀具表中对应的长度补偿值。长度补偿值是编程时的刀具长度和实际使用的刀具长度之差。

　　G43、G44、G49 都是模态代码，可相互注销。

　　（2）刀具长度补偿的建立

　　根据上述指令，把 Z 轴移动指令的终点位置加上（G43）或减去（G44）补偿存储器设定的补偿值。由于把编程时设定的刀具长度的值和实际加工所使用的刀具长度值的差设定在补偿存储器中，无需变更程序便可以对刀具长度值的差进行补偿。

　　补偿方向由 G43、G44 指令指定，补偿量的大小由 H 代码指定设定在补偿存储器中。

　　（3）补偿方向

　　G43 表示向正方向一侧补偿；G44 表示向负方向一侧补偿。无论是绝对值指令还是增量值指令，在 G43 时程序中 Z 轴移动指令终点的坐标加上用 H 代码指定的补偿量，其最终计算结果的坐标值为终点。

　　补偿值的符号为正时，G43 是在正方向移动一个补偿量；G44 是在负方向移动一个补偿量。补偿值的符号为负时，分别变为反方向。G43、G44 为模态 G 代码，直到同一组的其他 G 代码出现之前均有效。

　　（4）指定补偿量

　　由 H 代码指定补偿号。程序中 Z 轴的指令值减去或加上与指定补偿号相对应（设定在补偿量存储器中）的补偿量。

　　补偿量与补偿号相对应，由 CRT/MDI 操作面板预先输入在存储器中。与补偿号 H00 相对应的补偿量，始终意味着零，不能设定与 H00 相对应的补偿量。

　　（5）取消刀具长度补偿

　　指令 G49 或者 H00 取消补偿。一旦设定了 G49 或者 H00，立刻取消补偿。

　　变更补偿号及补偿量时，仅变更新的补偿量，并不把新的补偿量加到旧的补偿量上。

　　H01 为补偿量 20.0，H02 为补偿量 30.0。

　　　　G90 G43 G01 Z100. H01 F200；　　　　Z 方向移到 120.0
　　　　G90 G43 G01 Z100. H02 F200；　　　　Z 方向移到 130.0
　　　　G90 G44 G01 Z100. H02 F200；　　　　Z 方向移到 70.0

　　【例 3-5】　考虑刀具长度补偿，编制如图 3-39 所示零件的加工程序。要求建立如图 3-39 所示的工件坐标系，按箭头所指示的路径进行加工。

　　预先在 MDI 功能"刀具表"中设置 01 号刀具长度补偿值为 H01=4.0 mm。编程如下：

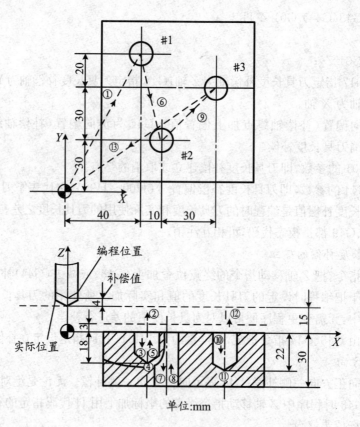

图 3-39　刀具长度补偿加工

O0002；
N01 G54 G00 X0 Y0 Z15.；	起刀点坐标(0,0,15)	
N02 G91 G00 X40. Y80.；	用增量方式移动到#1号点	①
N03 M03 S600；	主轴正转	
N04 G43 G01 Z−12. H01 F100；	移近工件表面,建立刀具长度补偿	②
N05 Z−21.；	加工#1号孔	③
N06 G04 P2000；	暂停2 s	④
N07 G00 Z21.；	抬刀	⑤
N08 X10. Y−50.；	移动到#2号点	⑥
N09 G01 Z−38.；	加工#2号孔	⑦
N10 G04 X2.；		
N11 G01 Z38.；	抬刀	⑧
N12 X30. Y30.；	移动到#3号点	⑨
N13 Z−25.；	加工#3号孔	⑩
N14 G04 P2000；	暂停2 s	⑪
N15 G49 G00 Z40.；	抬刀	⑫
N16 X−80. Y−60.；	移动到起始点	⑬
N17 M05；		
N18 M30；		

3.2.3 子程序的应用

1. 同平面内完成多个相同轮廓加工

在一次装夹中若要完成多个相同轮廓形状工件的加工,则编程时只编写一个轮廓形状加工程序,然后用主程序来调用子程序,如例 3-6。

【例 3-6】 加工如图 3-40 所示零件,要求三个相同凸台外形轮廓(凸出高度为 5 mm)用子程序编程。

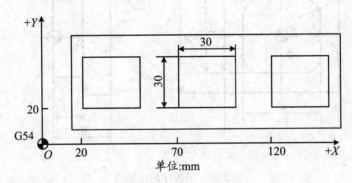

图 3-40 子程序的应用一

```
O0003;                          主程序
G90 G54；
M03 S1000；
G00 X0 Y0；
G43 Z5. H01；
G01 Z−5. F100. ；
M98 P30100；
G90 G00 X0 Y0；
G49 Z100. ；
G91 G28 Z0；
M05；
M30；
O0100；                         子程序
G91 G41 X20.Y10. D01；          注意使用增量模式
Y40. ；
X30. ；
Y−30. ；
X−40. ；
G40 X−10. Y−20. ；
X50. ；
M99；
```

2. 实现零件的分层切削

有时零件在某个方向上的总切削深度比较大,要进行分层切削,则编写该轮廓加工的刀具轨迹子程序后,通过调用该子程序来实现分层切削。

【例 3-7】 在数控立式铣床上加工如图 3-41 所示零件凸台外形轮廓,Z 轴分层切削,每次背吃刀量为 3 mm,试编写凸台外形轮廓加工程序。

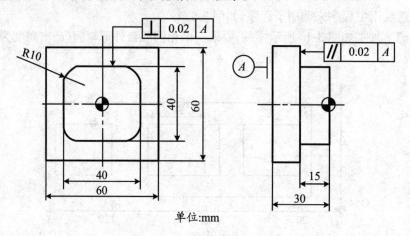

单位:mm

图 3-41　子程序的应用二

```
O0004；                                 主程序
G54 G90；
G00 Z50.；
X－40. Y－40. F600；
G43 Z20. H01；
M03 S600；
G01 Z0 F100；
M98 P50020；
G49 G01 Z30.；
M05；
M30；
O20；                                   子程序
G91 G01 Z－3.；
G90 G41 G01 X－20. Y－20. D01 F200；
G01 Y10.；
G02 X－10. Y20. R10.；
G01 X10.；
G02 X20. Y10. R10.；
G01 Y－10.；
G02 X10. Y－20. R10.；
G01 X－10.；
```

> G02 X−20. Y−10. R10. ;
> G40 G01 X−40. Y0；
> G00 Y−40. ；
> M99；

3. 实现程序的优化

数控铣床的程序往往包含有许多独立的工序，为了优化加工顺序，把每一个独立的工序编成一个子程序，主程序只有换刀和调用子程序的命令，从而实现优化程序的目的。

3.2.4　坐标变换

在数控铣床和加工中心的编程中，为了实现简化编程的目的，除常用固定循环指令外，还采用一些特殊的功能指令。这些指令的特点大多是对工件的坐标系进行变换以达到简化编程的目的。下面介绍一些 FANUC-0i 系统中常用的特殊功能指令。

1. 比例缩放

在数控编程中，有时在对应坐标轴上的值是按固定的比例进行放大或缩小的，这时，为了编程方便，可采用比例缩放指令进行编程。

（1）指令格式

① 格式一：

> G51 I_J_K_P_；

例如：

> G51 I0 J10. P2000；

格式中的 I、J、K 指定的值作用有两个：第一，选择要缩放的轴，其中 I 表示 X 轴，J 表示 Y 轴，K 表示 Z 轴。上例表示在 X、Y 轴上进行比例缩放，而在 Z 轴上不进行比例缩放。第二，指定比例缩放的中心，"I0 J10."表示缩放中心在坐标$(0,10.0,0)$。如果省略了 I、J、K 则 G51 指定刀具的当前位置作为缩放中心。P 指定进行缩放的比例系数，不能用小数点来指定该值，"P2000"缩放比例为 2 倍。

② 格式二：

> G51 X_Y_Z_P_；

例如：

> G51 X10. Y20. P1500；

格式中的 X、Y、Z 指定的值与格式一中的 I、J、K 指定的值作用相同，不过是由于系统不同，书写格式不同罢了。

③ 格式三：

> G51 X_Y_Z_I_J_K_；

例如：

> G51 X0 Y0 Z0 I1. 5 J2. K1. ；

该格式用于较为先进的数控系统（如 FANUC-0i 系统），表示各坐标轴允许以不同比例进行缩放。上例表示在以坐标点$(0,0,0)$为中心进行比例缩放，在 X 轴方向的缩放倍数为

1.5 倍，在 Y 轴方向上的缩放倍数为 2 倍，在 Z 轴方向则保持原比例不变。I、J、K 指定的值直接以小数的形式来指定缩放比例，如"J2."表示在 Y 轴方向上的缩放比例为 2.0 倍。

取消缩放格式：

    G50；

（2）比例缩放编程示例

【例 3-8】 如图 3-42 所示，将外轮廓轨迹 $ABCD$ 以原点为中心在 XY 平面内进行等比例缩放，缩放比例为 2.0 倍，试编写加工程序。

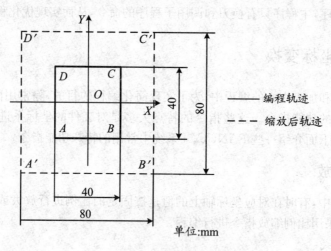

图 3-42 等比例缩放

    O0005；

       …

    N90 G00 X−50. Y50.；

    N100 G01 Z−5. F100；

    N110 G51 X0 Y0 P2000；   在 XY 平面内缩放，X、Y 方向缩放比例均为 2.0 倍

    N120 G41 G01 X−20. Y20. D01；   建立刀补，并加工四方外轮廓

    N130 X20.；

    N140 Y−20.；

    N150 X−20.；

    N160 Y20.；

    N170 G40 X−50. Y50.；

    N180 G50；   取消缩放

       …

（3）比例缩放编程说明

① 比例缩放中的刀补问题。在编写比例缩放程序过程中，要特别注意建立刀补程序段的位置，刀补程序段应写在缩放程序段内。格式如下：

    G51 X_ Y_ Z_ P_；

    G41 G01… D01 F100；

在执行该程序段过程中，机床能正确运行，而如果执行如下程序则会产生机床报警。

　　G41 G01… D01 F100；

　　G51 X_Y_Z_P_；

　　注意：比例缩放对于刀具半径补偿值、刀具长度补偿值及刀具偏置值无效。

　　② 比例缩放中的圆弧插补。在比例缩放中进行圆弧插补，如果进行等比例缩放，则圆弧半径也相应缩放相同的比例；如果指定不同的缩放比例，则刀具也不会画出相应的椭圆轨迹，仍将进行圆弧的插补，圆弧的半径根据 I、J 中指定的较大值进行缩放。

　　③ 比例缩放中的注意事项。

　　ⅰ 比例缩放的简化形式。如将比例缩放程序"G51 X_Y_Z_P_；"或者"G51 X_Y_Z_I_J_K_；"简写成"G51；"，则缩放比例由机床系统自带参数决定，具体值请查阅机床有关参数表；而缩放中心则指刀具中心当前所处的位置。

　　ⅱ 比例缩放对固定循环中 Q 值与 d 值无效。在比例缩放过程中，不希望进行 Z 轴方向的比例缩放时可以修改系统参数，从而禁止在 Z 轴方向上进行比例缩放。

　　ⅲ 比例缩放对刀具偏置值和刀具补偿值无效。

　　ⅳ 缩放状态下，不能指定返回参考点的 G 代码（G27～G30），也不能指定坐标系的 G 代码（G52～G59，G92）。若一定要指定这些 G 代码，应在取消缩放功能后指定。

2. 可编程镜像

　　使用编程的镜像指令可实现沿某一坐标轴或某一坐标点的对称加工。在一些老的数控系统中，通常采用 M 指令来实现镜像加工，在 FANUC-0i 则采用 G51 或 G51.1 来实现镜像加工。

　　（1）指令格式

　　① 格式一：

　　G17 G51.1 X_Y_；

　　G50.1 X_Y_；

格式中的 X、Y 指定的值用于指定对称轴或对称点。当 G51.1 仅有一个坐标字时，该镜像是以某一坐标轴为镜像轴的。

　　如"G51.1 X10.0；"指令表示以某一轴线为对称轴，该轴线与 Y 轴相平行，且与 X 轴在"X10."处相交。

　　当 G51.1 指令后有两个坐标字时，表示该镜像是以某一点作为对称点进行镜像。如下指令表示其对称点为（10，10）这一点。

　　G51.1 X10. Y10. ；

　　G50.1 X_Y_；　　　　　　　　表示取消镜像

　　② 格式二：

　　G17 G51 X_Y_I_J_；

　　G50；

　　使用此种格式时，指令中的 I、J 指定的值一定是负值，如果其值为正值，则该指令变成了缩放指令。另外，如果 I、J 指定的值虽是负值但不等于−1，则执行该指令时，既进行镜像又进行缩放。

　　如执行"G17 G51 X10. Y10. I−1. J−1. ；"时，程序以坐标点（10.0，10.0）进行镜像，不进行缩放。

执行"G17 G51 X10. Y10. I−2. J−1.5;"时,程序在以坐标点(10.0,10.0)进行镜像的同时,还要进行比例缩放,其中 X 轴方向的缩放比例为 2.0,而 Y 轴方向的缩放比例为 1.5。

同样,"G50;"表示取消镜像。

(2) 镜像编程示例

【例 3-9】 试用镜像指令编写图 3-43 所示轨迹程序。

```
O0008;                      主程序
    …
M98 P700;
G51 X60. Y60. I−1. J−1.;
M98 P0700;
G51 X60. Y60. I 1. J−1.;
M98 P0700;
G51 X60. Y60. I−1. J1.;
M98 P0700;
G50;
    …
O0700;                      子程序
G41 G01 X70. Y60. D01 F100;
Y110.;
X110. Y70.;
X60.;
G40 G01 X60. Y60.;
M99;
```

(3) 镜像编程的说明

① 在指定平面内执行镜像指令时,如果程序中有圆弧指令,则圆弧的旋转方向相反,即 G02 变成 G03,相应地 G03 变成 G02。

② 在指定平面内执行镜像指令时,如果程序中有刀具半径补偿指令,则刀具半径补偿的偏置方向相反,即 G41 变成 G42,G42 变成 G41。

③ 在指定平面内执行镜像指令时,如果程序中有坐标系旋转指令,则坐标系旋转方向相反。即顺时针变成逆时针,逆时针变成顺时针。

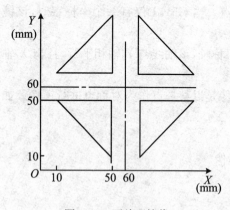

图 3-43 可编程镜像

④ CNC 数据处理的顺序是程序镜像→比例缩放→标系旋转,所以在指定这些指令时,应按顺序指定,取消时,按相反顺序。旋转方式或比例缩放方式不能指定镜像指令 G50.1 或 G51.1 指令,但在镜像指令中可以指定比例缩放指令或坐标系旋转指令。

⑤ 在可编程镜像方式中,与返回参考点指令(G27,G28,G29,G30)和改变坐标系指令(G54~G59,G92)不能指定。如果要指定其中的某一个,则必须在取消可编程镜像后指定。

⑥ 在使用镜像功能时,由于数控镗铣床的 Z 轴一般安装有刀具,所以,Z 轴一般都不进行镜像加工。

3. 坐标旋转

对于某些围绕中心旋转得到的特殊轮廓加工,如果根据旋转后的实际加工轨迹进行编程,就可能使坐标计算的工作量大大增加。而通过图形旋转功能,可以大大简化编程的工作量。

(1) 指令格式

　　G17 G68 X_Y_R_;

　　G69;

G68 表示图形旋转生效,G69 表示图形旋转取消。格式中的 X、Y 指定的值用于指定图形旋转的中心,R 指定图形旋转的角度,该角度一般取 $0°\sim360°$ 的正值,旋转角度的零度方向为 X 轴的正方向,逆时针方向为角度方向的正向。不足 $1°$ 的角度以小数点表示。例如,"G68 X15. Y20. R30.;"指令表示图形以坐标点(15,20)作为旋转中心,逆时针旋转 $30°$。

(2) 坐标系旋转编程示例

【例 3-10】 图 3-44 中的图形 A,绕坐标点(20,20)进行旋转,旋转角度为 $120°$,旋转后得图形 B,试编写图形 B 的加工程序。

O0010;

　　…

G68 X20. Y20. R120.;

G41 G01 X−20. Y20. D01 F100;

X20.;

Y−20.;

X−20.;

Y0;

X0 Y20.;

G40 X20. Y40.;

G69;

　　…

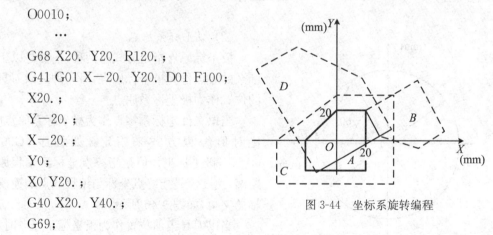

图 3-44 坐标系旋转编程

(3) 坐标系旋转编程说明

① 在坐标系旋转取消指令(G69)以后的第一个移动指令必须用绝对值指定。如果采用增量值指令,则不执行正确的移动。

② CNC 数据处理的顺序是:程序镜像→比例缩放→坐标系旋转→刀具半径补偿方式。所以在指定这些指令时,应按顺序指定,取消时,按相反顺序。如果坐标系旋转指令前有比例缩放指令,则在比例缩放过程中不缩放旋转角度。

③ 在坐标系旋转方式中,与返回参考点指令(G27,G28,G29,G30)和改变坐标系指令(G54~G59,G92)不能指定。如果要指定其中的某一个,则必须在取消坐标系旋转指令后指定。

4. 极坐标编程

(1) 极坐标指令

① 格式：

    G16；

    G15；

② 说明：G16 为极坐标系生效指令，G15 为极坐标系取消指令。

当使用极坐标指令后，坐标值以极坐标方式指定，即以极坐标半径和极坐标角度来确定点的位置。当使用 G17、G18、G19 选择好加工平面后，极坐标半径用所选平面的第一轴地址来指定。极坐标角度用所选平面的第二坐标地址来指定，极坐标的零度方向为第一坐标轴的正方向，逆时针方向为角度方向的正向。

【例 3-11】 用极坐标指令编写如图 3-45 所示图形起点到终点的轨迹。

    …

    G00 X50. Y0；

    G90 G17 G16；   绝对值编程，选择 XY 平面，极坐标生效

    G01 X50. Y60.；   终点极坐标半径为 50 mm，终点极坐标角度为 60°

    G15；   取消极坐标

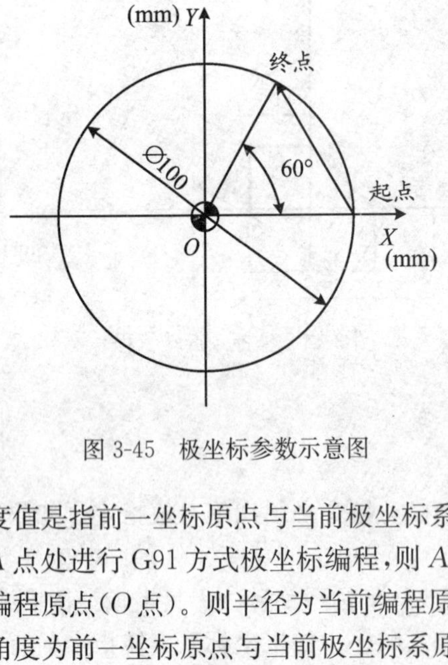

    …

(2) 极坐标系原点

极坐标原点指定方式有两种，一种是以工件坐标系的零点作为极坐标原点，另一种是以刀具当前的位置作为极坐标系原点。

当以工件坐标系零点作为极坐标系原点时，用绝对值编程方式来指定。如程序"G90 G17 G16；"，极坐标半径值是指终点坐标到编程原点的距离；角度值是指终点坐标与编程原点的连线与 X 轴的夹角，如图 3-46 所示。

当以刀具当前位置作为极坐标系原点时，用增量值编程方式来指定。如程序"G91 G17 G16；"，极坐标半径值是指终点到刀具当前位置的距离；角度值是指前一坐标原点与当前极坐标系原点的连线与当前轨迹的夹角。如图 3-47 所示，在 A 点处进行 G91 方式极坐标编程，则 A 点为当前极坐标系的原点，而前一坐标系的原点为编程原点（O 点）。则半径为当前编程原点到轨迹终点的距离（图 3-47 中 AB 线段的长度）；角度为前一坐标原点与当前极坐标系原点的连线与当前轨迹的夹角（图 3-47 中 OA 与 AB 的夹角）。BC 段编程时，B 点为当前极坐标系原点，角度与半径的确定与 AB 段类似。

图 3-45 极坐标参数示意图

(3) 极坐标的应用

采用极坐标编程可以大大减少编程时的计算工作量，因此在编程中得到广泛应用。通常情况下，圆周分布的孔类零件（如法兰类零件）以及图样尺寸以半径与角度形式标示的零件（如铣正多边形的外形），采用极坐标编程较为合适。

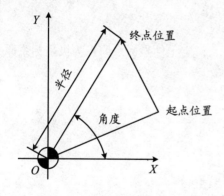

图 3-46　G90 指定原点

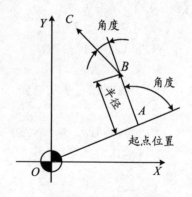

图 3-47　正六边形铣削

【例 3-12】　试用极坐标编程来编写如图 3-48 所示的正六边形外形铣削的刀具轨迹。

O0011;

　...

G01 X40. Y－60. F600;

G41 G01 Y－43.3 D01;

G90 G17 G16;　　　　　　　　　　设定工件坐标系原点为极坐标系原点

G01 X50. Y240.;　　　　　　　　　极坐标半径为 50.0,极坐标角度为 240°

Y180.;　或　G91 Y－60.;　　　用增量值表示角度

Y120.;　或　Y－60.;

Y60.;　或　Y－60.;

Y0;　或　Y－60.;

Y－60.;　或　Y－60.;

G15;　　　　　　　　　　　　　　取消极坐标编程

　...

如采用 G91 方式极坐标编程,则编程如下:

O0012;　　　　　　　　　　　　　此程序为不加半径补偿刀具轨迹程序

N080 G01 X25. Y－43.3;　　　　　刀具移至 A 点

N090 G91 G17 G16;　　　　　　　设定刀具当前位置 A 点为极坐标系原点

N100 G01 X50. Y120.;　　　　　　极坐标半径等于 AB 长为 50.0 mm,极坐标角度
　　　　　　　　　　　　　　　　　为 OA 方向与 AB 方向的夹角为 120°

N110 Y60.;　　　　　　　　　　　此时 B 点为极坐标系原点,极坐标半径等于 BC 长
　　　　　　　　　　　　　　　　　为 50.0 mm,极坐标角度为 AB 方向与 BC 向的夹
　　　　　　　　　　　　　　　　　角为 60°

N120 Y60.;

N130 Y60.;

N140 Y60.;

N150 Y60.;

N160 G15;　　　　　　　　　　　取消极坐标编程

　...

【例 3-13】 试编写如图 3-49 所示孔的加工程序。

O0013；

N090 G90 G17 G16；   设定工件坐标系原点为极坐标系原点

N100 G81 X50. Y30. Z−20. R5. F100；

N110 Y120；   或   N110 G91 Y90.；

N120 Y210.；   或   N120 Y90.；

N130 Y300.；   或   N130 Y90.；

N140 G15 G80；

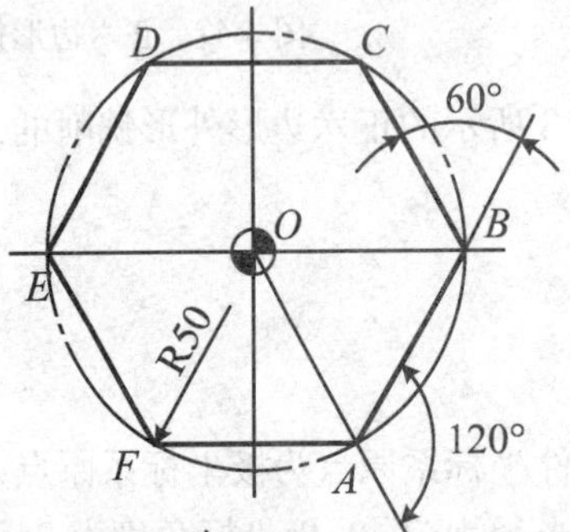

...

图 3-48   正六边形铣削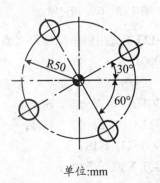

图 3-49   圆周均布空加工

3.3   FANUC-0i 数控铣床仿真系统

3.3.1   机床的基本操作

FANUC-0i 数控铣床的操作面板如图 3-50 所示。

铣床仿真基本操作中,激活机床、机床回参考点、手动连续移动坐标轴、手动脉冲方式移动坐标轴、主轴转动、项目文件等操作与数控车床仿真操作类似。只是坐标轴增加了"Y"轴,其操作方法与"X"、"Z"相同。

1. 机床准备

（1）激活机床

点击启动按钮■,此时机床电机和伺服控制的指示灯■■变亮。检查急停按钮是否松开至●状态,若未松开,点击急停按钮●,将其松开。

（2）机床回参考点

检查操作面板上回原点指示灯■是否亮,若指示灯亮,则已进入回原点模式;若指示灯不亮,则点击■按钮,转入回原点模式。

　　在回原点模式下,先将 X 轴回原点,点击操作面板上的 $\boxed{\text{X}}$ 按钮,使 X 轴方向移动指示灯 $\boxed{\text{X}}$ 变亮,点击 $\boxed{+}$,此时 X 轴将回原点,X 轴回原点灯 $\boxed{}$ 变亮,CRT 上的 X 坐标变为"0.000"(车床变为 390.00)。同样,再分别点击 Y 轴,Z 轴方向移动按钮 $\boxed{\text{Y}}$、$\boxed{\text{Z}}$,使指示灯变亮,点击 $\boxed{+}$,此时 Y 轴,Z 轴将回原点,Y 轴,Z 轴回原点灯 $\boxed{}\boxed{}$ 变亮。此时 CRT 界面如图 3-51 所示。

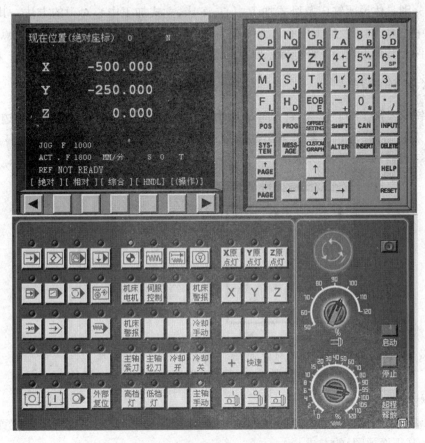

图 3-50　FANUC-0i 操作面板

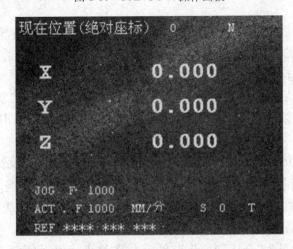

图 3-51　X、Y、Z 回原点

3.3.2 铣床的对刀

数控程序一般按工件坐标系编程,对刀的过程就是建立工件坐标系与机床坐标系之间关系过程。

下面分别具体说明铣床及卧式加工中心、车床、立式加工中心对刀的方法。其中将工件上表面中心点(铣床及加工中心)、工件右端面中心点(车床)设为工件坐标系原点。

将工件上其他点设为工件坐标系原点的对刀方法类似。

1. X、Y轴对刀

一般铣床及加工中心在 X、Y 方向对刀时使用的基准工具包括刚性靠棒和寻边器两种。

点击菜单"机床/基准工具",弹出的基准工具对话框中,左边的是刚性靠棒基准工具,右边的是寻边器,如图 3-52 所示。

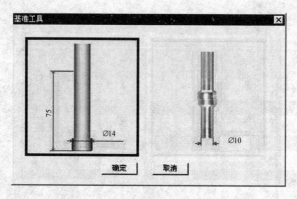

图 3-52 基准工具对话框

(1) 刚性靠棒

刚性靠棒采用检查塞尺松紧的方式对刀,具体过程如下[我们采用将零件放置在基准工具的左侧(正面视图)的方式]。

X 轴方向对刀:

点击操作面板中的按钮▦进入"手动"方式;点击 MDI 键盘上的 ▣,使 CRT 界面上显示坐标值;借助"视图"菜单中的动态旋转、动态放缩、动态平移等工具,适当点击 X、Y、Z 按钮和 +、− 按钮,将机床移动到如图 3-53 所示的大致位置。

移动到大致位置后,可以采用手轮调节方式移动机床,点击菜单"塞尺检查/1 mm",基准工具和零件之间被插入塞尺。在机床下方显示如图 3-54 所示放大图(紧贴零件的物件为塞尺)。

点击操作面板上的手动脉冲按钮▦或◉,使手动脉冲指示灯▦变亮,采用手动脉冲方式精确移动机床,点击◉显示手轮◉,将手轮对应轴旋钮◉置于 X 挡,调节手轮进给速度旋钮◉,在手轮◉上点击鼠标左键或右键精确移动靠棒。使得提示信息对话框显示"塞尺检查的结果:合适",如图 3-54 所示。

记下塞尺检查结果为"合适"时 CRT 界面中的 X 坐标值,此为基准工具中心的 X 坐标,记为 X_1;将定义毛坯数据时设定的零件的长度记为 X_2;将塞尺厚度记为 X_3;将基准工

件直径记为 X_4(可在选择基准工具时读出)。

　　则工件上表面中心的 X 的坐标为基准工具中心的 X 的坐标减零件长度的一半减塞尺厚度减基准工具半径。即

$$X_1 - \frac{X_2}{2} - X_3 - \frac{X_4}{2}$$

结果记为 X。

　　Y 方向对刀采用同样的方法。得到工件中心的 Y 坐标,记为 Y。

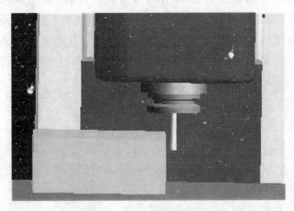

图 3-53　机床手动 X 向对刀

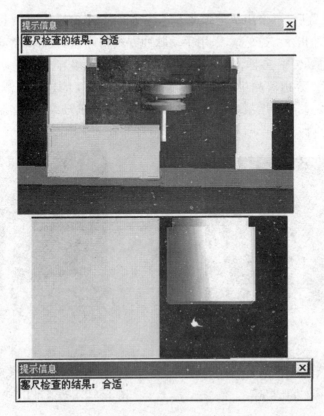

图 3-54　X、Y 向对刀放大

　　完成 X、Y 方向对刀后,点击菜单"塞尺检查/收回塞尺"将塞尺收回,点击▥,机床转入

手动操作状态,点击 z 和 ➕ 按钮,将 Z 轴提起,再点击菜单"机床/拆除工具"拆除基准工具。

注:塞尺有各种不同尺寸,可以根据需要调用。本系统提供的塞尺尺寸有 0.05 mm、0.1 mm、0.2 mm、1 mm、2 mm、3 mm、100 mm(量块)。

(2)寻边器

寻边器有固定端和测量端两部分组成。固定端由刀具夹头夹持在机床主轴上,中心线与主轴轴线重合。在测量时,主轴以 400 r/min 旋转。通过手动方式,使寻边器向工件基准面移动靠近,让测量端接触基准面。在测量端未接触工件时,固定端与测量端的中心线不重合,两者呈偏心状态。当测量端与工件接触后,偏心距减小,这时使用点动方式或手轮方式微调进给,寻边器继续向工件移动,偏心距逐渐减小。当测量端和固定端的中心线重合的瞬间,测量端会明显的偏出,出现明显的偏心状态。这时主轴中心位置距离工件基准面的距离等于测量端的半径。

X 轴方向对刀:

点击操作面板中的按钮 进入"手动"方式;

点击 MDI 键盘上的 使 CRT 界面显示坐标值;借助"视图"菜单中的动态旋转、动态放缩、动态平移等工具,适当点击操作面板上的 x 、 Y 、 z 按钮和 ➕ 、 ➖ 按钮,将机床移动到如图 3-55 所示的大致位置。

在手动状态下,点击操作面板上的 或 按钮,使主轴转动。未与工件接触时,寻边器测量端大幅度晃动。

移动到大致位置后,可采用手动脉冲方式移动机床,点击操作面板上的手动脉冲按钮 或 ,使手动脉冲指示灯 变亮,采用手动脉冲方式精确移动机床,点击 显示手轮 ,将手轮对应轴旋钮 置于 X 挡,调节手轮进给速度旋钮 ,在手轮 上点击鼠标左键或右键精确移动寻边器。寻边器测量端晃动幅度逐渐减小,直至固定端与测量端的中心线重合,如图 3-55 所示。此时用增量或手轮方式以最小脉冲当量进给,寻边器的测量端突然大幅度偏移,如图 3-56 所示为此时寻边器与工件恰好吻合。

图 3-55 用寻边器测量

图 3-56 寻边器和工件吻合

记下寻边器与工件恰好吻合时 CRT 界面中的 X 坐标,此为基准工具中心的 X 坐标,记为 X_1;将定义毛坯数据时设定的零件的长度记为 X_2;将基准工件直径记为 X_3(可在选择基准工具时读出）。

则工件上表面中心的 X 的坐标为基准工具中心的 X 的坐标减零件长度的一半减基准工具半径。即

$$X_1 - \frac{X_2}{2} - \frac{X_3}{2}$$

结果记为 X。

Y 方向对刀采用同样的方法。得到工件中心的 Y 坐标，记为 Y。

完成 X、Y 方向对刀后，点击 z 和 + 按钮，将 Z 轴提起，停止主轴转动，再点击菜单"机床/拆除工具"拆除基准工具。

2. Z 轴对刀

铣床 Z 轴对刀时采用实际加工时所要使用的刀具。

（1）塞尺检查法

点击菜单"机床/选择刀具"或点击工具条上的小图标，选择所需刀具。

装好刀具后，点击操作面板中的按钮进入"手动"方式；

利用操作面板上的 X、Y、z 按钮和 +、- 按钮，将机床移到如图 3-57 所示位置。

类似在 X、Y 方向对刀的方法进行塞尺检查，得到"塞尺检查：合适"时 Z 的坐标值，记为 Z_1，如图 3-58 所示工件中心的 Z 坐标值为 Z_1 减塞尺厚度。得到工件表面一点处 Z 的坐标值，记为 Z。

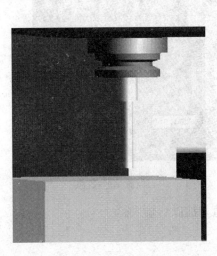

图 3-57　Z 向对刀

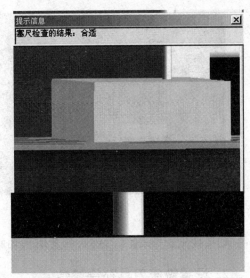

图 3-58　塞尺检查

（2）试切法

点击菜单"机床/选择刀具"或点击工具条上的小图标，选择所需刀具。

装好刀具后，利用操作面板上的 X、Y、z 按钮和 +、- 按钮，将机床移到如图 3-57 所示的大致位置。

打开菜单"视图/选项"中"声音开"和"铁屑开"选项。

点击操作面板上或使主轴转动；点击操作面板上的 z 和 -，切削零件的声音刚响

起时停止,使铣刀将零件切削小部分,记下此时 Z 的坐标值,记为 Z,此为工件表面一点处 Z 的坐标值。

通过对刀得到的坐标值 (X,Y,Z) 即为工件坐标系原点在机床坐标系中的坐标值。

3.3.3 设置铣床刀具补偿参数

1. G54～G59 参数设置

在 MDI 键盘上点击 键,按软键"坐标系"进入坐标系参数设定界面,输入"$0x$",(01 表示 G54,02 表示 G55,以此类推)按软键"NO 检索",光标停留在选定的坐标系参数设定区域,如图 3-59 所示。

也可以用方位键 ↑、↓、←、→ 选择所需的坐标系和坐标轴。利用 MDI 键盘输入通过对刀得到的工件坐标原点在机床坐标系中的坐标值。设通过对刀得到的工件坐标原点在机床坐标系中的坐标值(如 -500、-415、-404),则首先将光标移到 G54 坐标系 X 的位置,在 MDI 键盘上输入"-500.00",按软键"输入"或按 ,参数输入到指定区域。按 键逐字删除输入域中的字符。点击 ↓,将光标移到 Y 的位置,输入"-415.00",按软键"输入"或按 ,参数输入到指定区域。同样的可以输入 Z 的值。此时 CRT 界面如图 3-60 所示。

注意:如 X 坐标值为 -100,须输入"$X-100.00$"或"$X-100.$";若输入"$X-100$",则系统默认为 -0.100。

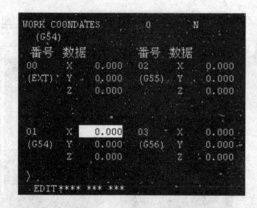

图 3-59 设置 X 参数值

图 3-60 设置 Z 参数值

如果按软键"+输入",键入的数值将和原有的数值相加以后输入。

2. 设置铣床刀具补偿参数

铣床及加工中心的刀具补偿包括刀具的半径和长度补偿。输入直径补偿参数 FANUC-0i 的刀具直径补偿包括形状直径补偿和磨耗直径补偿。

① 在 MDI 键盘上点击 键,进入参数补偿设定界面,如图 3-61 所示。

② 用方位键 ↑、↓ 选择所需的番号,并用 ←、→ 确定需要设定的直径补偿是形状补偿还是磨耗补偿,将光标移到相应的区域。

③ 点击 MDI 键盘上的"数字/字母"键,输入刀尖直径补偿参数。

④ 按软键"输入"或按 ,将参数输入到指定区域。按 键逐字删除输入域中的字符。

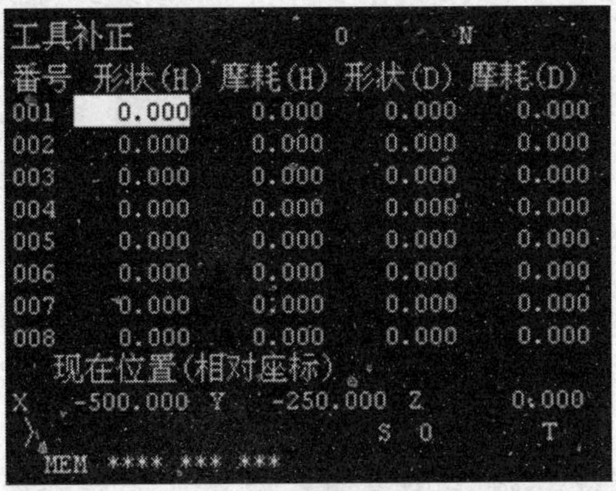

图 3-61　设置刀具补偿参数

注意:直径补偿参数若为 4 mm,在输入时需输入"4.000",如果只输入"4",则系统默认为"0.004"。

输入长度补偿参数:

长度补偿参数在刀具表中按需要输入。FANUC-0i 的刀具长度补偿包括形状长度补偿和磨耗长度补偿。

① 在 MDI 键盘上点击■键,进入参数补偿设定界面。

② 用方位键↑、↓、←、→选择所需的番号,并确定需要设定的长度补偿是形状补偿还是磨耗补偿,将光标移到相应的区域。

③ 点击 MDI 键盘上的"数字/字母"键,输入刀具长度补偿参数。

④ 按软键"输入"或按■,将参数输入到指定区域。按■键逐字删除输入域中的字符。

3.3.4　程序数据处理

1. 导入数控程序

数控程序可以通过记事本或写字板等编辑软件输入并保存为文本格式文件,也可直接用 FANUC-0i 系统的 MDI 键盘输入。

点击操作面板上的编辑■,编辑状态指示灯■变亮,此时已进入编辑状态。点击 MDI 键盘上的■,CRT 界面转入编辑页面。再按软键"操作",在出现的下级子菜单中按软键▶,按软键"READ",转入如图 3-62 所示界面,点击盘上的数字/字母键,输入"O××××"(×××× 为任意不超过四位的数字),按软键"EXEC",点击菜单"机床/DNC 传送",在弹出的对话框中选择所需的 NC 程序,按"打开"确认,则数控程序被导入并显示在 CRT 界面上。

2. 数控程序管理

(1) 显示数控程序目录

经过导入数控程序操作后,点击操作面板上的编辑■,编辑状态指示灯■变亮,此时已进入编辑状态。点击 MDI 键盘上的■,CRT 界面转入编辑页面。按软键"LIB" 经过 DNC 传送的数控程序名显示在 CRT 界面上。如图 3-63 所示。

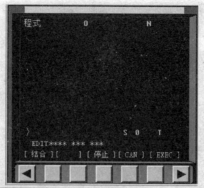

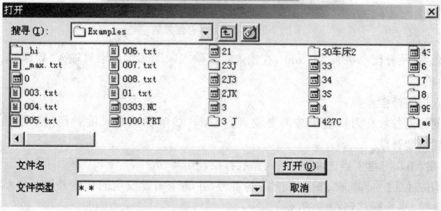

图 3-62　MDI 编辑

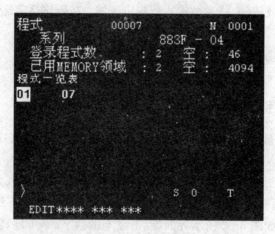

图 3-63　程序管理界面

（2）选择一个数控程序

经过导入数控程序操作后，点击 MDI 键盘上的 ，CRT 界面转入编辑页面。利用 MDI 键盘输入"O××××"（××××为数控程序目录中显示的程序号），按 ↓ 键开始搜索，搜索到后"O××××"显示在屏幕首行程序号位置，NC 程序显示在屏幕上。

（3）删除一个数控程序

点击操作面板上的编辑 ，编辑状态指示灯 变亮，此时已进入编辑状态。利用 MDI 键盘输入"O××××"（××××为要删除的数控程序在目录中显示的程序号），按 键，程序即被删除。

（4）新建一个 NC 程序

点击操作面板上的编辑▧，编辑状态指示灯▧变亮，此时已进入编辑状态。点击 MDI 键盘上的▧，CRT 界面转入编辑页面。利用 MDI 键盘输入"O××××"（××××为程序号，但不可以与已有程序号的重复）按▧键，CRT 界面上显示一个空程序，可以通过 MDI 键盘开始程序输入。输入一段代码后，按▧键输入域中的内容显示在 CRT 界面上，用回车换行键▧结束一行的输入后换行。

（5）删除全部数控程序

点击操作面板上的编辑▧，编辑状态指示灯▧变亮，此时已进入编辑状态。点击 MDI 键盘上的▧，CRT 界面转入编辑页面。利用 MDI 键盘输入"0-9999"，按▧键，全部数控程序即被删除。

3. 编辑程序

点击操作面板上的编辑▧，编辑状态指示灯▧变亮，此时已进入编辑状态。点击 MDI 键盘上的▧，CRT 界面转入编辑页面。选定了一个数控程序后，此程序显示在 CRT 界面上，可对数控程序进行编辑操作。

（1）移动光标

按▧和▧用于翻页，按方位键▧、▧、▧、▧移动光标。

（2）插入字符

先将光标移到所需位置，点击 MDI 键盘上的"数字/字母"键，将代码输入到输入域中，按▧键，把输入域的内容插入到光标所在代码后面。

（3）删除输入域中的数据

按▧键用于删除输入域中的数据。

（4）删除字符

先将光标移到所需删除字符的位置，按▧键，删除光标所在的代码。

（5）查找

输入需要搜索的字母或代码，按▧开始在当前数控程序中光标所在位置后搜索。（代码可以是：一个字母或一个完整的代码，例如，"N0010"，"M"等）如果此数控程序中有所搜索的代码，则光标停留在找到的代码处；如果此数控程序中光标所在位置后没有所搜索的代码，则光标停留在原处。

（6）替换

先将光标移到所需替换字符的位置，将替换成的字符通过 MDI 键盘输入到输入域中，按▧键，把输入域的内容替代光标所在的代码。

4. 保存程序

编辑好的程序需要进行保存。点击操作面板上的编辑▧，编辑状态指示灯▧变亮，此时已进入编辑状态。按软键"操作"，在下级子菜单中按软键"Punch"，在弹出的对话框中输入文件名，选择文件类型和保存路径，按"保存"按钮，如图 3-64 所示。

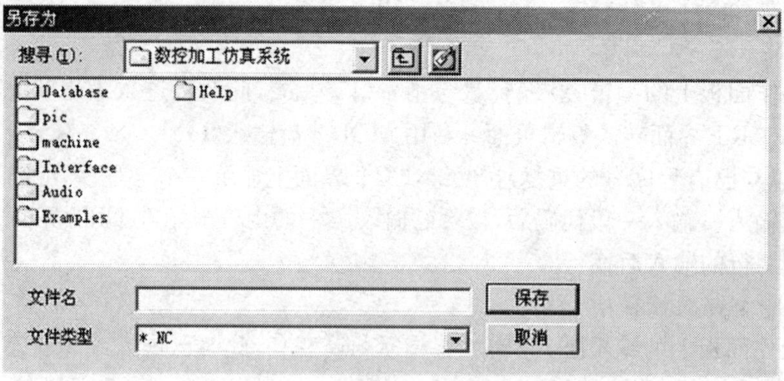

图 3-64　程序保存

3.3.5　程序的自动加工

1. 自动/连续方式

（1）自动加工流程

检查机床是否回零，若未回零，先将机床回零。

导入数控程序或自行编写一段程序。

点击操作面板上的"自动运行"按钮，使其指示灯变亮█。

点击操作面板上的█，程序开始执行。

（2）中断运行

数控程序在运行过程中可根据需要暂停，停止，急停和重新运行。

数控程序在运行时，按暂停键█，程序停止执行；再点击█键，程序从暂停位置开始执行。

数控程序在运行时，按停止键█，程序停止执行；再点击█键，程序从开头重新执行。

数控程序在运行时，按下急停按钮█，数控程序中断运行，继续运行时，先将急停按钮松开，再按█按钮，余下的数控程序从中断行开始作为一个独立的程序执行。

2. 自动/单段方式

检查机床是否机床回零。若未回零，先将机床回零。

再导入数控程序或自行编写一段程序。

点击操作面板上的"自动运行"按钮，使其指示灯变亮█。

点击操作面板上的"单节"按钮█。

点击操作面板上的█，程序开始执行。

注意：自动/单段方式执行每一行程序均需点击一次█按钮。点击"单节跳过"按钮█，则程序运行时跳过符号"/"有效，该行成为注释行，不执行点击"选择性停止"按钮█，则程序中"M01"有效。

可以通过主轴倍率旋钮█和进给倍率旋钮█来调节主轴旋转的速度和移动的速度。

按█键可将程序重置。

3. 检查运行轨迹

NC 程序导入后,可检查运行轨迹。

点击操作面板上的自动运行按钮,使其指示灯变亮,转入自动加工模式,点击 MDI 键盘上的█按钮,点击数字/字母键,输入"O××××"(××××为所需要检查运行轨迹的数控程序号),按↓开始搜索,找到后,程序显示在 CRT 界面上。点击█按钮,进入检查运行轨迹模式,点击操作面板上的循环启动按钮█,即可观察数控程序的运行轨迹,此时也可通过"视图"菜单中的动态旋转、动态放缩、动态平移等方式对三维运行轨迹进行全方位的动态观察。

3.4　数控铣床编程实例

3.4.1　平面加工

1. 零件图分析

如图 3-65 所示的某模板,其材料为 45 钢,表面基本平整。需要做上表面的平面加工,加工表面有一定的精度和表面粗糙度要求。

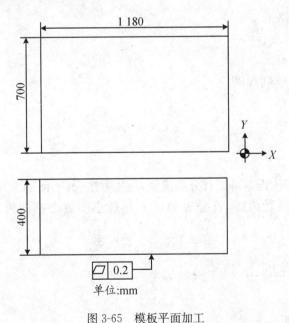

图 3-65　模板平面加工

2. 工艺分析

该模板的平面加工选用可转位硬质合金面铣刀,刀具直径为 $\varnothing$120 mm,刀具镶有 8 片八角形刀片,使用该刀具可以获得较高的切削效率和表面加工质量。

为方便加工,确定该工件的下刀点在工件右下角。用铣刀试切上表面,碰到后向 X 轴正方向移动,移出工件区域,从该位置开始加工。

3. 编写加工程序

```
O0020；
N10 M03 S800；
N15 G43 G00 Z0 H01；
N20 G91 G01 Z-0.5 F400；
N30 X-1300.；
N40 Y100.；
N50 X1300.；
N60 Y100.；
N70 X-1300.；
N80 Y100.；
N90 X1300.；
N100 Y100.；
N110 X-1300.；
N120 Y100.；
N130 X1300.；
N140 Y100.；
N150 X-1300.；
N160 Y100.；
N170 X1300.；
N180 G49 G00 Z100.；
N190 M05；
N200 M30；
```

4. 零件检查

模板平面的平面度误差可用百分表检测,具体方法为:平面加工完成后,用百分表移动检测被测平面的两条对角线,百分表的最大与最小读数之差即为平面度误差(应小于0.2 mm)。

3.4.2 型腔加工

1. 零件图分析

图 3-66(a)所示为某内轮廓型腔零件图,要求对该型腔进行粗、精加工。

2. 工艺分析

① 装夹定位:采用机用平口台虎钳。

② 加工路线:粗加工分四层切削加工,底面和侧面各留 0.5 mm 的精加工余量,粗加工从中心工艺孔垂直进刀,向周边扩展,如图 3-66(b)所示。所以,应在腔槽中心钻好⌀20 mm 工艺孔。

③ 加工刀具:粗加工采用 ⌀20 mm 的立铣刀,精加工采用 ⌀10 mm 的键槽铣刀。

3. 确定加工坐标原点

根据零件图 3-66,可设置程序原点为工件的下表面中心。

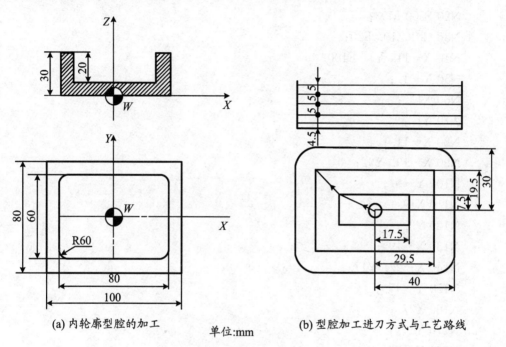

(a) 内轮廓型腔的加工　　　　单位:mm　　　　(b) 型腔加工进刀方式与工艺路线

图 3-66　内轮廓型腔的加工

4. 编写加工程序

O0021;　　　　　　　　　　　　　　　粗加工程序

N10 G54 G90;

N20 M03 S300;

N30 G43 G00 Z40. H01;

N40 G00 X0 Y0;

N50 G01 Z25. F20;

N60 M98 P0022;

N70 Z20. F20;

N80 M98 P0023;

N90 Z15. F20;

N100 M98 P0023;

N110 Z10. 5 F20;

N120 M98 P0023;

N130 G00 Z40. ;

N135 G49 Z300. ;

N140 G28 Z305. ;

N145 M05；

N150 M30；

O0022；　　　　　　　　　　　　　　　　　　　精加工程序

N10 G43 G90 G00 Z40. H02；

N20 S500 M03；

N30 G01 Z10. F20；

N40 X－11. Y1. F100；

N50 Y－1. ；

N60 X11. ；

N70 Y1. ；

N80 X－11. ；

N90 X－19. Y9. ；

N100 Y－9. ；

N110 X19. ；

N120 Y9. ；

N130 X－19. ；

N140 X－27. Y17. ；

N150 Y－17. ；

N160 X27. ；

N170 Y17. ；

N180 X－27. ；

N190 X－34. Y25. ；

N200 G03 X－35. Y24. I0 J－1. ；

N210 G01 Y－24. ；

N220 G03 X－34. Y－25. I1. J0；

N230 G01 X34. ；

N240 G03 X35. Y－24. I0 J1. ；

N250 G01 Y24. ；

N260 G03 X34. Y25. I－1. J0；

N270 G01 X－35. ；

N280 G00 X－30. Y10. ；

N290 G00 Z40. ；

N300 G49 Z300. ；

N310 G28 Z305. ；

N320 M05；

N330 M30；

O0023；　　　　　　　　　　　　　　　　　　　子程序

N10 X−17.5 Y7.5 F60；

N20 Y−7.5；

N30 X17.5；

N40 Y7.5；

N50 X−17.5；

N60 X−29.5 Y19.5；

N70 Y−19.5；

N80 X29.5；

N90 Y19.5；

N100 X−29.5；

N110 X0 Y0；

N120 M99；

3.4.3　轮廓加工

1. 外轮廓加工实例

如图 3-67 所示要求加工。

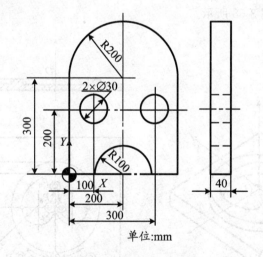

图 3-67　外轮廓加工举例

刀具：T02 为 ∅20 mm 的立铣刀，长度补偿号为 H12，半径补偿号为 D22。

说明：两个 ∅30 mm 的孔用来装夹工件。

O0031

N10 G54 G90；

N30 M03 S800；

N40 G43 G00 Z5. H12；

N50 G00 X−50. Y−50.；

N60 G01 Z−20. F300；

N70 M98 P0032；

N80 G01 Z－43. F300；

N90 M98 P0032；

N100 G49 G00 Z300. ；

N110 G28 Z300. ；

N120 M30；

O0032；

N10 G42 G01 X－30. Y0 F300 D22 M08；

N20 X100. ；

N30 G02 X300. Y0 R100. ；

N40 G01 X400. ；

N50 Y300. ；

N60 G03 X0 Y300. R200. ；

N70 G01 Y－30. ；

N80 G40 G01 X－50. Y－50. ；

N90 M09；

N100 M99；

2. 内轮廓的加工

内轮廓的加工如图 3-68 所示。

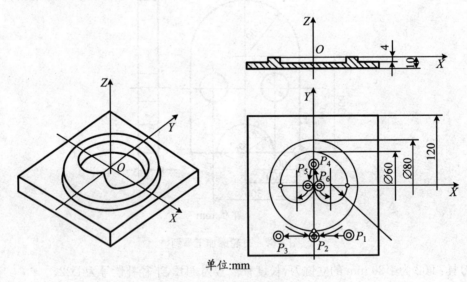

单位:mm

图 3-68　内轮廓的加工

工艺分析：刀具 T03 为 ⌀8 mm 的立铣刀，半径补偿号为 D03，长度补偿号为 H03。外轮廓加工采用刀具半径左补偿，沿圆弧切线方向切入 $P_1 \rightarrow P_2$，切出时也沿切线方向 $P_2 \rightarrow P_3$。内轮廓加工采用刀具半径右补偿，$P_4 \rightarrow P_2$ 为切入段，$P_6 \rightarrow P_4$ 为切出段。外轮廓加工完毕取消刀具半径左补偿，待刀具至 P_4 点，再建立半径右补偿。

数控程序如下：

O0033；

N10 G54 G90；

N30 M03 S800；

N40 G43 G00 Z50. H02；

N50 G00 X30. Y−50. ；

N60 G41 G01 X20. Y−40. F100 D03；

N70 G01 Z−4. ；

N80 X0 Y-40. ；

N90 G02 X0 Y−40. I0 J40. ；

N100 G01 X−20. ；

N110 G00 Z50. ；

N120 G40 G00 X0 Y15. F110；

N150 G42 G01 X0 Y0 D03；

N160 G01 Z−4. ；

N170 G02 X−30. Y0 I−15. J0；

N180 G02 X30. Y0 I−30. J0；

N190 G02 X0 Y0 I−15. J0；

N200 G00 G40 X0 Y15. ；

N210 G28 Z100. M05；

N220 M02；

3.4.4 综合加工举例

1. 编程实例

加工图 3-69 所示工件,毛坯尺寸为 100 mm×100 mm×20 mm,试编写其数控铣床加工工序卡和加工程序。

知识点与技能点：

- 课题加工要求分析。
- 课题加工步骤分析。
- 数控加工刀具卡及工序卡。

编程与加工思路：本例是孔加工、轮廓加工的综合实例,其技能知识点涵盖了中级数控铣床的职业技能鉴定知识点。因此,本例可作为中级职业技能鉴定课题。在加工本课题时,要注意其刀具的选择和加工工序的确定。

2. 零件精度及加工步骤分析

（1）零件精度分析

① 尺寸精度。本例中,精度要求较高的尺寸主要有：外圆直径$\varnothing 90_{-0.03}^{0}$ mm、$\varnothing 60_{-0.03}^{0}$ mm；四处长度尺寸$\varnothing 16_{-0.03}^{0}$ mm；深度尺寸 $8_{0}^{+0.03}$ mm；孔径尺寸 $\varnothing 35$ mm H8、$\varnothing 12$ mm H8 等。

尺寸精度要求主要通过在加工过程中的精确对刀、正确选用刀具及刀具磨损量、正确选用合适的加工工艺等措施来保证。

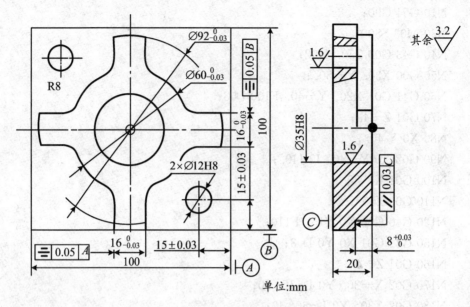

图 3-69   综合编程举例

② 形状和位置精度。本例题主要的形位精度有:尺寸 $16_{-0.03}^{0}$ 相对于外形轮廓的对称度要求;加工表面与底平面的平行度要求;孔的定位精度要求等。

形状和位置精度要求主要通过工件在夹具中的正确安装、找正等措施来保证。

③ 表面粗糙度。所有轮廓铣削的表面粗糙度要求均为 $R_a = 3.2\ \mu m$,孔的表面粗糙度要求为 $R_a = 1.6\ \mu m$。

表面粗糙度要求主要通过选用合适的加工方法、选用正确的粗、精加工路线、选用合适的切削用量等措施来保证。

(2) 加工步骤分析

① 选用 $\varnothing 14\ mm$ 高速立铣刀粗加工外形轮廓,保留 0.3 mm 的精加工余量。

② 选用 $\varnothing 12\ mm$ 硬质合金立铣刀精加工外形轮廓。

③ 用 A3 中心钻三个孔,进行定位。

④ 用 $\varnothing 11.8\ mm$ 钻头钻孔(三个孔)。

⑤ 选用 $\varnothing 14\ mm$ 高速立铣刀对 $\varnothing 35\ mm$ 的孔进行扩孔加工;保留 0.3 mm 的精加工余量。

⑥ 用 $\varnothing 12\ mm$ H8 铰刀铰孔。

⑦ 精镗 $\varnothing 35\ mm$ 孔。

⑧ 工件去毛刺、倒棱并进行自检与自查。

3. 数控加工工艺文件

(1) 数控加工工序卡片

数控加工工序卡片(工序卡)主要用于反映使用的辅具、刀具规格、切削用量参数、切削液、加工工步等内容,它是操作人员配合数控程序进行数控加工的主要指导性工艺资料。工序卡应按已确定的工步顺序填写。本例题的数控加工工序卡片如表 3-4 所示。

若在数控机床上只加工零件的一个工步时,也可不填写工序卡。在工序加工内容不十分复杂时,可把零件草图反映在工序卡上,并注明对刀点和编程原点。

表 3-4　数控加工工序卡片

数控加工工序卡片		产品代号		零件名称	零件图号
				中级技能鉴定	J-1
工序号	程序编号	夹具名称	夹具编号	使用设备	车间
		平口钳		TK7650	
工步号	工步内容(加工面)	刀具号	刀具规格	主轴转速 (r/min)	进给速度 (mm/min)	背吃刀量 (mm)
1	粗加工外形轮廓	T01	∅14 mm 立铣刀	600	150	8
2	精加工外形轮廓	T02	∅12 mm 立铣刀	2 000	100	10
3	中心钻进行孔定位	T03	A3 中心钻	2 500	50	
4	钻孔	T04	∅11.8 mm 钻头	600	50	
5	扩孔	T01	∅14 mm 立铣刀	600	100	8
6	铰孔	T05	∅12 mm H8 铰刀	200	60	
7	精镗孔	T06	∅35 mm 精镗刀	1 000	50	
编制		审核		批准	共　页	第　页

(2) 数控刀具调整单

数控刀具调整单主要包括数控刀具卡片(简称刀具卡)和数控刀具明细表(简称刀具表)两部分。

数控铣床数控刀具卡片详细记录了每一把数控刀具的刀具编号、刀具结构、尾柄规格、组合件名称代号、刀片型号和材料等,它是组装刀具和调整刀具的依据。

数控刀具明细表是调刀人员调整刀具输入的主要依据。刀具明细表格式如表 3-5所示。

表 3-5　数控刀具明细表

零件图号	零件名称	材料		数控刀具明细表		程序编号		车间	使用设备
J-1	中　级	45 钢							TH7650
刀号	刀位号	刀具名称	刀具图号	刀具				刀补地址		换刀方式	加工部位
				直径(mm)		长度(mm)					
				设定	补偿	设定		直径	长度	自动/手动	
J13001	T01	立铣刀	01	14	13.4	100		D01	H01	手动	
J13006	T06	精镗刀	06	35		237		D06	H06	手动	
编制		审核		批准			年　月　日			共　页	第　页

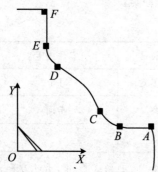
图 3-70 CAXA 基点坐标分析

（3）数控加工程序单

数控加工程序单是编程员根据工艺分析情况，经过数值计算，按照机床特点的指令代码编制的。它是记录数控加工工艺过程、工艺参数、位移数据的清单以及手动数据输入（MDI）和置备控制介质、实现数控加工的主要依据。

4. 编写数控程序

（1）基点计算

采用 CAXA 制造工程师软件分析出的基点坐标如图 3-70 所示，其余基点坐标与图中各点对应。

（2）参考程序（FANUC-0i）

数控铣床加工程序如下：

（刀具：1 号：⌀14 mm 立铣刀）

O0007；	轮廓加工程序（程序名）
…	程序开始部分
N60 G01 Z－8.9 P50；	Z 向定位至加工高度
N70 ♯100＝360.0；	
N80 G68 X0 Y0 R♯100；	
N90 M98 P71；	
A(45.30,8.0) B(34.47,8.0) C(27.21,12.63)	
D(12.63,27.21) E(8.0,34.47) F(8.0,45.30)；	
	采用坐标旋转编程方法加工外形轮廓
N100 G69；	
N110 ♯100＝♯100－90.0；	
N120 IF［♯100 GT 0.0］GOTO 80；	
N130 G91 G28 Z0；	
N140 M30；	
O0071；	轮廓子程序
N10 G41 G01 X8. Y50. D01；	
N20 Y34.47；	
N30 G03 X12.63 Y27.21 R8.；	
N40 G02 X27.21 Y12.63 R30.；	加工外轮廓子程序
N50 G03 X34.47 Y8. R8.；	
N60 G01 X45.30 Y8.；	
N70 G02 Y－8. R46.；	
N80 G40 G01 X60. Y－10.；	取消刀补，返回主程序
N90 M99	
O0008；	子程序号，钻孔程序
…	程序开始部分
N60 G43 G00 Z50. H04；	定位至初始平面

N70 G81 X—35. Y35. Z—25. R3. F50；

N80 X0 Y0；

N90 X35. Y—35. ；　　　　　　　钻加工三个孔

N100 G80；

N110 G49 M09 M05；

N120 G91 G28 Z0；　　　　　　　程序结束部分

N130 M30；

注：① 除选择不同的刀具及刀具补偿外，轮廓粗、精加工程序类似。

　　② 铰孔、精镗孔等加工程序略。

习　　题

3.1　简述数控铣床的主要加工范围和铣削方式。

3.2　如何选择数控铣刀？

3.3　选择铣削用量时应考虑哪些问题？

3.4　铣削加工中走刀路线如何确定？

3.5　铣削加工时，如何确定进刀、退刀方式？

3.6　型腔粗铣加工的工艺方法。

3.7　简述用 G54～G59 设定工件坐标系的方法、特点及使用场合。

3.8　试说明用 G92 建立工件坐标系的特点，比较 G92 与 G54～G59 指令之间的差别。

3.9　使用圆弧插补指令(G02 或 G03)时应注意什么？

3.10　说明 G41、G42、G40 指令的意义。铣削加工时，建立刀具半径补偿的意义是什么？使用刀具半径补偿应注意哪些事项？

3.11　说明 G43、G44 和 G49 的含义，在铣削加工中如何使用刀具长度补偿？

3.12　坐标旋转指令应注意什么？

3.13　简述 FANUC-0i 数控铣床系统对刀的操作过程。

3.14　如图 3-71 所示路线编制加工程序。

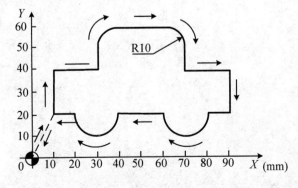

图 3-71

3.15 按图 3-72 所示的进给路线编制程序。已知毛坯孔径为 96 mm，$n=$ 300 r/min，$f=$180 mm/min。

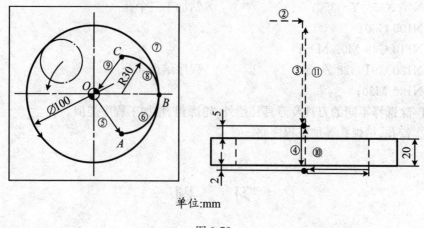

单位:mm

图 3-72

3.16 试编制如图 3-73、图 3-74、图 3-75 所示零件的加工程序。

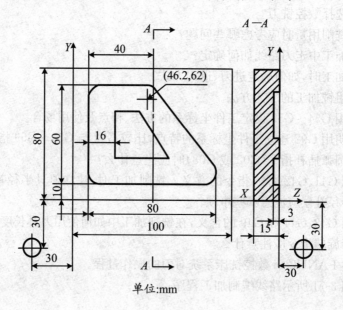

单位:mm

图 3-73

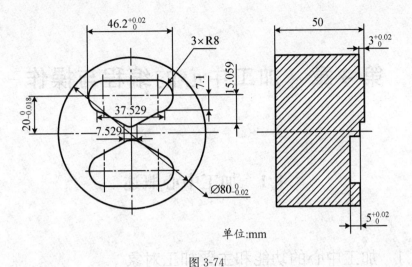

图 3-74

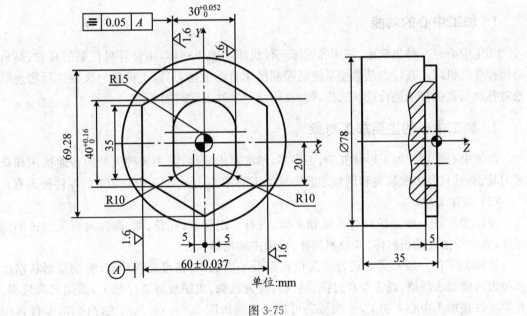

图 3-75

第4章 加工中心的编程与操作

4.1 加工中心概述

4.1.1 加工中心的功能和主要加工对象

1. 加工中心的功能

加工中心是一种集铣床、钻床和镗床三种机床功能于一体,由计算机控制的高效、高自动化程度的机床。其特点是数控系统能控制机床自动更换刀具,工件经一次装夹后能连续地对各加工表面自动进行铣、钻、扩、铰、攻螺纹等多种工序的加工。

2. 加工中心的主要加工对象

加工中心适用于加工形状复杂、工序多、精度要求较高、需用多种类型的普通机床和众多刀具、夹具且经多次装夹和调整才能完成加工的零件,适合加工中心加工的零件种类有:

(1) 箱体类零件

箱体类零件一般是指具有孔系和平面,内有一定型腔,在长、宽、高方向有一定比例的零件,如汽车的发动机缸体、变速器箱体、机床主轴箱等。

箱体类零件一般都需要进行多工位孔系及平面加工,精度要求较高,特别是形状精度和位置精度要求严格,通常要经过铣、钻、扩、镗、铰、锪、攻螺纹等工序加工,需用刀具较多。此类零件在加工中心上加工,一次装夹可加工普通机床 60%～95% 的工序内容,零件各项精度一致性好,质量稳定,同时节省费用,周期短。

(2) 带复杂曲面的零件

零件上的复杂曲面用加工中心加工时,与数控铣削加工基本是一样的,所不同的是加工中心刀具可以自动更换,工艺范围更宽。

(3) 异形件

异形件是外形不规则的零件,大都需要点、线、面多工位混合加工。用加工中心加工时,利用加工中心多工位点、线、面混合加工的特点,通过采取合理的工艺措施,经一次或二次装夹,即能完成多道工序或全部的工序内容。加工异形件时,形状越复杂,精度要求越高,使用加工中心越能体现其优越性。

(4) 盘、套、轴、板、壳体类零件

带有键槽、径向孔或端面有分布的孔系及曲面的盘、套或轴类零件,适合在加工中心上加工。

4.1.2　加工中心的分类

1. 按机床主轴布局形式分类

加工中心可分为立式、卧式和龙门式加工中心等。

2. 按工作台数量和功能分类

加工中心可分为单工作台加工中心、双工作台加工中心和多工作台加工中心。双工作台加工中心和多工作台加工中心一般带有工作台自动交换装置（Automatic Pallet Changer，简称 APC），以实现工作台的自动交换。

APC 的作用是携带工件在工位及机床之间自动转换，使工件在工作位置的工作台上进行加工的同时，在装卸位置的工作台上可装卸工件。其优点是减小定位误差和装夹时间，提高加工精度及生产效率。按交换方式的不同，APC 可分为回转交换式和移动交换式两种，回转交换式 APC 交换空间小，多为单机使用，移动交换式 APC 的工作台沿导（滑）轨移至工作位置进行交换，多用于加工中工位多、内容多的情况。

4.1.3　加工中心的基本结构

同类型加工中心的结构布局相似，主要在刀库的结构和位置上有区别。加工中心的结构可分为两大部分，一是主机部分，二是控制部分。

1. 主机部分

（1）基础部件

基础部件由床身、立柱、滑座、工作台等部件组成，它们主要承受加工中心的静载荷以及在加工时产生的切削载荷，因此必须具有足够的强度。这些构件通常是铸铁或焊接而成的钢结构件，是加工中心上体积和质量最大的基础构件。

（2）主轴部件

由主轴箱、主轴电动机、主轴和主轴轴承等部件组成。主轴的起、停和变速等动作由数控系统控制，并通过装在主轴上的刀具参与切削运动，是切削加工的功率输出部件。

（3）进给机构

由进给伺服电动机、机械传动装置和位移测量元件等组成，它驱动工作台等移动部件形成进给运动。

（4）自动刀具交换装置（ATC）

自动换刀装置由刀库、机械手等部件组成。当需要换刀时，数控系统发出指令，由机械手（或通过其他方式）将刀具从刀库内装入主轴孔中。

（5）辅助装置

它包括润滑、冷却、排屑、防护、液压、气动和检测系统等部分。这些装置虽然不直接参与切削运动，但对加工中心的加工效率、加工精度和可靠性起着保障作用，因此也是加工中心不可缺少的部分。

2. 控制部分

控制部分包括硬件部分和软件部分。硬件部分包括计算机数字控制装置、可编程控制器（PLC）、输入输出设备、主轴驱动装置、显示装置，软件包括系统程序和控制程序。图 4-1 所示为某一立式加工中心外观图。

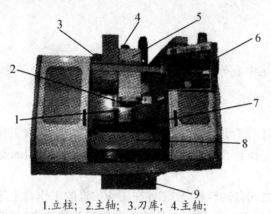

1.立柱；2.主轴；3.刀库；4.主轴；5.主轴箱；6.操作面板；7.工作台；8.滑座；9.底座

图 4-1 加工中心的组成

4.2 加工中心的编程特点

一般使用加工中心加工的工件形状复杂，所需工序多，使用的刀具种类也多，往往一次装夹后要完成粗加工、半精加工到精加工的全过程，因此程序比较复杂。加工中心编程具有以下特点：

① 要进行合理的工艺分析。由于零件加工的工序多，使用的刀具种类多，甚至在一次装夹下，要完成粗加工、半精加工与精加工，周密合理地安排各工序加工的顺序，有利于提高零件的加工精度和生产率。

② 根据加工批量等情况，决定采用自动换刀还是手动换刀。一般情况下，加工批量在 10 件以上，而刀具更换又比较频繁时，以采用自动换刀为宜。但当加工批量很小而使用的刀具又不多时，把自动换刀安排到程序中，可能会增加机床调整时间。

③ 自动换刀要留出足够的换刀空间。有些刀具直径较大或尺寸较长，自动换刀时要有足够的换刀空间，避免发生撞刀事故。

④ 尽量采用刀具机外预调。刀具预调仪是数控机床的重要辅助设备，可精确测量出刀具的轴向尺寸和径向尺寸。刀具机外预调可减少机床准备时间，将测量的结果填写到刀具卡片中，操作者在运行程序前就可依据刀具卡片中的刀具数据及时修改刀具补偿参数。

⑤ 认真检查程序并做好试运行。由于手工编程比自动编程出错率要高，特别是在生产现场，因为临时加工而编程时，出错率更高，认真检查程序并安排好试运行就更为必要。

⑥ 尽量把不同工序内容的程序，分别安排到不同的子程序中。当零件加工工序较多时，为了便于程序的调试，一般将各工序内容分别安排到不同的子程序中，主程序主要完成

换刀及子程序的调用。这种安排便于按每一工序独立调试程序,也便于因加工工序不合理而做出重新调整。

4.3 加工中心典型编程指令

加工中心配备的数控系统,其功能、指令都比较齐全。数控铣床编程中介绍的 G、M、S、F 等指令基本上都适用于加工中心,因而对这些指令不再进行重复说明。本章主要介绍一些加工中心的典型指令。

4.3.1 孔加工固定循环

一般来说,数控加工中一个动作对应一个程序段,但对于镗孔、钻孔、攻螺纹等孔加工指令,可以用一个程序段完成孔加工的全部动作,这样会使编程变得非常简单。FANUC-0i 固定循环功能如表 4-1 所示。

表 4-1 FANUC-0i 固定循环功能

G 代码	切入动作	孔底动作	返回动作	用 途
G73	间歇进给	—	快速	高速深孔断屑加工循环
G74	切削进给	暂停—主轴正转	切削进给	攻左旋螺纹
G76	切削进给	主轴定向停止—刀具移位	快速	精镗循环
G80	—			取消固定循环
G81	切削进给		快速	钻孔、点窝
G82	切削进给	暂停	快速	锪孔、镗阶梯孔
G83	间歇进给	—	快速	深孔排屑加工循环
G84	切削进给	暂停—主轴反转	切削进给	攻右旋螺纹
G85	切削进给		切削进给	精镗孔
G86	切削进给	主轴停止	快速	镗孔
G87	切削进给	主轴停止	快速返回	反镗孔
G88	切削进给	暂停—主轴停止	手动操作	镗孔
G89	切削进给	暂停	切削进给	精镗阶梯孔

1. 固定循环的动作

如图 4-2 所示,孔加工固定循环由 6 个顺序动作组成。
动作 1:孔中心定位,使刀具快速定位到孔加工的位置。
动作 2:快进到 R 点平面,刀具自初始点快速进给到 R 点平面。

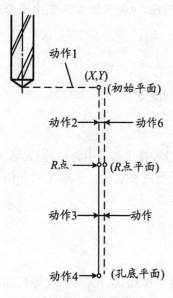

图 4-2　固定循环的动作

动作 3：孔加工，以切削进给的方式执行孔加工的动作。

动作 4：孔底动作，包括暂停、主轴准停、刀具移位等的动作。

动作 5：返回 R 点平面，孔加工后可以用快速、工进、手动等方式返回到 R 点平面。

动作 6：从 R 点平面到初始平面，刀具在工件外快速移动到初始平面。

图中用虚线表示快速进给，用细实线表示切削进给。孔加工时需正确设置 3 个高度平面，分别称为初始平面、R 点平面、孔底平面。

（1）初始平面

初始平面是为安全下刀而规定的一个平面，在执行孔加工循环功能之前，就应使刀具定位到该平面。初始平面又称为安全平面或安全高度，可以在安全高度的范围内任意设定。

（2）R 点平面

R 点平面又称为 R 参考平面或进给平面，这个平面是刀具下刀时从快进转为工进的高度平面，也是刀具返回时可选择的一个高度平面，确定其到工件表面的距离主要考虑工件表面尺寸的变化，一般可取 2～5 mm。

（3）孔底平面

加工盲孔时孔底平面就是孔底的位置高度，加工通孔时一般刀具还要伸出工件底平面一段距离，以保证全部孔深都加工到尺寸，钻削加工时还应考虑钻头钻尖对孔深的影响。以普通麻花钻钻孔为例，钻尖处的锋角为 116°～118°。如图4-3所示，加工通孔时的轴向超越距离可按 $0.3d+(1\sim2)$ mm 确定。

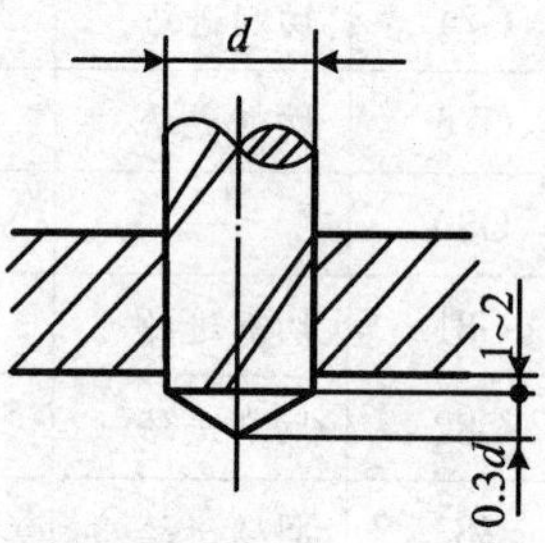

图 4-3　钻头超越距离

2. 程序段格式

程序段格式如下：

（G90/G91）（G98/G99）G_X_Y_Z_R_Q_P_F_L_；

程序段中参数含义如下：

G98 表示返回平面为初始平面；

G99 表示返回平面为安全平面；

G 表示循环模式；

X、Y 指定孔的位置；

Z 指定孔底坐标；

R 指定安全平面位置；

Q 指定每次进给时的背吃刀量；

P 指定在孔底暂停的时间；

F 指定进给速度；

L 指定固定循环的重复次数。

3. 常用固定循环方式

（1）钻孔循环指令 G73、G81、G83

图 4-4 所示即为 3 种典型的钻孔循环方式。

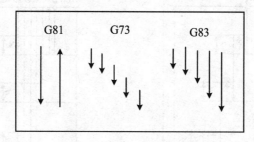

图 4-4　典型钻孔循环方式

① 高速深孔断屑加工循环 G73：

指令格式：

　　　G73 X_Y_Z_R_Q_F_；

孔加工的动作如图 4-5(a)所示，通过 Z 轴方向的间断进给实现断屑与排屑，Q 指定的值为每次切深（增量值且用正值表示），图 4-5 所示的退刀量"d"由参数设定。加工钢件时为便于断屑，常采用此方式。

② 深孔排屑加工循环 G83：

指令格式：

　　　G83 X_Y_Z_R_Q_F_；

孔加工的动作如图 4-5(b)所示，与 G73 不同的是每次刀具间歇进给后回退至 R 点平面。此处的"d"表示刀具间断进给每次下降时由快进转为工进的那一点到前次切深的距离，距离大小由参数设定。加工铸铁类零件上较深的孔，为便于排屑可采用此方式。

③ 钻孔循环指令（G81）：

指令格式：

　　　G81 X_Y_Z_R_F_；

G81 指令为一般孔的加工指令，其中，R 指定参考点高度；F 指定进给速度。

（2）攻螺纹循环指令 G84、G74

指令格式：

　　　G84(G74)　X_Y_Z_R_P_F_；

G84 指令主轴在孔底反转，返回到 R 点平面后主轴恢复为正转；G74 指令主轴在孔底正转，返回到 R 点平面后主轴恢复反转。如果在程序段中用 P 指令了暂停（在使用专用的攻螺纹装置时这是非常必要的），则在刀具到达孔底和返回 R 点时先执行暂停的动作。在攻螺纹期间进给倍率不起作用，也不要变换主轴倍率。如果按下进给保持按钮，加工也不立即停止，直至完成该固定循环。在攻螺纹循环指令中设置 F 指令的值时，不能任意设定，必须按主轴转速与螺纹螺距间的关系计算 F 值，即 $F=S \times P$。例如，攻 M10 的粗牙普通螺纹时，其螺距 $P=1.5$ mm，若加工时选择主轴转速为"S200"，则进给速度指令值 $F=200 \times 1.5$ mm=300 mm/min，即指令中应写为"F300"。

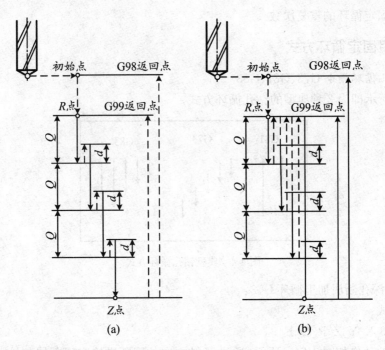

图 4-5　G73 循环与 G83 循环

(3) 镗孔循环指令 G76、G82、G85、G86、G87

① 精镗孔循环指令 G76:

指令格式:

　　G76　X_Y_Z_R_Q_F_;

G76 指令为精镗孔循环指令。执行 G76 指令精镗孔至孔底后,要进行 3 个孔底动作,图 4-6 即进给暂停(P)、主轴准停即定向停止(OSS)、刀具偏移 Q 距离,然后刀具退出,这样可以避免刀尖划伤精镗表面。

② 盲孔、台阶孔加工指令 G82:

指令格式:

　　G82　X_Y_Z_R_P_F_;

G82 指令为锪孔、镗孔循环指令。G82 指令和 G81 指令的区别在于 G82 指令使刀具在孔底暂停,适用于锪孔或镗阶梯孔,暂停时间用 P 来指定。该指令适用于不通孔、台阶孔的加工。

③ 镗孔循环指令 G85、G86:

指令格式:

　　G85/G86　X_Y_Z_R_F_;

G85 指令为镗孔循环指令,适用于一般孔的加工。镗孔时,主轴正转,刀具以进给速度镗孔至孔底后,以进给速度退出,无孔底动作。

G86 指令和 G85 指令的区别是,执行 G86 指令,刀具到达孔底位置后,主轴停止,并快速退回。

④ 反镗孔循环指令 G87:

指令格式:

G87 X_Y_Z_R_Q_F_;

反镗孔的动作如图 4-7 所示,X 轴和 Y 轴定位后,主轴定向停止,刀具以与刀尖相反的方向按 Q 指定值给定的偏移量偏移并快速定位到孔底(R 点),在这里刀具按原偏移量(Q 指定的值)返回,然后主轴正转,沿 Z 轴正方向加工到 Z 点,在这个位置主轴再次定向停止后,刀具再次按原偏移量反向移动,然后主轴向孔的正方向快速移动到达初始平面,并按原偏移量返回后主轴正转,继续执行下一个程序段。采用这种循环方式时,只能让刀具返回到初始平面而不能返回到 R 点平面,因为 R 点平面低于 Z 点平面。

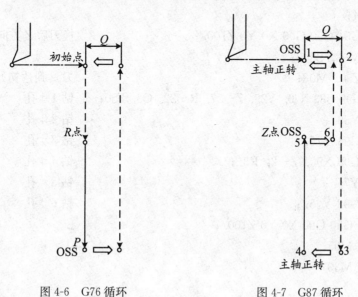

图 4-6　G76 循环　　　　　图 4-7　G87 循环

(4) 循环结束指令 G80

固定循环指令是模态指令,可用 G80 指令取消循环。此外,G00、G01、G02、G03 也能起到取消固定循环指令的作用。

【例 4-1】　加工如图 4-8 所示零件上 1♯～6♯各孔,试用钻孔循环指令编写其加工程序。

① 刀具的选择:

T01:直径为 3 mm 的中心钻;T02:直径为 10 mm 的钻头。

② 走刀路线:

1♯→2♯→3♯→4♯→5♯→6♯

③ 编写程序:

T01 刀具点窝:

　　　O1234;

　　　N10 G54 G90 G00 X0 Y0 Z100.；

　　　N20 M03 S800;

　　　N30 Z50.；　　　　　　　　　　　　　　　刀具到达初始平面

　　　N40 G99 G81 X30. Y25. Z−27. R−22. F50;　　1♯孔位置点窝

　　　N50 Y50.；　　　　　　　　　　　　　　　2♯孔位置点窝

　　　N60 G98 Y75.；　　　　　　　　　　　　　3♯孔位置点窝

N70 G99 X90. Z－2. R3.；　　　　　　　　　4#孔位置点窝

N80 Y75.；　　　　　　　　　　　　　　　　5#孔位置点窝

N90 G98 Y25.；　　　　　　　　　　　　　　6#孔位置点窝

N100 G80 G00 X0 Y0 Z100.；

N110 M05；

N120 M30；

T02 刀具钻孔：

O2234；

N10 G54 G90 G00 X0 Y0 Z100.；　　　　　　换刀后Z方向需要重新对刀

N20 M03. S800；

N30 Z50. M08；　　　　　　　　　　　　　　刀具到达初始平面

N40 G99 G83 X30. Y25. Z－27. R－22. Q3. F50；　钻1#孔

N50 Y50.；　　　　　　　　　　　　　　　　钻2#孔

N60 G98 Y75.；　　　　　　　　　　　　　　钻3#孔

N70 G99 X90. Z－2. R3.；　　　　　　　　　钻4#孔

N80 Y75.；　　　　　　　　　　　　　　　　钻5#孔

N90 G98 Y25.；　　　　　　　　　　　　　　钻6#孔

N100 G80 G00 X0 Y0 Z100.；

N110 M05；

N120 M30；

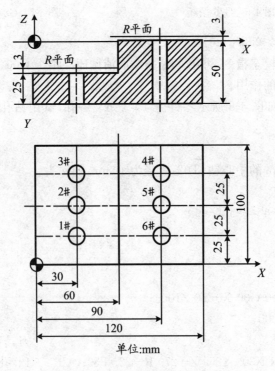

图 4-8　孔加工循环指令举例

4.3.2　宏程序

1. 宏程序的概念

把实现某种功能的一组指令像子程序一样预先存入存储器中,然后就可以在主程序中用特定的代码来调用这一预先存储的功能。把实现这种功能的一组指令称为用户宏程序本体,简称为宏程序。把调用宏程序的指令称为用户宏程序调用指令,简称为宏指令。

在普通程序中,每个功能字的地址后面,只能指定常量而不能使用变量。程序只能按顺序执行,且不能进行算术和逻辑运算及条件转移,因此程序的功能是固定的。在宏程序中则能够使用变量,这样用户在调用宏程序时,就可通过给变量赋值的方法,控制零件加工中的尺寸或参数,使加工过程具有更大的灵活性。同时,宏程序中的逻辑判断和运算功能,也可代替手工编程时繁琐的数值计算工作,减轻编程工作量,使程序更为简捷。

2. 宏程序

用户宏程序是由宏程序号、宏程序本体和宏程序结束三部分组成。宏程序结束是用M99 返回主程序。宏程序格式如下:

```
O××××;        宏程序号
   …
[变量];
[运算指令];
[控制指令];
   …
M99;           宏程序结束
```

3. 宏程序的调用

(1) 宏程序调用命令

用户宏指令是调用用户宏程序本体的指令,调用方式有以下两种。

① 非模态调用指令(单一调用)G65 宏程序的非模态调用是指在主程序中,宏程序本体被单次调用,即宏指令只在一个程序段内有效。指令格式为:

```
G65 P_L_(自变量赋值);
```

式中,G65 是宏程序非模态调用指令;P 指定被调用的宏程序号;L 指定宏程序重复运行的次数(1～9 999,缺省为"L1");自变量赋值是由地址及数值构成,用以对宏程序中使用的局部变量赋值。

宏程序与子程序相同的一点是,一个宏程序可被另一个宏程序调用,最多可调用 4 重。

② 模态调用指令(G66、G67),指令格式为:

```
G66 P_L_(自变量赋值);
      …
G67;
```

式中,G66 是宏程序模态调用指令;P 指定被调用的宏程序号;L 指定宏程序重复运行的次数($1\sim9\,999$,缺省为"L1");自变量赋值与非模态调用相同;G67 为取消宏程序模态调用指令。

模态调用指令的应用,是在宏程序调用方式下,每执行一次移动指令,就调用一次前面所指定的宏程序。

(2) 自变量赋值

若要向宏程序本体传递数据时,由自变量赋值来指定,自变量以字母表示,与宏程序中的变量地址相对应,宏程序在执行时,可将自变量后面的数值赋给宏程序中对应的变量,自变量赋值有两种类型。

a. 自变量赋值Ⅰ 在 26 个英文字母中,除 G、L、N、O 和 P 之外,其余所有字母都可以作为地址给自变量赋值。其中,I、J、K 在使用时,必须按顺序指定,不赋值的地址可以省略不写,其余字母则无顺序要求。字母地址与变量的对应关系如表 4-2 所示。

表 4-2 字母地址与变量的对应关系

字母地址	宏程序中的变量	字母地址	宏程序中的变量	字母地址	宏程序中的变量
A	#1	E	#8	T	#20
B	#2	F	#9	U	#21
C	#3	H	#11	V	#22
I	#4	M	#13	W	#23
J	#5	Q	#17	X	#24
K	#6	R	#18	Y	#25
D	#7	S	#19	Z	#26

b. 自变量赋值Ⅱ 用地址 A、B、C 与宏程序中的变量#1、#2、#3 一一对应,然后就用 10 组 I、J、K 依顺序表示#4、#5、#6,#7、#8、#9,…,#31、#32、#33。同组的 I、J、K 要按顺序书写,不赋值的地址可以省略不写。

自变量赋值Ⅰ和Ⅱ可以混用,当出现不同地址给同一变量赋值时,后者赋值有效。

举例如下:

  G65 P_A1. B2. I−3. I4. D5. ;

执行宏程序时,变量的赋值结果如下:#1=1.0,#2=2.0,#4=−3.0,#7=5.0。由于"I4."和"D5."都对变量#7 赋值,而"D5."在后,所以"D5."有效。

自变量赋值Ⅱ在使用时要注意顺序,如"I4. J5."的赋值结果为#4=4.0,#5=5.0,若写为"J5. I4."时,则表示第一个地址 I 被省略,赋值结果为#5=5.0,#7=4.0。编程员要熟练运用宏程序编程功能,就要熟记字母地址与变量间的一一对应关系。

4. 变量

(1) 变量的表示

一个变量由#符号和变量号组成,即 #i(i=1,2,3…),例如,#8、#100、#506。也可用表达式来表示变量,即"#[〈表达式〉]",例如,#[#50]、#[2001-1]、#[#4/2]。

(2) 变量的引用

跟在地址后的数值可以被变量替换,假设程序中出现有"〈地址〉#i"或"〈地址〉− #i"

时,这就意味着把变量值或它的负值作为地址后的指令值,例如:

F♯9——若♯9=100.0 则表示 F100;

Z-♯26——若♯26=10.0 则表示 Z-10.;

G♯13——若♯13=2.0 则表示 G02;

M♯5——若♯5=08.0 则表示 M08。

未赋值的变量为空变量。若在指令中引用了未赋值的变量,则该地址被忽略。例如,"G90 G00 X100. Y♯1;"若♯1=♯0,则相当于执行"G90 X100.;"Y轴被忽略。

(3) 变量的种类

变量有局部变量、公用变量(全局变量)和系统变量三种。

① 空变量♯0,该变量的值总为空。

② 局部变量♯1~♯33:局部变量是一个宏程序中局部使用的变量。当宏程序 A 调用宏程序 B 而且都有♯1变量时,因为它们服务于不同局部,所以 A 中的♯1 与 B 中♯1 不是同一个变量,互不影响。

局部变量可用于自变量的转移(赋值),宏程序中变量间的运算及运算结果的存储,未赋值的局部变量,它的初始状态为〈空〉。断电之后,局部变量也被初始化为〈空〉。

③ 公用变量♯100~♯149 和♯500~♯531:公用变量又称为全局变量,它贯穿整个程序过程,在多重调用中,其值始终保持不变。当断电时,♯100~♯149 公用变量的值将被初始化为〈空〉,而♯500~♯531 的公用变量,断电时其值也将保留而不丢失。公用变量的值可以直接显示在 CRT 显示器上。

④ 系统变量:系统变量在♯1000~♯5104 的区间内,其用法是固定的,编程时必须按规定使用。利用系统变量可以直接对机床内部的数据进行读取和赋值,从而可以完成更为复杂的自动控制和通用加工程序的开发任务。

ⅰ 系统变量♯1000~♯1133 可以作为在可编程控制器和用户之间交换的信号。

ⅱ 系统变量♯2000~♯2200 与刀具偏置号 0~200 一一对应,程序中"♯30=♯2005;"相当于把偏置号 05 中的刀偏值赋值给变量♯30;程序中"♯2010 = ♯8;"相当于把变量♯8 的值赋给偏置号 10。

ⅲ 系统变量♯2500~♯2506、♯2600~♯2606、♯2700~♯2706 分别对应 X、Y、Z 轴工件坐标系的偏置值。其中,00 对应外部工件零点偏置值,01~06 与 G54~G59 一一对应。

ⅳ 系统变量♯3000 中存储报警信息的地址。指令格式:"♯3000=n(报警信息);"n=0~200,括号内可以指定少于 26 个字符的报警信息,执行报警时的报警号=500+n。

ⅴ 时钟♯3001、♯3002。阅读系统变量♯3001、♯3002 的值,可以确定时钟时间,给系统变量赋值可以预调时间。

ⅵ 取消单程序段停止和等待辅助功能结束信号♯3003。♯3003 的取值范围为 0、1、2、3,如:"♯3003=1;"表示单程序段不停止,等待辅助功能结束信号。

ⅶ 指定进给保持、进给速度倍率、准停校验取消♯3004。♯3004 的取值范围为 0~7,如:"♯3004=7;"表示进给保持、进给速度倍率、准停校验均被取消。

ⅷ 设定数据♯3005。设定数据♯3005 的内容与操作中的设定画面相对应。通过对系统变量♯3005 赋值,可以对设定功能进行设定。用二进制来表示系统变量♯3005 的值时,各位与设定功能相对应,但在设定时,数据用十进制赋值。

ⅸ 模态信息♯4001~♯4120。阅读系统变量♯4001~♯4120 的值,可以保存该值到某一变量中,以便程序执行后恢复到原状态。例如:系统变量♯4001 存储 01 组 G 代码的信息,G00、G01、G02、G03 或 G33;♯4002 存储 02 组 G 代码的信息 G17、G18 或 G19;♯4003 存储 03 组 G 代码的信息 G90 或 G91。♯4014 存储 14 组 G 代码的信息 G54～G59。

X 位置信息♯5001～♯5004、♯5021～♯5026……♯510l～♯5104。阅读系统变量♯5001～♯5104 可以确定位置信息。

系统变量还有多种,为编写宏程序提供了丰富的信息来源。

(4) 变量的运算

在宏程序中,变量之间、变量和常量之间可以进行各种运算,运算指令的通用表达式为"♯i=〈表达式〉",运算指令右边的"〈表达式〉"是常数、变量、函数和运算符的组合。

常数可以代替"〈表达式〉"中的变量,"〈表达式〉"中不带小数点的常数可以认为在其末尾带一小数点。常用的算术和逻辑运算的和格式和说明见表 4-3。

运算可以混合进行,其优先顺序如下:

① 函数。

② 乘除、逻辑与。

③ 加减、逻辑或、逻辑异或。

表 4-3　算术和逻辑运算

运算的类型			格　式	说　明
算术运算	数值运算	赋　值	$\#i=\#j$	
		加	$\#i=\#j+\#k$	
		减	$\#i=\#j-\#k$	
		乘	$\#i=\#j*\#k$	
		除	$\#i=\#j/\#k$	
	函数运算	正　弦	$\#i=SIN[\#j]$	单位为°(度)
		余　弦	$\#i=COS[\#j]$	
		正　切	$\#i=TAN[\#j]$	
		余　切	$\#i=ATAN[\#j]$	
		平方根	$\#i=SQRT[\#j]$	
		绝对值	$\#i=ABS[\#j]$	
	四舍五入取整		$\#i=ROUND[\#j]$	
逻辑运算		或	$\#i=\#JOR\#k$	逻辑运算对二进制数逐位进行
		异　或	$\#i=\#JXOR\#k$	
		与	$\#i=\#JAND\#k$	

可以用括号"[ ]"来改变运算顺序。表达式中括号的运算将优先进行,连同函数中使用的括号在内,括号在表达式中最多可用 5 层。

5. 控制指令

使用控制指令,可以控制程序的流向。控制指令包括分支指令和循环指令。

(1) 分支指令

① 无条件转移指令格式：

　　GOTO n；

无条件转移到顺序号为 n 的程序段中。顺序号也可以用变量或〈表达式〉来代替。

② 条件转移指令格式：

　　IF［〈条件表达式〉］GOTO n

若〈条件表达式〉成立，则转移到顺序号为 n 的程序段中；若〈条件表达式〉不成立，则继续执行下面的程序段。条件表达式中使用下列运算符：EQ（＝）、NE（≠）、GT（＞）、LT（＜）、GE（≥）、LE（≤）。运算符前后可以是变量，也可以是表达式。

举例：IF［＃4＝＃0］GOTO 1；

　　　GOTO 10；

　　　N1　＃3000＝640（ARGUMENT IS NOT ASSIGNED）；

　　　N10 M99；

本例中，如果＃4 未赋值则转到 N1 程序段，显示 640 号报警，并提示自变量尚未赋值。如果＃4 已赋值，则继续执行程序到报警的前一段，无条件转移到 N10，以便跳出报警程序段，保证程序正常执行。

（2）循环指令

指令格式：

　　WHILE［〈条件表达式〉］DO m（$m＝1,2,3$）；

　　　…

　　END m；

若满足〈条件表达式〉的条件时，则重复执行从"DO m"到"END m"之间的程序段，且到条件不满足时跳出循环，继续执行"END m"之后的程序段。"DO m"与"END m"应成对使用，最多为三重嵌套。即在程序中先出现 DO 1、DO 2、DO 3，再出现 END 3、END 2、END 1。在"DO m"与"END m"之间可以调用用户宏程序或子程序。

举例：

＃100＝1；	变量＃100 赋初值为 1
WHILE［＃100 LE 10］DO 1；	DO 1～END 1 执行 10 次
G65 …；	宏程序非模态调用
＃12＝0；	变量＃12 赋初值为 0
WHILE［＃12 LT 13］DO 2；	DO 2～END 2 执行 13×10 次
G66 …；	宏程序模态调用方式建立
…	执行宏程序模态调用
G67；	宏程序模态调用取消
＃12＝＃12＋1；	变量＃12 加 1 后再赋值给＃12
END 2；	DO 2 循环结束
＃100＝＃100＋1；	变量＃100 加 1 后再赋值给＃100
END 1；	DO 1 循环结束

6. 编程举例

【例 4-2】　用键槽刀加工圆锥台。

如图 4-9 所示,圆锥台上面的半径为 12 mm(♯2),下面的半径为 20 mm(♯3),键槽刀的半径为 6 mm(♯6),圆锥台 $R=20$ mm 以外的部分已切除,即已加工出圆柱。

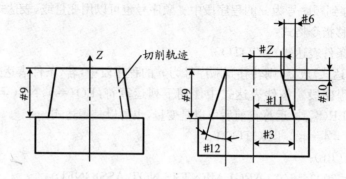

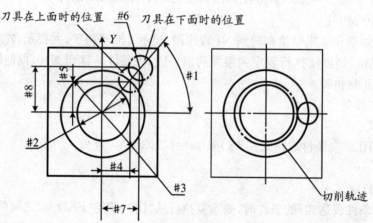

图 4-9 圆锥台宏程序加工

① 用放射切削时编写的宏程序:

O0003;
G54 G90;
G28;
M06 T01;
M03 S1000;
G43 G00 Z10. H01;
X18. Y0;

G01 Z1. F50;	Z 轴下刀
♯1=0;	定义变量的初值(角度初始值)
♯2=12;	定义变量(圆锥台上面的半径)
♯3=20;	定义变量(圆锥台下面的半径)
♯6=6;	定义变量(刀具半径)
♯9=20;	定义变量(圆锥台高)
WHILE[♯1 LE 360] DO 1;	循环语句,当♯1≤360°时,在 WHILE 和 END 之间循环,加工圆锥台
♯4=[♯2+♯6]*COS[♯1];	计算变量

```
♯5＝［♯2＋♯6］＊SIN［♯1］；          计算变量
♯7＝［♯3＋♯6］＊COS［♯1］；          计算变量
♯8＝［♯3＋♯6］＊SIN［♯1］；          计算变量
G01 X♯4 Y♯5 Z0 F200；             铣削时，圆锥台上面的起始位置
G01 X♯7 Y♯8 Z－♯9；               铣削时，圆锥台下面的终止位置
G00 Z0；                          快速抬刀
♯1＝♯1＋1；                        更新角度
END 1；                           循环结束
G49 G00 Z200.；
M30；
```

② 用等高切削时，编写的宏程序：

```
O0003；
G54 G90；
G91 G28 Z0；
M06 T01；
G90 M03 S1000；
G43 G00 Z10. H01；
X18. Y0；
G01 Z0 F50；                      刀具移动到工件表面的平面
♯2＝12；                          定义变量（圆锥台上面的半径）
♯3＝20；                          定义变量（圆锥台下面的半径）
♯6＝6；                           定义变量（刀具半径）
♯9＝20；                          定义变量（圆锥台高）
♯10＝0；                          定义变量的初值
♯12＝ATAN［♯3－♯2］/［♯9］；       定义变量（计算角度）
WHILE［♯10 LE ♯9］DO 1；          循环语句，当♯1≤♯9时，在 WHILE 和
                                   END 之间循环，加工圆锥台
♯11＝♯2＋♯6＋♯10＊TAN［♯12］；    计算变量
G01 X♯11 Y0 F200；               铣削时，X 方向的起始位置
Z－♯10 F50；                      到下一层的定位
G02 I－♯11 F200；                顺时针加工整圆，分层等高加工圆锥台
♯10＝♯10＋0.1；                   更新背吃刀量
END 1；                           循环结束
G49 G00 Z200.；
M30；
```

【例 4-3】　圆周均布孔加工。如图 4-10 所示，在半径为 r 的圆周上钻 R 个等分孔，已知加工第一个孔的起始角度为 A，相邻两孔之间角度的增量为 B，圆周中心坐标为 (X, Y)。调用宏程序指令格式为：

　　　　G65 P_X_Y_Z_R_F_I_A_B_H_；

式中，各字母的含义及各字母对应的变量为：

X、Y 指定圆周中心的 X、Y 坐标(♯24、♯25);

Z 指定孔深(♯26);

R 指定钻孔循环 R 点坐标(♯18);

F 指定切削进给速度(♯9);

I 指定圆周半径(♯4);

A 指定第一个孔加工起始角度(♯1);

B 指定角度增量(♯2);

H 指定加工孔数(♯11)。

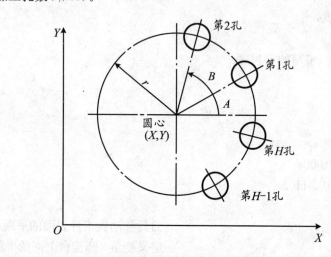

图 4-10   圆周等分孔加工

O1005;	程序号
G80 G90 G54 X0 Y0 M03 S800;	设定工件坐标系,主轴正转
G43 H01 Z100. M08;	建立刀长补偿,切削液开
G65 P5010 X100. Y100. R5. Z−10. F100 I100. A30. B45. H8;	
	调用宏程序
G00 G49 Z100. ;	提刀,取消刀度补偿
X0 Y0;	返回起刀点
M30;	主程序结束
O5010;	宏程序号
G90 G99 G81 Z♯26 R♯18 F♯9 L0;	钻孔循环
WHILE [♯11 GT 0] DO 1;	直到加工余下的孔为 0
♯5=♯24+♯4·COS[♯1];	计算钻孔的 X 坐标
♯6=♯25+♯4∗SIN[♯1];	计算钻孔的 Y 坐标
X♯5 Y♯6;	刀具移动到目标点位置后钻孔
♯1=♯1+♯2;	计算下一加工孔的角度
♯11=♯11-1;	孔数减 1
END 1;	
M99;	宏程序结束

4.4　FANUC-0i 系统加工中心的操作

4.4.1　操作面板简介

加工中心 FANUC-0i 系统操作面板可分为上下两个部分,其中上部为 CRT/MDI 面板或称为编辑键盘,下部为机械操作面板也称控制面板。

1. 控制面板

机床操作面板位于窗口的右下侧,如图 4-11 所示,主要用于控制机床运行状态,由模式选择按钮、运行控制开关等多个部分组成。

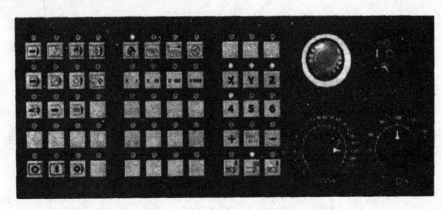

图 4-11　FANUC-0i 系统机床操作面板

2. 编辑键盘

编程键盘与 FANUC-0i 数控铣床仿真系统相同。

4.4.2　加工中心的基本操作

首先说明一下操作按钮:

① 〈　〉是指标准机床操作面板上的按钮开关,如〈EDIT〉等。

② [　]是指 CRT 显示器所对应的软键,如[程式]、[补正]等。

③ ⬚ 是指 MDI 键盘上的按键,如 POS 、 PROG 等。

1. 开机操作

① 打开外部总电源,起动空气压缩机。

② 等气压达到规定值后打开加工中心后面的机床开关。

③ 按下"POWER"的〈ON〉按钮,系统进入自检。

④ 自检结束后,显示器上将显示图 4-12 所示的页面。该页面是一个系统报警显示页面(在任何操作方式下,按 MESSAGE 都可以进入此页面)。如果该页面显示有内容(一般为气压报警及紧急停止报警),则提醒操作者注意,加工中心有故障,必须排除故障后才能继续后面的操作。加工中心有故障时,顺时针旋转紧急停止按钮。

2. 返回参考点操作

返回参考点操作是开机后为使数控系统对机床零点进行记忆所必须进行的操作。

① 在标准机床操作面板上按⟨REF⟩→⟨Z⟩→⟨+⟩→⟨X⟩→⟨+⟩→⟨Y⟩→⟨+⟩。当⟨X⟩、⟨Y⟩、⟨Z⟩三个按钮上的回零指示灯全部亮后,机床返回参考点结束。加工中心返回参考点后,按 POS 可以看到综合坐标显示页面中的机床(机械)坐标 X、Y、Z 皆为 0(图 4-13)。

```
报警信号信息                              O1058 N00000




                                        OSI00 % L  0 %

MDI **** *** ***         10: 59: 11
[ALARM] [MESSAG] [ 过程 ] [    ] [    ]
```

图 4-12　报警信息显示页面

```
现在位置                O1058 N01058
  (相对坐标)           (绝对坐标)
  X   0. 000      X    59.999
  Y   0. 000      Y   -20.00l
  Z   0. 000      Z    l03.836


  (机械坐标)
  X   0.000
  Y   0.000
  Z   0.000




JOG F    2000    加工部品数     115
运行时间    26H21M  切削时间   0H 0M 0S
 ACT.F  0  mm/min   OSI00 % L   0 %
REF  **** *** ***        10: 58: 33
[ 绝对 ] [ 相对 ] [ 综合 ] [ HNDL ] [(操作) ]
```

图 4-13　综合坐标显示页面

② 加工中心返回参考点后,要及时退出,以避免长时间压住行程开关而影响其寿命。按⟨JOG⟩→⟨X⟩→⟨-⟩→⟨Y⟩→⟨-⟩→⟨Z⟩→⟨-⟩可以退出返回参考点操作。

注意:因紧急情况而按下⟨紧急停止按钮⟩后,在进行⟨机床锁住⟩、⟨Z轴锁⟩等操作后,都要重新进行机床返回参考点操作,否则会因数控系统对机床零点失去记忆而造成事故。

3. 坐标位置显示方式操作

加工中心坐标位置显示有综合、绝对、相对三种方式。连续按 POS 或分别按[绝对]、[相对]、[综合]可进入相应页面。

相对坐标显示可以进行清零及坐标值的预定等操作,特别是在对刀操作中,坐标位置清零及预定可以带来许多方便。坐标位置清零及预定的操作方法如下:

① 进入相对坐标显示页面,按⊠(或⊠、⊠),此时页面最后一行将转换为图 4-14 所示。

按[起源],此时 X 轴的相对坐标被清零。也可以按⊠、⓪,然后按[预定],同样可以使 X 轴的相对坐标清零。

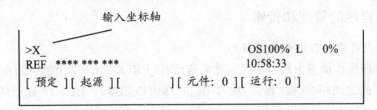

图 4-14　相对坐标清零操作页面

② 如果要将坐标在特定的位置预定为某一坐标值(如把主轴返回参考点后的位置设置为"X−20."),则按⊠、⊟、⊡、⓪,然后按[预定],此时 X 坐标将预定为−20.0。

③ 如果要将所有的坐标都清零,先在图 4-14 所示页面按[起源],然后按[全轴],此时将显示相对坐标值全部为零。

4. 手动操作

加工中心的手动操作包括主轴的正、反转及停止操作,三轴的 JOG 进给方式移动、手摇脉冲移动操作,切削液的开关操作,排屑的正、反转操作等。开机后主轴不能进行正、反转手动操作,必须先进行主轴的起动操作。

(1) 主轴的起动操作及手动操作

① 按⟨MDI⟩→ PROG ,首先进入 MDI 页面。

② 按 M → 3 → S → 3 → 0 → 0 → EOB → INSERT 。

③ 按⟨循环启动⟩,此时主轴正转。

④ 按⟨JOG⟩或⟨HAND⟩→⟨主轴停止⟩,此时主轴停止转动;按⟨主轴正转⟩,此时主轴正转;按⟨主轴停止⟩→⟨主轴反转⟩,此时主轴反转。主轴转动时,可以通过转动⟨主轴倍率选择开关⟩修调主轴转速,其变化范围为 50%～120%。

(2) 坐标轴的移动操作

① JOG 方式下的坐标轴移动操作。按下⟨JOG⟩进入 JOG 方式,此时可通过⟨X⟩、⟨Y⟩、⟨Z⟩及⟨+⟩、⟨−⟩、⟨快移⟩实现坐标轴的移动,其移动速度由快速进给速率调整按钮及手动进给速度开关决定。

工作台或主轴处于相对中间的位置时可同时按下⟨快移⟩,进行 JOG 操作。在工作台或主轴接近行程极限位置时尽量不要进行⟨快移⟩操作,以免超越行程而损坏机床。

② 手轮方式下的坐标轴移动操作。按下⟨HAND⟩进入手轮方式,此时可通过手持盒实

现坐标轴的移动,需要移动的坐标轴及移动的速度,可通过选择坐标轴与倍率旋钮来实现。

③ 切削液的开关操作。在 JOG 或 HAND 方式下进行手动切削时,必须采用手动方法打开切削液(在自动运行时,用 M8 指令打开切削液、M9 指令关闭切削液),打开及关闭切削液的方法比较简单,按〈冷却打开〉与〈冷却关闭〉即可。

④ 排屑的操作。加工过程中切下的切屑散落在工作台周围,每天都必须做必要的清理。清理时,首先用切削液把切屑冲下(注意,切削下来的金属边角料必须人工取出),然后启动排屑装置。排屑必须在 JOG 及 HAND 方式下才能进行手动操作,按〈排屑正转〉排出切屑。清理切屑时,严禁用高压气枪吹工作台侧面及台面以下部位的切屑,以免切屑飞入传动部位而影响加工中心的运行精度。

5. 加工程序的管理和传输

(1) 查看内存中的程序和打开程序

在标准机床操作面板上按〈EDIT〉,然后连续按[PROG],CRT 上的页面在图 4-15 与图 4-16 所示的页面之间切换(按[程式]或[DIR]同样可以切换)。图 4-15 显示的是存储在内存中的所有程序文件名(按 $\boxed{\text{PAGE↓}}$ 或 $\boxed{\text{PAGE↑}}$ 可查看其他程序文件名),图 4-16 所显示的为上次加工的程序(按 $\boxed{\text{PAGE↓}}$ 可查看其他程序段,按 $\boxed{\text{RESET}}$ 返回)。

要打开某个程序,则在图 4-15 所示的页面中输入"O××××";(程序名),按[O 检索]或光标移动键 $\boxed{←}$、$\boxed{→}$、$\boxed{↑}$、$\boxed{↓}$ 中的任何一个都可以打开程序,如图 4-16 所示。

(2) 输入加工程序

按〈EDIT〉,输入"O××××"(程序名)→按 $\boxed{\text{INSERTI}}$ →按 $\boxed{\text{EOB}}$ →按 $\boxed{\text{INSERT}}$,程序换段,输入程序字(如:"G54 G90 G00 G43 H2 Z200.")后按 $\boxed{\text{EOB}}$ →按 $\boxed{\text{INSERT}}$,程序换段……程序输入完毕,按 $\boxed{\text{RESET}}$,使程序复位到起始位置,这样就可以自动运行加工程序了。

(3) 编辑程序

利用 $\boxed{\text{INSERT}}$ 插入漏掉的字;利用 $\boxed{\text{DELETE}}$、$\boxed{\text{CAN}}$ 删除错误、不需要的字;利用 $\boxed{\text{ALTER}}$ 修改输入错误的字。

(4) 删除内存中的程序

删除一个程序的操作:按〈EDIT〉→ $\boxed{\text{PROG}}$,输入"O××××"(要删除的程序名),按 $\boxed{\text{DELETE}}$ 删除该程序。

删除所有程序的操作:按〈EDIT〉→ $\boxed{\text{PROG}}$,输入"0-9999",按 $\boxed{\text{DELETE}}$,删除内存中的所有程序。

删除指定范围内的多个程序:按〈EDIT〉→ $\boxed{\text{PROG}}$,输入"O××××,O＊＊＊＊"("××××"代表要删除程序的起始程序号,"＊＊＊＊"代表将要删除程序的终了程序号),按 $\boxed{\text{DELETE}}$,删除 No. ××××到 No. ＊＊＊＊之间的程序。

(5) 程序的 DNC 输入、输出操作

一般情况下,程序是在计算机中编写的,编写完毕后利用 DNC 输入到内存中(对于 CAM 软件生成的程序只能用 DNC 传输或边传输边加工);对于内存中的有些程序需要在计算机中保存,则必须采用输出的方法。

PROGRAM DIRECTORY		O1058 N00000
PROGRAM(NUM)		MEMORY(CHAR)
USED:	12	3540
空:	388	127620
ONO.		COMMENT
O9020		
O0001		
O1001		
O1005		
O1133		
O5566		
O5663		
>_		OSl00% L　0%
EDIT **** *** ***		10: 59: 11
[程式][[DIR]][　][　][(操作)]		

图 4-15　存储在内存中的所有程序文件名页面

程式　　　　　　　　　　　　　O1001 N000000
O1001;
M6 T2;
G54 G90 G0 G43 H2 Z300;
M3 S800;
X50 Y30;
Z5;
G41.1 D2 Y30;
Y20;
G1 Z0 F50;
>_　　　　　　　　　　OSl00% L　0%
EDIT **** *** ***　　　　10: 59: 11
[程式][DIR][　][　][(操作)]

图 4-16　打开程序后的页面

将计算机中的程序输入到内存的操作过程为:在计算机中用传输软件编写或打开已有的(原来存储的、CAM 软件生成的)程序。加工中心在〈EDIT〉方式下,按 PROG ,按[(操作)],图中最后一行转换为图 4-17 所示。或按[(操作)],按▶,最后一行转换为如图 4-18、图 4-19 所示界面;按[READ],图 4-18、图 4-19 所示再次转换为图 4-20 所示,按[EXEC],将在页面的倒数第二行出现"标头 SKP",并不停地闪烁,表示系统已准备好,可以接收程序。

[BG-EDT] [O检索] [　] [　] [　]

图 4-17　DNC 操作页面 (一)

[　] [READ] [PUNCH] [　] [　]

图 4-18　DNC 操作页面 (二)

[F检索][READ][PUNCH][DELETE][EX-EDT]

图 4-19　DNC 操作页面 (三)

>_　　　　　　　　OS100% L　0%
EDIT **** *** ***　　　10:59:11 标头SKP
[结合][　][停止] [CAN] [EXEC]

图 4-20　DNC 操作页面 (四)

将内存中程序输出到计算机的操作过程为:在计算机中打开传输软件并处于程序接收状态。加工中心在〈EDIT〉方式下,进入图 4-18 或图 4-19 所示页面,输入要输出的程序名(如 01001。如果输入"0-9999",则所有存储在内存中的程序都将被输出;要想一次输出多个程序,应指定程序号范围,如"O××××,O＊＊＊＊",则程序"No. ××××"到"No. ＊＊＊＊"都将被输出),按[PUNCH]进入图 4-20 所示页面,按[EXEC]进行程序的输出操作。

6. 刀库中刀柄的装入与取出操作

加工中心运行时,刀库自动换刀并装入刀具,所以在运行程序前,要把装好刀具的刀柄装入刀库。在更换刀具或不需要某把刀时,要把刀柄从刀库中取出。例如,∅16 mm 立铣刀为 1 号刀,∅10 mm 键槽铣刀为 3 号刀,其操作过程如下:

① 按〈MDI〉,输入"M6 T1"后按〈循环启动〉键执行。

② 待加工中心换刀动作(实际上是在刀库 1 号位空抓一下后返回)全部结束后,换到〈JOG〉或〈HAND〉方式,在加工中心面板或主轴立柱上按下"松/紧刀"按钮,把 1 号刀具的刀柄装入主轴。图 4-21 所示为换刀指令输入与执行后的页面。

程式 (MDI) O1058 N00000	程式 (MDI) O1058 N00000
O0000M6T1;	O0000;
%	%

图 4-21　换刀指令输入与执行后的页面

③ 仍是在 MDI 方式下,输入"M6T3"后按〈循环启动〉键执行。

④ 待把 1 号刀装入刀库,在 3 号位空抓一下等动作全部结束后,换到〈JOG〉或〈HAND〉方式,按下"松/紧刀"按钮,把 3 号刀具的刀柄装入主轴。

取出刀库中的刀具时,只需在 MDI 方式下执行要换下刀具的"M6 T×"指令,待刀柄装入主轴、刀库退回等一系列动作全部结束后,换到〈JOG〉或〈HAND〉方式,在加工中心面板或主轴立柱上按下"松/紧刀"按钮,取下刀柄。

7. 对刀操作

(1) 用铣刀直接对刀

用铣刀直接对刀,就是在工件已装夹完成并在主轴装入刀具后,通过手摇脉冲发生器操作移动工作台及主轴,使旋转的刀具与工件的前(后)、左(右)侧面及工件的上表面(图 4-22 中 1～5 这 5 个位置)做极微量的接触切削(产生切屑或摩擦声),分别记下刀具在做极微量切削时所处的机床(机械)坐标值(或相对坐标值),对这些坐标值做一定的数值处理后就可以设定工件坐标系了。

操作步骤为(针对图 4-22 中的位置 1):

① 工件装夹并校正平行后夹紧。

② 在主轴上装入已装好刀具的刀柄。

③ 在 MDI 方式下,输入"M3 S300",按〈循环启动〉,使主轴的旋转与停止能手动操作。

④ 主轴停转,由手持盒上选择 Z 轴(倍率可以选择×100),转动手摇脉冲发生器,使主轴上升到一定的位置(在水平面移动时不与工件及夹具碰撞即可);分别选择 X、Y 轴,移动工作台使主轴处于工件上方适当的位置,如图 4-23 中的位置 A。

⑤ 由手持盒上选择 X 轴,移动工作台(见图 4-23 中①),使刀具处于工件的外侧(见图 4-23 中位置 B;手持盒上选择 Z 轴,使主轴下降(见图 4-23 中②),刀具到达图 4-23 中的位置 C;手持盒上重新选择 X 轴,移动工作台(见图 4-23 中③)。当刀具接近工件侧面时,用手转动主轴使刀具的刀刃与工件侧面相对,感觉刀刃很接近工件时,起动主轴,使主轴转动,倍率选择"×10"或"×1"。此时应一格一格地转动手摇脉冲发生器,注意观察有无切屑(一旦发现有切屑应立刻停止脉冲进给)或注意听声音(刀具与工件微量接触时一般会发出"嚓"、"嚓"的响声,一旦听到声音应马上停止脉冲进给),到达图 4-23 中 D 的位置。

⑥ 手持盒上选择 Z 轴(避免在后面的操作中不小心碰到脉冲发生器而出现意外),按 POS 进入坐标显示的页面,记下此时 X 轴的机床坐标或把 X 的相对坐标清零。

⑦ 转动手摇脉冲发生器(倍率重新选择为"×100"),使主轴上升(见图 4-23 中④);移

动到一定高度后,选择 X 轴,使主轴水平移动(见图 4-23 中⑤),再使主轴停止转动。

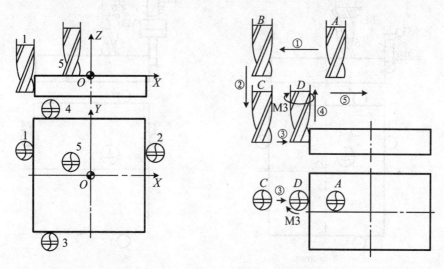

图 4-22 用铣刀直接对刀　　　　图 4-23 用铣刀直接对刀时的刀具移动图

　　图 4-22 中 2、3、4 三个位置的操作参考前面介绍的方法。

　　在用刀具进行 Z 轴对刀时,刀具应处于工件欲切除部位的上方(见图 4-23 中位置 A),转动手摇脉冲发生器,使主轴下降,待刀具接近工件表面时,起动主轴,倍率选择"×10"或"×1",一格一格地转动手摇脉冲发生器,当发现有切屑或观察到工件表面被切出一个圆圈时(也可以在刀具正下方的工件上贴一小片浸了切削液或油的薄纸片,纸片厚度可以用千分尺测量,当刀具把纸片转飞时),停止手摇脉冲发生器的进给,记下此时的 Z 轴机床坐标值(用薄纸片时应在此坐标值的基础上减去纸片厚度)。反向转动手摇脉冲发生器,待确认主轴是上升时,把倍率调大,继续使主轴上升。

　　用铣刀直接对刀时,由于每个操作者对微量切削的感觉程度不同,所以对刀精度并不高。这种方法主要应用在要求不高或没有寻边器的场合。

　　(2)用寻边器对刀

　　用寻边器对刀只能确定 X、Y 方向的机床坐标值,而 Z 方向只能通过刀具或刀具与 Z 轴设定器配合来确定。图 4-24 所示为使用光电式寻边器在 1~4 这 4 个位置确定 X、Y 方向的机床坐标值,在位置 5 用刀具确定 Z 方向的机床坐标值。图 4-25 所示为使用偏心式寻边器在 1~4 这 4 个位置确定 X、Y 方向的机床坐标值,在位置 5 用刀具确定 Z 方向的机床坐标值。

　　使用光电式寻边器时(主轴作 50~100 r/min 的转动),当寻边器 S$\varnothing$10 mm 球头与工件侧面的距离较小时,手摇脉冲发生器的倍率旋钮应选择"×10"或"×1",且一个脉冲一个脉冲地移动,到出现发光或蜂鸣时应停止移动,此时光电寻边器与工件刚好接触(其移动顺序参见图 4-24),记录下当前位置的机床坐标值或将相对坐标清零。退出时应注意光电式寻边器的移动方向,如果移动方向发生错误会损坏寻边器,导致寻边器歪斜而无法继续使用。一般可以先沿 +Z 轴移动,退离工件后再作 X、Y 方向移动。使用光电式寻边器对刀时,在装夹过程中就必须把工件的各个面擦干净,不能影响其导电性。

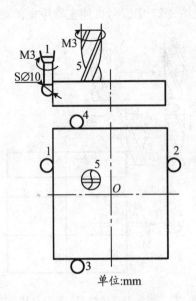

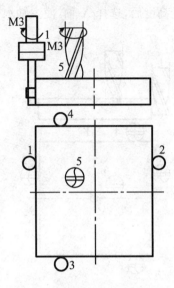

图 4-24　光电式寻边器对刀　　　　　　　图 4-25　偏心式寻边器对刀

使用偏心式寻边器对刀的过程如图 4-26 所示。图 4-26(a)所示为偏心式寻边器装入主轴时,主轴没有旋转;图 4-26(b)所示为主轴的转速为 $200\sim300$ r/min,寻边器的下半部分在弹簧的带动下一起旋转,在没有到达准确位置时出现虚像;图 4-26(c)所示为移动到准确位置后上下重合,此时应记录下当前位置的机床坐标值或将相对坐标清零;图 4-26(d)所示为移动过头后的情况,下半部分没有出现虚像。初学者最好使用偏心式寻边器对刀,因为一旦移动方向发生错误,不会损坏寻边器。另外,观察偏心式寻边器的影像时,不能只在一个方向观察,应在互相垂直的两个方向进行。

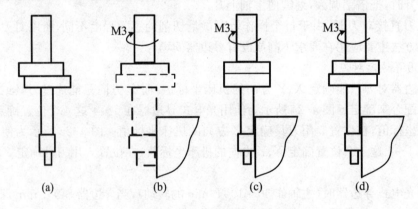

图 4-26　偏心式寻边器对刀过程

8. 对刀后的数值处理和工件坐标系 G54~G59 的设置

通过对刀得到的 6 个机床坐标值(在实际应用时有时可能只要 3~4 个),必须通过一定的数值处理才能确定工件坐标系原点的机床坐标值。有代表性的情况有以下几种:

① 工件坐标系的原点与工件坯料的对称中心重合。

这种情况下,工件坐标系原点的机床坐标值按下式计算。

$$\begin{cases} X_{\text{工机}} = \dfrac{X_{\text{机1}} + X_{\text{机2}}}{2} \\ Y_{\text{工机}} = \dfrac{Y_{\text{机3}} + Y_{\text{机4}}}{2} \end{cases}$$

② 工件坐标系的原点与工件坯料的对称中心不重合(见图 4-27)。

这种情况下,工件坐标系原点的机床坐标值按式

$$\begin{cases} X_{\text{工机}} = \dfrac{X_{\text{机1}} + X_{\text{机2}}}{2} \pm a \\ Y_{\text{工机}} = \dfrac{Y_{\text{机3}} + Y_{\text{机4}}}{2} \pm b \end{cases}$$

计算。式中 a、b 的符号的选取参见表 4-4。

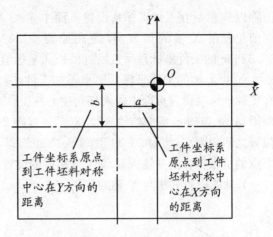

图 4-27 对刀后数值处理关系图(一)

表 4-4 不同位置 a、b 符号的选取

	工件坐标系原点在以工件坯料对称中心所划区域中的象限			
	第一象限	第二象限	第三象限	第四象限
a 取号	+	−	−	+
b 取号	+	+	−	−

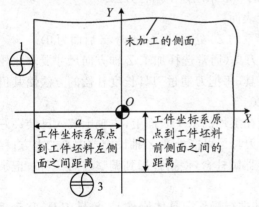

图 4-28 对刀后数值处理关系图(二)

③ 工件坯料只有两个垂直侧面是加工过的,其他两侧面因要铣掉而不加工(见图 4-28)。

这种情况下,其工件坐标系原点的机床坐标值按下式计算:

$$\begin{cases} X_{\text{工机}} = X_{\text{机1}} + a + R_{\text{刀}} \\ Y_{\text{工机}} = Y_{\text{机3}} + b + R_{\text{刀}} \end{cases}$$

本组算式只针对图 4-28 所示的情况,对其他侧面情况的计算可参考进行。

上面的数值处理结束后,在任何方式下按 [OFFSET/SETTING] 或按[坐标系],按 PAGE↓ 进入其余设置页面;利用 ↑ 、 ↓ 箭头可以把光标移动到所需设的位置。把计算得到的 $X_{\text{工机}}$ 和 $Y_{\text{工机}}$ 输入到 G54~G59、G54.1 P1~P48 中所要设置的位置,这样就设置好了 X、Y 两轴的工件坐标系。在输入坐标值时,页面最后一行将如图 4-29 所示,按[输入]或 INPUT 都可完成操作。

在对刀时,可以充分利用前面已介绍过的相对坐标系清零操作的方法,从而省去记录机床坐标值及数值处理的麻烦。如图 4-28 中,在 1 号位时把 X 的相对坐标清零,到达 2 号位时可以从相对坐标的显示页面上知道其相对坐标值。如果 X 轴的工件坐标系原点设在工件坯料的中心,只需将页面上 X 的相对坐标值除以 2,然后移动到这个相对坐标位置,进入工件坐标系设置页面,只输入"X0"然后在图 4-29 所示的页面中按[测量],系统就会自动把当前的机床坐标值输到 G54 等相应的设置位置。也可以在 2 号位不动,同样把相对坐标

值除以 2,然后在工件坐标系设置页面中输入"X50.32"(假定计算出的值为 50.32,即刀具当前位置在 X 轴的正方向,距离原点 50.32),按[测量],系统会自动把偏离当前点 50.32 mm 的工件坐标系原点所处的机床坐标值输入到 G54 等相应的设置位置。

如果 X 轴的工件坐标系原点不在工件坯料的中心,仍可以移动到上面除以 2 的位置,在工件坐标系设置页面中输入坯料中心在工件坐标系中的坐标值(如 O 在图 4-27 中的第一象限,a 为 30 mm,那么应输入"X-30.");或在 2 号位直接计算出工件坐标系原点 O 与现在位置之间的距离,如为 20.32,则输入"X20.32",按[测量]后系统会自动计算出工件坐标系原点的机床坐标值并输入到 G54 等相应的设置位置。

Y 轴的设置方法与 X 轴的相同。

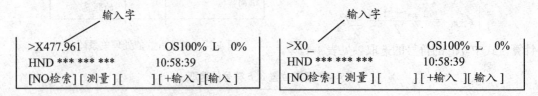

图 4-29　设置 G54 等工件坐标系输入页码

9. 工件坐标系原点 Z0 的设定、刀具长度补偿量的设置

(1) 工件坐标系原点 Z0 的设定

在加工中心设定工件坐标系原点指令 Z0 时一般采用以下两种方法:

① 将工件坐标系原点 Z0 设定在工件的上表面。

② 将工件坐标系原点 Z0 设定在机床坐标系的 Z0 处(设置 G54 时,Z 后面为 0)。

对于第一种方法,必须选择一把刀为基准刀具(通常选择加工 Z 轴方向尺寸要求比较高的刀为基准刀具)。第二种方法没有基准刀具,每把刀通过刀具长度补偿的方法使其仍然以工件上表面为编程时的工件坐标系原点 Z0。

具体的操作步骤如下:把 Z 轴设定器放置在工件的水平表面上,主轴上装入已装夹好刀具的各个刀柄(见图 4-30),移动 X、Y 轴,使刀具尽可能处在 Z 轴设定器中心的上方;移动 Z 轴,用刀具(主轴禁止转动)压下 Z 轴设定器圆柱台,使指针指到调整好的"0"位;记录每把刀当前的 Z 轴机床坐标值。

也可以不使用 Z 轴设定器,而直接用刀具进行操作。具体操作是:旋转刀具,移动 Z 轴,使刀具接近工件上表面(应在工件欲被切除的部位)。当刀具刀刃在工件表面切出一个圆圈或把粘在工件表面(浸有切削液)的薄纸片转飞时,记录每把刀当前的 Z 轴机床坐标值。使用薄纸片时,应将当前的机床坐标减去 0.01~0.02 mm。

对于第一种方法,除基准刀具外,在使用其他刀具时都必须有刀具长度补偿指令,设置时把基准刀具的 Z 轴机床坐标值减去 50,然后把此值设置到 G54 或其他工件坐标系的设置位置。如果基准刀具在切削过程中被折断,那么重新换刀后仍以上面的方法进行操作,得到新的 Z 轴机床坐标值,用此 Z 值去减工件坐标系原点 G54 等设置处的机床坐标值,并把此值设置到基准刀具的长度补偿处,用长度补偿的方法弥补其 Z 方向的工件坐标。另外,所有刀具在取消长度补偿时,Z 值必须为正。如果 Z 值取得较小或取负值,则可能出现刀具与工件相撞的现象。

对于第二种方法,每把刀具在使用时都必须有长度补偿指令(长度补偿值全部为负),

在取消刀具长度补偿时,Z 值不允许为正,必须为 0 或负值,否则主轴会向上超程。

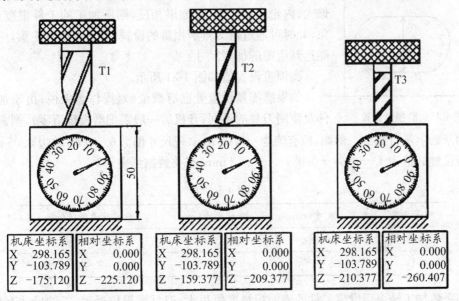

机床坐标系	相对坐标系	机床坐标系	相对坐标系	机床坐标系	相对坐标系
X　298.165	X　0.000	X　298.165	X　0.000	X　298.165	X　0.000
Y　−103.789	Y　0.000	Y　−103.789	Y　0.000	Y　−103.789	Y　0.000
Z　−175.120	Z　−225.120	Z　−159.377	Z　−209.377	Z　−210.377	Z　−260.407

图 4-30　工件坐标系 $Z0$ 的设定及刀具长度补偿的设置

（2）刀具长度补偿的设置

对应工件坐标系原点 $Z0$ 的设定方法,刀具长度补偿的设置同样有两种。针对第一种情况,在设置基准刀的长度补偿 H 时应为 0,其他刀具只需用上面记录的 Z 轴机床坐标值去减基准刀具的 Z 轴机床坐标值,把减得的值(有正、有负,设置时一律带符号输入,调用长度补偿时一律用 G43)设置到相应刀具的 H 处;对于第二种情况,只需把上面记录的 Z 轴机床坐标值都减去 50,然后把计算得到的值(全部为负)设置到刀具相应的 H 处。

如果在加工中心 Z 轴返回参考点的位置上,把 Z 轴的相对坐标预定为"−50.0",则在图 4-30 中,当刀具与 Z 轴设定器接触,且使指针指在"0"位时,此时的相对坐标值与刀具和工件上表面直接接触时的机床坐标值是完全相同的。所以在预定的情况下,只需记录下相对坐标值即可,设置 H 时也只需输入此值。

具体的操作步骤为:在任何方式下按 OFFSET/SETTING 或按[补正]进入刀具补偿存储器页面,利用 ←、→、↑、↓ 四个箭头可以把光标移动到所要设置的刀具"番号"与"形状(H)"相交的位置,输入要设置的值,并按[INPUT]或[输入],设置完毕。如果按[＋输入]则将把当前值与存储器中已有的值叠加。

如果加工过程中因某把刀折断而需要更换新的刀具,对于方法一,只需对更换后的刀具,压下 Z 轴设定器,把指"0"时的机床坐标减去基准刀具的机床坐标,并用所得的值(工件上表面必须部分存在。如果上表面已全部被切除,则通过与工作台平面平行的其他平面接触,通过转换得到)重新去设置此刀具的长度补偿;对于方法二,由于不存在基准刀具,只需把刀具"新的机床坐标−50.0"重新设置此刀具的长度补偿即可。

10. 刀具半径补偿量及磨损量的设置

由于数控系统具有刀具半径自动补偿的功能,因此只需按照工件的实际轮廓尺寸编程即可。刀具半径补偿量设置在数控系统中番号与形状(D)相对应的位置。刀具在切削过程

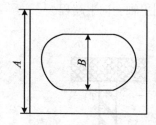

图 4-31　磨损量设置

中,刀刃会发生磨损(刀具直径变小),最后会出现外轮廓尺寸偏大、内轮廓尺寸偏小(如果相反,则所加工的工件报废)的现象,此时可通过对刀具磨损量的设置,然后再精铣轮廓,一般就能达到所需的加工尺寸。

磨损量设置值如图 4-31 所示。

如果磨损量设置处已有数值(对操作者来说,由于加工工件及使用刀具的不同,开机后一般需把磨损量清零),则需在原数值的基础上进行叠加。例如,原有值为 −0.07 mm,现尺寸偏大 0.1 mm(单边 0.05 mm),则重新设置的值为 (−0.07−0.05)=−0.12 mm,有关数据见表 4-5。

表 4-5

测量要素	要求尺寸(mm)	测量尺寸(mm)	磨损量设置值(mm)
A	$100_{-0.054}^{0}$	100.12	−0.06 ～ −0.087
B	$56_{0}^{+0.030}$	55.86	−0.07 ～ −0.085

如果精加工结束后发现工件的表面粗糙度值很大、刀具磨损较严重、工件尺寸有偏差,此时必须更换铣刀重新精铣,先不要重设磨损量,等铣完后通过对尺寸的测量,再作是否补偿的决定,预防产生"过切"。

具体的操作为:在任何方式下按 OFFSET/SETTING 或按[补正]进入刀具补偿存储器页面,利用 ← 、 → 、 ↑ 、 ↓ 四个箭头可以把光标移动到所要设置的刀具"番号"与"形状(D)"、"磨耗(D)"相交的位置,输入要设置的半径补偿量或刀具半径磨损量,并按 INPUT 或[输入],设置完毕。如果按[+输入]则把当前值与存储器中已有的值叠加。

11. 自动运行操作

(1) 运行内存中的操作程序

内存中运行操作程序已事先存储到内存中,当选择了这些程序中的一个并按下〈循环启动〉后,程序自动运行。具体操作过程如下:

① 打开或输入加工程序。

② 在工件已校正与坐标轴的平行度后夹紧,对刀、设置好工件坐标系,装上刀具后,按下〈MEM〉。

③ 把进给倍率开关旋至较小的值,把主轴倍率选择开关旋至 100%。

④ 按下〈循环启动〉,使加工中心进入自动操作状态。

⑤ 进入切削后把进给倍率逐渐调大,观察切削下来的切屑情况及加工中心的振动情况,调整到适当的进给倍率进行切削加工(有时还需同时调整主轴倍率)。图 4-32 所示为自动运行时程序检视显示页面。

在自动运行过程中,如果按下〈单段〉,则系统进入单段运行操作,即数控系统执行完一个程序段后,停止进给,必须重新按下〈循环启动〉才能执行下一个程序段。

(2) MDI 运行操作

在 MDI 方式中,通过 MDI 面板可以编制最多 10 行(10 个程序段)程序并执行,程序格式和通常程序一样。MDI 运行适用于简单的测试操作,因为程序不会被存储到内存中,一段程序段在输入并执行完毕后会马上被清除;但在输入 2 段以上的程序段并执行后不会马上清除,只有关机时才被清除。

```
程式检视                              O1058 N00040
Y20;
G1 Z0 F40;
Z-5.;
X0;
   (绝对坐标)      (余移重量)      G00   G94   G80
X   10.000      X    0.000      G17   G21   G98
Y   33.685      Y   -23.685     G90   G40   G50
Z   -98.658     Z    0.000      G22   G49   G67
                               JOG F   3000
                               H2  M    8
          T   2     D2
          F   100  S 800
ACTF              80SACT  800 OS100％ L  0%
MEM STRT MTN ***      10: 59: 11
[绝对 ] [ 相对 ] [        ] [           ] [(操作) ]
```

图 4-32　自动运行时程序检视显示页面

　　MDI 运行的操作过程是:按〈MDI〉,输入程序段,按〈循环启动〉执行。

　　注意:如果输入一段程序段,则可直接按〈循环启动〉执行。输入程序段较多时,需要先把光标移回到"O0000"所在的第一行,然后按〈循环启动〉执行,否则程序从光标所在的程序段开始执行。

　　(3)机床锁住及空运行操作

　　对于已经输入到内存中的程序,可以采用机床锁住及空运行操作,通过系统的图形轨迹显示功能,发现程序中存在的问题。

　　① 打开程序,在所有换刀指令段前加入跳步标记"/"(由于机床锁住,系统无法换刀,系统遇到换刀指令段就停止运行,不能执行完全部程序)。

　　② 按下〈MEM〉、〈机床锁住〉、〈空运行〉、〈跳步〉(也可同时按下〈Z 轴锁〉)、〈辅助功能锁〉,把进给速度开关旋至 120％。

　　③ 打开图形显示。

　　④ 按〈循环启动〉,执行程序。

　　⑤ 运行完毕后,需重新执行返回参考点操作。

　　(4)程序的断点运行操作

　　在程序运行结束后,通过对零件的测量,发现由于刀具磨损,零件的尺寸没有达到工艺要求,此时可以对刀具进行磨损量的设置,设置好后对零件进行一次精加工即可。在运行程序时,不可能把原来的粗、精加工程序再全部运行一次,只需运行精加工部分的程序即可。此时,可通过断点进行操作运行,具体操作过程如下:

　　① 在〈EDIT〉方式下,利用页面变换键和光标移动键将光标移动到精加工的起始程序段前。

　　② 输入必要的换刀程序段、主轴旋转程序段、刀具长度及半径补偿程序段等。

　　③ 按下〈MEM〉→〈循环启动〉执行。

（5）DNC 运行操作

对于 CAM 软件生成的程序，一般程序段比较多（生成复杂曲面的程序有时会有几百万、几千万段），而数控系统内存的容量一般都比较小，所以不可能采用 DNC 传输的方法把程序预先传输到内存中（一般超过 3 万字节的程序就不允许传输到内存中，以免发生系统溢出，而消除系统溢出操作不当会造成系统的崩溃），必须采用 DNC 边传输边加工的方法。具体操作如下：

① 在计算机中用传输软件打开程序并进入程序待发送状态。

② 〈DNC〉→〈循环启动〉。

③ 在计算机中按程序发送，进行 DNC 运行操作。

12. 图形显示操作

FANUC-0i 系统具有图形显示功能，可以通过其线框图观察程序的运行轨迹。在按〈循环启动〉前或后，按〈CUS-TOM/GRAPH〉进入图 4-33 所示页面，在该页面中设置图形显示参数；按［加工图］进入图形显示页面。

```
图形参数                              O1005 N00000
描画面                    P=           0,
    (XY=0, YZ=2, ZY=4, XZ=3, XYZ=1, ZXY=5)
描画范围                          (最大值)
X=            0        Y=          50      Z=        20
描画范围                          (最小值)
X=          -40        Y=         -40      Z=       -20
倍率                      K=         100
画面中心坐标
X=          -30        Y=           0      Z=       -20
描画终了单节              N=           0
自动消去                  A=           1


                                     OSI00 % L      0 %
MEM STRT MTN ***                 10: 58: 36
[参数] [加工图] [    ] [    ] [    ]
```

图 4-33 图形显示参数设置页面

13. 关机操作

关机的操作如下：

① 取下加工好的工件，清理切屑，启动排屑装置排出切屑。

② 取下刀库中的刀柄（预防加工中心在不用时由于刀库中刀柄等的重力作用而使刀库变形）。

③ 在〈JOG〉方式下，使工作台处于比较中间的位置，主轴尽量处于较高的位置。

④ 按下紧急停止按钮。

⑤ 按下"POWER"的〈OFF〉按钮。

⑥ 关闭加工中心后面的机床电源开关。

⑦ 关闭空气压缩机，切断外部总电源。

4.4.3　安全操作规程

数控机床的操作,一定要做到规范操作,以避免发生人身、设备、刀具等的安全事故。

1. 操作前的安全流程

操作前的安全流程有以下几点:

① 零件加工前,一定要先检查机床的正常运行。可以通过试车的办法来进行检查。

② 在操作机床前,仔细检查输入的数据,以免引起误操作。

③ 确保指定的进给速度与操作所要的进给速度相适应。

④ 当使用刀具补偿时,仔细检查补偿方向与补偿量。

⑤ CNC 与 PMC 参数都是机床厂设置的,通常不需要修改,如果必须修改参数,在修改前请确保对参数有深入全面的了解。

⑥ 机床通电后,CNC 装置尚未出现位置显示或报警画面前,不要碰 MDI 面板上的任何键,MDI 上的有些键专门用于维护和特殊操作。在开机的同时按下这些键,可能使机床产生数据丢失等误操作。

2. 机床操作过程中的安全操作

(1) 手动操作

当手动操作机床时,要确定刀具和工件的当前位置并保证正确指定了运动轴、方向和进给速度。

(2) 手动返回参考点

机床通电后,请务必先执行手动返回参考点操作。如果机床没有执行手动返回参考点操作,机床的运动将不可预料。

(3) 手轮进给

在手轮进给时,一定要选择正确的手轮进给倍率,过大的手轮进给倍率容易损坏刀具或机床。

(4) 工件坐标系

手动干预、机床锁住或镜像操作都可能移动工件坐标系,用程序控制机床前,请先确认工件坐标系。

(5) 空运行

通常,使用机床空运行来确认机床运行的正确性。在空运行期间,机床以空运行的进给速度运行,这与程序输入的进给速度不一样,且空运行的进给速度要比编程用的进给速度快得多。

3. 与编程相关的安全操作

(1) 坐标系的设定

如果没有设置正确的坐标系,尽管指令是正确的,但机床可能并不按预先设计的动作运动。

(2) 公英制的转换

在编程过程中,一定要注意公英制的转换,使用的单位制式一定要与机床当前使用的单位制式相同。

（3）回转轴的功能

当编制极坐标插补或法线方向（垂直）控制时，要特别注意旋转轴的转速。回转轴转速不能过高，如果工件安装不牢，会由于离心力过大而被甩出，引起事故。

（4）刀具补偿功能

在补偿功能模式下，发生基于机床坐标系的运动命令或参考点返回命令，补偿就会暂时取消，这可能会导致机床进行不可预料的运动。

4.5 对刀仪及其使用

对刀仪又称刀具预调仪，它与数控加工过程中必须使用的对刀器不同。数控机床需采用对刀仪测量刀具尺寸及位置，并根据测量结果修正刀具的偏置量，使机床能加工出更高精度的工件，在刀具安装在机床上之前使用。对刀器用于刀具的对刀，即在机床坐标系内确定刀具刃口与工件被加工表面的位置关系，在刀具安装在机床上之后使用。

对于安装在同一台机床上的一批刀具，如果在对刀仪上完成了全部刀具尺寸的测量，只要用一把刀在机床上进行对刀就可以通过刀具尺寸的换算确定其余刀具的对刀结果，不必再逐一进行对刀。而对于安装在机床上的刀具，无论其具体的尺寸是否经过测量，只要在机床上进行了对刀，就可以直接用于数控加工。即对刀器可以替代对刀仪，对刀仪可以减少对刀器的使用次数。

对刀器用在单件、小批生产中，如模具制造业常采用对刀器，而对刀仪则用于大批量的生产中。

4.5.1 对刀仪的组成

对刀仪一般由刀柄定位机构、测头与测量机构和测量数据处理装置组成。

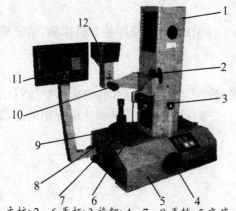

1.主柱; 2、6.手柄; 3.旋钮; 4、7、9.手轮; 5.底座;
8.主轴; 10.滚花轮; 11.电气系统; 12.投影屏

图 4-34 对刀仪的组成

图 4-34 所示为 DTJⅡ1540 型对刀仪，主要包括底座 5、立柱 1、主轴 8、投影屏 12 及电气系统 11 等结构。底座为调整方向的移动部件，左端放置主轴部件，上平面为 X 向移动的导轨面，滑板在水平导轨上移动，滑板上固定有立柱及投影屏，滑板移动时通过光栅检测系统可测出刀具的径向坐标尺寸 R，转动手轮 4 可使滑板左右移动。

立柱 Z 向移动，其滑板在垂直导轨上移动，滑板上固定有投影屏。移动滑板，通过光栅检测系统可测出被测刀具的轴向坐标尺寸 L。逆时针转动手柄 2 可上下移动滑板，顺时针转动手柄 2 可将滑板锁紧，旋动旋钮 3 可使滑板微动。

主轴采用高精度密珠轴系,被测刀具安装在主轴锥孔内,转动手轮 7 可压紧被测刀具,转动手轮 9 使刀尖轮廓在光屏上清晰地成像后,右拨手柄 6 将主轴锁紧,使其位置固定。

投影屏 12 用来瞄准被测刀具的刀尖,通过光学系统将刀尖轮廓放大 20 倍后成像于光屏上,可提高瞄准精度。固定光屏上刻有十字虚线和 360°刻线,旋转分化板上刻有十字线、游标及 $R=0.2$ mm、$R=0.4$ mm、$R=0.8$ mm、$R=1.0$ mm、$R=1.5$ mm、$R=2.0$ mm、$R=2.5$ mm 的圆弧线,转动滚花轮 10 使旋转分化板转动,可测出刀尖的角度。

电气系统 11 分为控制电路及 X、Y 两坐标光栅数显检测系统两部分,"数显"开关控制数显表电源的开、闭,投影屏光源电路由面板上设置的"影屏"按钮开关控制,如图 4-35 所示。检测系统部分为两坐标光栅数显装置。

4.5.2　主要技术参数

径向(X)测量范围 R:0~150 mm。
轴向(Z)测量范围 L:50~400 mm。
数显表分辨率:0.001 mm。
投影屏放大率:20 倍。
投影屏直径:100 mm。
光源:6 V 30 W。
主轴锥孔:7∶24。

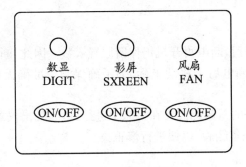

图 4-35　开关面板图

4.5.3　对刀仪的使用方法

1. 安装

首先把 3 套地角螺钉装入底座底部的 3 个螺孔内,调整至水平;装上数显表,将数显表电源和光栅尺插头插好;将电源线一端插入底座后面的电源插座内,另一端插入 AC220V 电源插座内;将仪器背面的电源开关打开,然后打开"数显"开关;拿掉主轴上面的有机玻璃盖,将零点棒锥柄装入主轴锥孔,转动主轴上的手轮 7 可使主轴转动,右拨手柄 6 使主轴锁紧。

2. 校准零点

将数显表后面板上的"电源"开关拨到位置 1，数显表亮，仪表进行自检。自检完成后，数显表显示"0.000"进入工作状态。

移动 X 坐标，使零点棒侧面的钢球顶点与光屏的竖直线相切，按数显表上的[X]键，再按数字键，置入零点棒所标注的 D 值的 1/2，此时 X 坐标的指示灯 D 不亮，则测出的是半径值。若此时指示灯亮，应按一下[R/D]键，再按[ENTER]键，使输入值进入存储器。

移动 Z 坐标，使零点棒顶端钢球的顶点与光屏的水平线相切，按[Z]键，再按数字键，置入零点棒所标注的 L 值，按 ENTER 键，使输入值进入存储器。

零点校对完成后，取出零点棒。

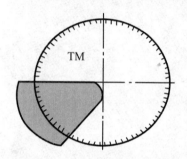

图 4-36　刀尖投影角度测量

3. 被测刀具 X、Y 坐标尺寸的测量

将被测刀具的锥部擦干净后，插入主轴锥孔，利用手轮 7 和手柄 6 将刀具转到合适的位置并锁紧，移动坐标，使被测刀具的最高点分别对准光屏的水平及垂直刻线，此时数显表显示的 X、Y 值即是刃口半径值和轴向长度值。

需要测量刀尖角度时，转动滚花轮 10，使光屏上的十字线与刀尖的一边重合，如图 4-36 所示，通过滚花轮 10 及游标的角度线读出一角度值；再转动滚花轮，使同一条线与刀尖的另一边重合，再读出一角度值，两次读数之差即为刀尖角度值。

4. 注意事项

① 仪器零点校正好后，断电再开机仍保留原置入数。因此，断电后不能移动坐标，以避免造成测量错误。即使断电后未移动坐标，为了确保测量准确无误，每次开机时也需校对一次零点。

② 在仪器上测量好的刀具仍需要在机床上进行试切，找出仪器测量值与加工后工件实际尺寸间的变化规律，积累经验，以便进行修正。

4.6　加工中心编程实例

加工如图 4-37 所示的平面凸轮槽，毛坯为 80 mm×80 mm×26 mm 板材；6 面均已粗加工过，且已完成 $\varnothing 20^{+0.028}_{0}$ mm 孔和 4×$\varnothing 8$ mm 通孔的加工，工件材料为 45 钢，试编写加工程序。

1. 数控加工工艺设计

（1）图样的工艺分析

该零件是平面凸轮槽，其工作原理是凸轮转动时，凸轮槽中的滚子按凸轮曲线运动来达到控制从动件的目的。因此，该滚子在凸轮槽中运动要顺利，但间隙不能太大，否则会影响从动件的运动精度。凸轮槽的两侧面是主要工作面,因此对其表面粗糙度做了严格的要求。而槽底为非配合面,其表面粗糙度要求较低。零件图尺寸标注完整,零件材料为 45 钢,无热处理和硬度要求。

(2) 选择设备

根据被加工零件的外形和材料等条件,选用 VMV-800 加工中心。

(3) 确定零件的定位基准和装夹方式

由于此零件在铣凸轮槽之前已完成 $\varnothing 20^{+0.028}_{0}$ mm 孔和 $4 \times \varnothing 8$ mm 通孔加工,装夹方法可以采用一柱一销的定位方法,保证了工艺基准与装配基准的重合原则。

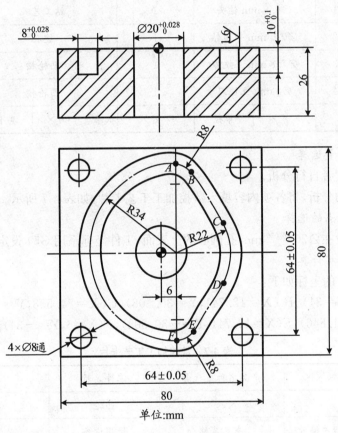

图 4-37 平面凸轮槽

(4) 确定加工顺序及进给路线

该凸轮槽加工是从实体上挖出封闭槽,槽宽为 8 mm,槽深为 10 mm,若采用一次加工成形,切深力太大,受机床夹具、刀具刚性的影响,会使凸轮轮廓不准确,两侧面的表面粗糙度难以达到要求。因此,采用粗、精两次加工的方法,以达到较高的轮廓精度和表面粗糙度要求。

故加工顺序安排如下:

① 预钻工艺孔,引入孔位置在点 $A(6,34)$,以避免铣刀中心垂直切削工件。

② 粗铣凸轮槽,深度方向分四次进刀,切第四刀时留 0.05 mm 余量给精加工。

③ 精铣凸轮槽。

(5) 选择刀具

① 选择 $\varnothing 6.8$ mm 的钻头钻铣刀引入孔,再用 $\varnothing 7.5$ mm 平顶钻锪孔,孔底留余量

为0.5 mm。

② 粗铣凸轮槽选用$\varnothing$7.8 mm立铣刀(定做刀具)。

③ 精铣凸轮槽选用$\varnothing$8 mm立铣刀。

将所选定的刀具参数填入数控加工刀具卡片中(见表 4-6),以便编程和操作管理。

表 4-6　数控加工刀具卡片

产品名称或代号		×××		零件名称	凸轮槽	零件图号	×××
序号	刀具号	刀具规格名称		数量	加工表面		备注
1	T01	$\varnothing$6.8 mm钻头		1	钻工艺孔		
2	T02	$\varnothing$7.5 mm平顶钻		1	锪孔		
3	T03	$\varnothing$7.8 mm立铣刀		1	凸轮槽		
4	T04	$\varnothing$8 mm立铣刀		1	凸轮槽		
编制		×××	审核	×××	批准　　×××	共1页	第1页

(6) 切削用量选择

此部分请读者自行分析。

综合前面的分析,将各项内容填入数控加工工艺卡片,如表 4-7 所示。

(7) 编程原点的选择

编程原点设在$\varnothing 20^{+0.028}_{0}$ mm孔圆心的上表面,工件坐标系用 G54 设定。

(8) 基点坐标计算

基点 $A \sim F$ 的坐标如下:

$A(X=6, Y=34)$、$B(X=12.741, Y=30.308)$、$C(X=24.538, Y=11.846)$、$D(X=24.538, Y=-11.846)$、$E(X=12.741, Y=-30.308)$、$F(X=6, Y=-34)$。

表 4-7　数控加工工艺卡片

单位名称	×××	产品名称或代号		零件名称		零件图号	
		×××		凸轮		×××	
工序号	程序编号		夹具名称	使用设备		车间	
×××	×××			VMC-800 加工中心		数控中心	
工步号	工步内容	刀具名称		切削用量			背吃刀量
		刀具号	刀长补偿号	S 功能	F 功能		
1	预钻孔	$\varnothing$6.8 mm钻头		$V_c=15$ m/min	$F=0.15$ mm/r		9.5
		T03	H03	S700	F100		
2	锪孔	$\varnothing$7.5 mm平顶钻		$V_c=15$ m/min	$F=0.15$ mm/r		9.5
		T04	H04	S650	F90		
3	粗铣凸轮槽	$\varnothing$7.8 mm立铣刀(2 刃)		$V_c=20$ m/min	$F=0.15$ mm/r		9.95
		T01	H01	S800	F2700		

2. 编制程序

O2050；	主程序号
T03 M06；	预钻孔
G54 G90 G00 X0 Y0；	
S700 M03；	
G43 H03 Z50. M08；	
G81 X6. Y34. Z－9.5 R5. F100；	
G00 G40 Z50. M05；	
G91 G28 Z0；	
T04 M06；	锪孔
S650 M03；	
G90 G43 H04 Z50.；	
G82 X6. Y34. Z－9.5 R5. F90 P2000；	
G00 G40 Z0 M05；	
G91 G28 Z0；	
T01 M06；	粗铣轮廓
S800 M03；	
G90 G00 G43 H01 Z50.；	
X6. Y34.；	
Z2.；	
G01 Z－2.5 F240；	
M98 P2051；	调用凸轮槽轮廓尺寸的子程序，粗铣第一刀
G01 Z－5.；	
M98 P2051；	调用凸轮槽轮廓尺寸的子程序，粗铣第二刀
G01 Z－7.5；	
M98 P2051；	调用凸轮槽轮廓尺寸的子程序，粗铣第三刀
G01 Z－9.95；	
M98 P2051；	调用凸轮槽轮廓尺寸的子程序，粗铣第四刀
G40 Z50. M05；	
G91 G28 Z0；	
T02 M06；	精铣轮廓
S1000 M03；	
G90 G00 G43 H02 Z50.；	
X6. Y34.；	
Z2.；	
G01 Z－10. F320；	
M98 P2051；	
G40 Z50. M05；	
G91 G28 Z0 M09；	

M30；

O2051；   描述凸轮槽轮廓尺寸的子程序

G02 X12.741 Y30.308 R8.；

G01 X24.538 Y11.846；

G02 Y−11.846 R22.；

G01 X12.741 Y−30.308；

G02 X6. Y−34. R8.；

G02 Y34. R34.；

G00 Z5.；

M99；

习　题

4.1　简述加工中心的加工对象和编程特点。

4.2　概括总结不同的孔加工循环指令，各适用于何场合？

4.3　用户宏程序的非模态调用 G65 与模态调用 G66 有何区别？指令格式如何？

4.4　自变量赋值 I 与自变量赋值 II 在使用上有何不同？

4.5　宏程序的变量有哪些类型？其主要功能有哪些？

4.6　选择合适的刀具加工如图 4-38 所示零件，确定加工工艺和切削用量，并编制加工
程序。

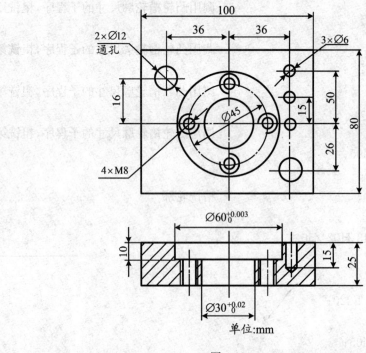

图 4-38

4.7 如图 4-39 所示零件,材料为 45 钢,要求在加工中心上完成两条槽及各孔加工,试选择刀具并确定切削用量,制定加工工艺及编写加工程序。

4.8 试选择合适的刀具加工如图 4-40 所示的零件,确定加工工艺和切削用量,并用孔加工固定循环编写程序。

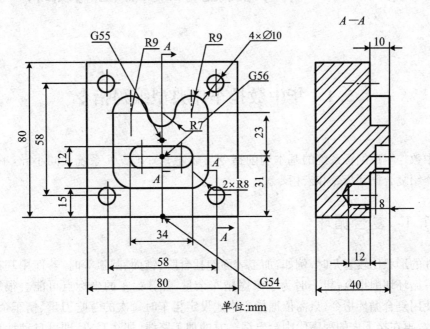

图 4-39

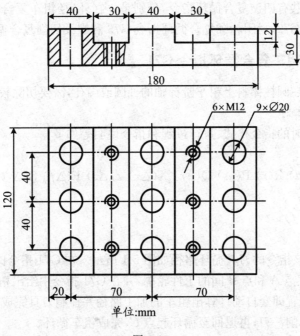

图 4-40

第5章　华中数控系统编程与操作

5.1　华中数控车床典型编程指令

华中数控车床编程系统的基本切削指令与前述 FANUC-0i 系统大同小异,不再赘述,下面将介绍复合循环指令和宏指令。

5.1.1　复合循环

工件的形状比较复杂时,例如,加工表面包括台阶、锥面、圆弧等时,若使用基本切削指令或单一循环切削指令,粗车时为了考虑精车余量,计算粗车的坐标点可能会很复杂。但是如果使用复合循环指令,只需依据指令格式设定粗车时每次的背吃刀量、精车余量、进给量等参数,再在接下来的程序段中给出精车时的加工路线,那么 CNC 即可自动计算出粗加工的刀具路线和进给次数,自动进行粗加工,因此在编制程序时可以节省很多时间。

华中数控车床共有四类复合循环指令,分别是:内(外)径粗车复合循环指令 G71,端面粗车复合循环指令 G72,封闭轮廓复合循环指令 G73 和螺纹切削复合循环指令 G76。

1. 内(外)径粗车复合循环指令 G71

该指令适用于在圆柱棒料上粗车阶梯轴的外圆或内孔,需要切除较多余量。

(1) 无凹槽加工时

不需加工凹槽时的指令格式、执行过程和指令说明等如下:

① 格式:

G71 U(Δd) R(r) P(ns) Q(nf) X(Δx) Z(Δz) F(Δf) S(Δs) T(t);

　　N(ns)… ;

　　…S(s) F(f);

　　N(nf)…;

② 执行过程:该指令的刀具循环路径如图 5-1 所示。在 G71 指令的后面程序段中给出精车加工指令,描述点 A 和点 B 间的工件轮廓,并在 G71 指令中给出精车余量 Δx、Δz 及背吃刀量 Δd,CNC 装置即会自动计算出粗车的加工路径并控制刀具完成粗车,且最后会沿着粗车轮廓 $A' \rightarrow B'$ 车削一刀,再退回至循环起点 C,完成粗车循环。

③ 各项含义如下:

Δd:粗车时每次的背吃刀量(切削深度),即 X 轴方向的进给量,深度以半径值表示,指定时不加符号,方向由矢量 $\boldsymbol{AA'}$ 决定。

r：每次切削结束的退刀量。

ns：精车开始程序段的顺序号。

nf：精车结束程序段的顺序号。

$\triangle x$：X 轴方向的精加工余量，以直径值表示。

$\triangle z$：Z 轴方向的精加工余量。

$\triangle f$：粗车时的进给量。

$\triangle s$：粗车时的主轴功能（一般在指令 G71 之前即已指明，故大都省略）。

t：粗车时所用的刀具（一般在指令 G71 之前即已指明，故大都省略）。

s：精车时的主轴功能。

f：精车时的进给量。

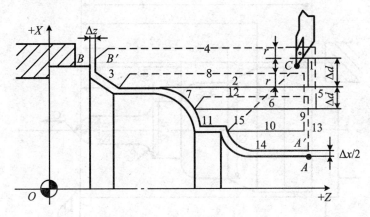

图 5-1　内（外）径粗车复合循环路径

④ 精加工余量 $X(\triangle x)$ 和 $Z(\triangle z)$ 的符号：G71 切削循环下，切削进给方向平行于 Z 轴，指令中 $X(\triangle x)$ 和 $Z(\triangle z)$ 的符号设定如图 5-2 所示，其中（+）表示沿坐标轴正方向移动，（一）表示沿坐标轴负方向移动。

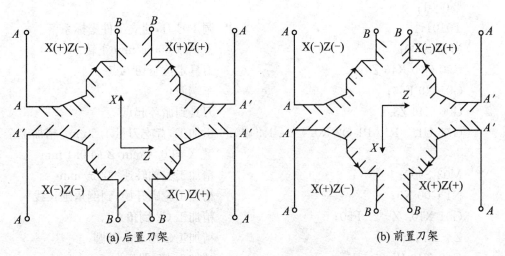

图 5-2　精加工余量 $X(\triangle x)$ 和 $Z(\triangle z)$ 的符号

⑤ 注意：

ⅰ G71 指令必须带有 P、Q 地址 ns、nf，且与精加工路径起、止顺序号对应，否则不能进行该循环加工。

ⅱ 在 ns 的程序段中只能使用 G00/G01 指令,即从循环起点 C 到点 A 的动作必须是直线或点定位运动。

ⅲ 在顺序号为 $ns\sim nf$ 的程序段中,不应包含子程序和换刀指令。

ⅳ 粗加工时 G71 中编程的 F、S、T 有效,而精加工时处于 $ns\sim nf$ 程序段之间的 F、S、T 有效。

【例 5-1】 用外径粗车复合循环指令编制图 5-3 所示零件的加工程序,要求循环起始点在 $A(46,3)$,背吃刀量为 1.5 mm(半径量),退刀量为 1 mm,X 方向精加工余量为 0.4 mm,Z 方向精加工余量为 0.1 mm,其中双点画线部分为工件毛坯轮廓。

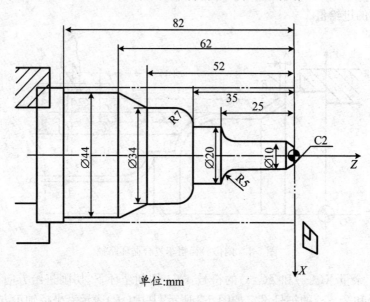

单位:mm

图 5-3　G71 外径粗车复合循环指令编程实例

％0001;	
T0101;	调 1 号刀,建立工件坐标系
M03 S600;	主轴以 600 r/min 正转
G90 G00 X46 Z0;	刀具定位至切入点
G01 X0 F60;	车端面
G00 X46 Z3.;	刀具到循环起点
G71 U1.5 R1. P1 Q2 X0.4 Z0.1 F100;	粗加工,背吃刀量 1.5 mm,精加工余量 X 向 0.4 mm,Z 向 0.1 mm
M03 S900;	精加工主轴转速 900 r/min
N1 G00 X0;	精加工轮廓开始,到倒角延长线
G01 X10. Z−2. F50;	精加工 C2 倒角
Z−20.;	精加工 ∅10 mm 外圆
G02 U10 W−5. R5.;	精加工 R5 圆弧
G01 W−10.;	精加工 ∅20 mm 外圆
G03 U14. W−7. R7.;	精加工 R7 圆弧

G01 Z-52. ;	精加工∅34 mm 外圆
U10 W-10. ;	精加工外圆锥
N2 W-20. ;	精加工∅44 mm 外圆,精加工轮廓结束
X50. ;	退出已加工面
G00 X80. Z80. ;	回对刀点
M05;	主轴停
M30;	主程序结束并复位

【例 5-2】　用内径粗车复合循环指令 G71 编制如图 5-4 所示零件的加工程序,要求循环起始点在 $A(6,3)$,背吃刀量为 1.5 mm(半径量),退刀量为 1 mm,X 方向精加工余量为 0.4 mm,Z 方向精加工余量为 0.1 mm,其中双点画线部分为工件毛坯轮廓。

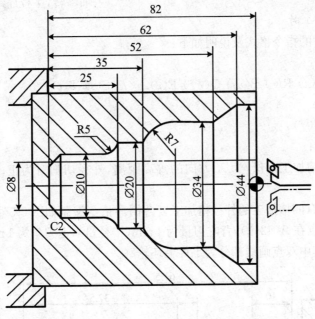

图 5-4　G71 内径粗车复合循环指令编程实例

%0002;	
N1 T0101;	调 1 号刀,建立工件坐标系
N2 G90 G00 X80. Z80. ;	到程序起点位置
N3 M03 S400;	主轴正转,转速 400 r/min
N4 G00 X6. Z5. ;	快进至循环起点
N5 G71 U1.5 R1. P9 Q17 X-0.4 Z0.1 F100;	粗加工,背吃刀量 1.5 mm,精加工余量 X 向 0.4 mm,Z 向 0.1 mm
N6 G00 X80. Z800. ;	退到换刀点位置
N7 T0202;	换 2 号刀,确定其坐标系
N8 G00 G41 X6. Z5. ;	2 号刀加入刀尖圆弧半径补偿
N9 G00 X44. ;	精加工轮廓开始,到 X=44 mm 内孔处
N10 G01 W-20. F60;	精加工∅44 mm 内孔
N11 U-10. W-10. ;	精加工内圆锥

N12 W−10. ;	精加工∅34 mm 内孔
N13 G03 U−14. W−7. R7. ;	精加工 R7 圆弧
N14 G01 W−10;	精加工∅20 mm 内孔
N15 G02 U−10. W−5. R5. ;	精加工 R5 圆弧
N16 G01 Z−80. ;	精加工∅10 mm 内孔
N17 U−4. W−2. ;	精加工 C2 倒角,精加工轮廓结束
N18 G40 X4. ;	退出已加工表面,取消刀尖圆弧半径补偿
N19 G00 Z80. ;	退出工件内孔
N20 X80. ;	回程序起点或换刀点位置
N21 M30;	主轴停转,主程序结束并复位

（2）有凹槽加工时

需加工凹槽时的指令格式及说明如下：

① 格式：

G71 U(Δd) R(r) P(ns) Q(nf) E(e) F(f) S(s) T(t)；

N(ns)…；

…S(s) F(f)；

N(nf)…；

② 说明：e 为精加工余量,为 X 方向的等高距离,外径切削时为正,内径切削时为负。其余各项同前。

【例 5-3】 用有凹槽加工的外径粗加工复合循环指令编制如图 5-5 所示零件的加工程序,要求循环起始点在 $A(42,3)$,背吃刀量为 1 mm(半径量),退刀量为 1 mm,X 方向精加工余量为 0.3 mm,其中双点画线部分为工件毛坯轮廓。

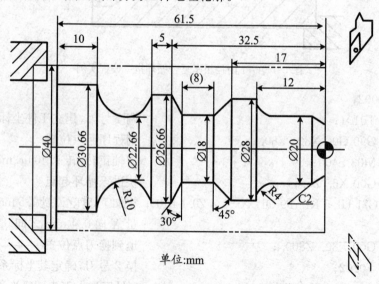

图 5-5 G71 带凹槽的外径粗加工复合循环指令编程实例

%0003；

T0101；   换 1 号刀,确定其坐标系

M03 S400；	主轴以 400 r/min 正转
G90 G00 X42. Z0；	刀具定位至切入点
G01 X0 F60；	车端面
G00 X42. Z3.；	到循环起点位置
G71 U1. R1. P1 Q2 E0.3 F100；	粗加工,背吃刀量 1 mm,退刀量 1 mm,精加工余量 X 向 0.3 mm。
M03 S600；	精加工,主轴转速 600 r/min
N1 G00 G42 X10. Z3.；	加入刀具半径补偿,精加工轮廓开始,到倒角延长线处
G01 X20. Z−2. F60；	精加工 C2 倒角
Z−8.；	精加工 ∅20 mm 外圆
G02 X28. Z−12. R4.；	精加工 R4 圆弧
G01 Z−17.；	精加工 ∅28 mm 外圆
U−10. W−5.；	精加工下切锥
W−8.；	精加工 ∅8 mm 外圆槽
U8.66 W−2.5；	精加工上切锥
Z−37.5；	精加工 ∅26.66 mm 外圆
G02 X30.66 W−14. R10.；	精加工 R10 下切圆弧
N2 G01 W−10.；	精加工 ∅30.66 mm 外圆
G00 X40.；	退出已加工表面,精加工轮廓结束
G00 G40 X80. Z100.；	取消半径补偿,返回换刀点位置
M30；	

2. 端面粗车复合循环指令 G72

① 格式：

G72 W(Δd) R(r) P(ns) Q(nf) X(Δx) Z(Δz) F(Δf) S(Δs) T(t)；

N(ns)…；

…S(s) F(f)；

N(nf)…；

② 说明：该循环与 G71 的区别仅在于其切削方向平行于 X 轴。该指令执行图 5-6 所示的粗加工和精加工路径,其中精加工路径为 $A \rightarrow A' \rightarrow B' \rightarrow B$。其中,$\Delta d$ 为背吃刀量(每次沿 Z 方向的切削进给量),指定时不加符号,方向由矢量 AA' 决定。其余各项同 G71 指令。

【例 5-4】 用端面粗车复合循环指令 G72 编制图 5-7 所示零件的加工程序,要求循环起始点在 $A(80,1)$,背吃刀量为 1.2 mm,退刀量为 1 mm,X 方向精加工余量为 0.2 mm,Z 方向精加工余量为 0.5 mm,其中双点画线部分为工件毛坯轮廓。

%0004；	
N1 T0101；	换 1 号刀,确定其坐标系
N2 G90 G00 X100. Z80.；	到程序起点或换刀点位置
N3 M03 S400；	主轴以 400 r/min 正转
N4 X80. Z1.；	到循环起点位置

N5 G72 W1. 2 R1. P8 Q17 X0. 2 Z0. 5 F100；外端面粗车循环加工

N7 G42 G00 Z−50. ；   加入刀尖圆弧半径补偿

N8 G01 Z−53. ；   精加工轮廓开始，到锥面延长线处

N9 G01 X54. Z−40. F80；   精加工锥面

N10 Z−30. ；   精加工∅54 mm 外圆

N11 G02 U−8. W4. R4. ；   精加工 R4 圆弧

N12 G01 X30. ；   精加工 Z 向−26 mm 处端面

N13 Z−15. ；   精加工∅30 mm 外圆

N14 U−16. ；   精加工 Z 向−15 mm 处端面

N15 G03 U−4. W2. R2. ；   精加工 R2 圆弧

N16 Z−2. ；   精加工∅10 mm 外圆

N17 U−6. W3. ；   精加工 C2 倒角，精加工轮廓结束

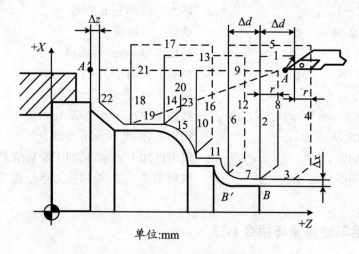

图 5-6　端面粗车复合循环的路径

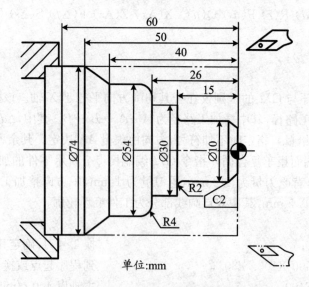

图 5-7　G72 端面粗车复合循环指令编程实例

N18 G00 X50.；　　　　　　　　　　　　退出已加工表面

N19 G40 X100. Z80.；　　　　　　　　　取消半径补偿,返回程序起点位置

N20 M30；　　　　　　　　　　　　　　 主轴停,主程序结束并复位

3. 闭环车削复合循环指令 G73

(1) 格式

G73 U(Δi)W(Δk) R(r) P(ns) Q(nf) X(Δx) Z(Δz) F(Δf) S(Δs) T(t)；

N(ns)…；

…S(s) F(f)；

N(nf)…；

该指令在切削工件时刀具轨迹为图 5-8 所示封闭回路,刀具逐渐进给,使封闭切削回路逐渐向零件最终形状逼近,最终将工件切削成形,其精加工路径为 $A \to A' \to B' \to B$,加工轨迹是零件轮廓的等距线。这种指令适于对铸造、锻造等粗加工中已初步成形的工件进行高效切削。

(2) 说明

Δi 为 X 轴方向的粗加工总余量,Δk 为 Z 轴方向的粗加工总余量,r 为粗切削次数。其余各项的含义同 G71 指令。

Δi 和 Δk 表示粗加工时总的切削量,粗加工次数为 r,则每次 X、Z 方向的切削量分别为 $\Delta i/r$ 和 $\Delta k/r$。按 G73 中 P 和 Q 之间的指令实现循环加工,要注意 Δx 和 Δz,Δi 和 Δk 的正负号。

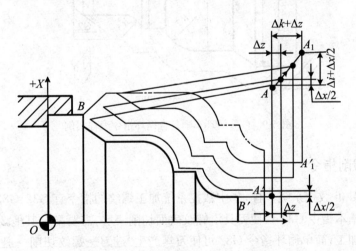

图 5-8　封闭车削复合循环的路径

【例 5-5】　用 G73 循环指令编制图 5-9 所示零件的加工程序,设切削起始点在 A(60,5),X、Z 方向粗加工余量分别为 3 mm 和 0.9 mm,粗加工次数为 3,X、Z 方向的精加工余量分别为 0.6 mm 和 0.1 mm,其中双点画线部分为工件毛坯轮廓。

%0005；　　　　　　　　　　　　　　　 指令编程实例

N10 T0101；　　　　　　　　　　　　　 换 1 号刀,建立工件坐标系

N20 M03 S400；　　　　　　　　　　　　 主轴正转,转速 400 r/min

N30 G90 G00 X60. Z5.；　　　　　　　　 快进至循环起点位置

N40 G73 U3. W0.9 R3. P5 Q13 X0.6 Z0.1 F120；闭环粗切循环加工

N50 G00 X0 Z3. ;   精加工轮廓开始,到倒角延长线处

N60 G01 U10. Z−2. F80；   精加工 C2 倒角

N70 Z−20. ;   精加工∅10mm 外圆

N80 G02 U10. W−5. R5. ;   精加工 R5 圆弧

N90 G01 Z−35. ;   精加工∅20 mm 外圆

N100 G03 U14. W−7. R7. ;   精加工 R7 圆弧

N110 G01 Z−52. ;   精加工∅34 mm 外圆

N120 U10. W−10. ;   精加工锥面

N130 W−10. ;   精加工∅44 mm 外圆,精加工轮廓
                                          结束

N140 G00 X80. Z80. ;   返回程序起点位置

N150 M30；   程序结束并复位

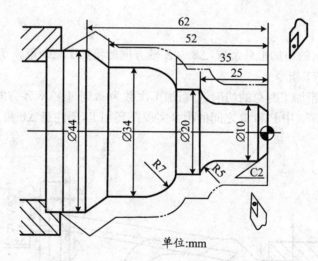

单位:mm

图 5-9　G73 闭环车削复合循环指令编程实例

4. 螺纹切削指令

与 FANUC-0i 数控系统一样,华中数控系统加工螺纹的指令有 G32、G82 和 G76。

螺纹车削基本指令 G32 只使刀具沿螺纹表面切削一层,需要配合其他 3 个程序段才能完成一次进给加工;简单循环指令 G82 可使刀具产生“进刀→螺纹切削→退刀→返回”4 个动作,一个程序段能完成一次进给加工,但仍需多次进刀方可完成螺纹切削。若使用复合循环指令 G76,刀具会自动进行多次进给切削,只需一个指令即可加工出整个螺纹。

(1) 螺纹切削简单循环指令 G82

① 格式:

G82 X(U) Z(W) R_E_C_P_F_ ;

② 各项含义:

X、Z:绝对值编程时,有效螺纹终点的坐标。

U、W:增量值编程时,螺纹终点相对于循环起点的有向距离。

R、E:分别为 Z、X 向的退尾量,R、E 均为向量,若省略,表示不用回退功能。

C:螺纹线数,为 0 或 1 时切削单线螺纹。

P:单线螺纹切削时,为主轴基准脉冲处,距离切削起始点的主轴转角(默认值为 0);多线螺纹切削时,为相邻螺纹切削起始点之间对应的主轴转角(双线螺纹 P 取 180)。

F:螺纹导程。

(2)螺纹切削复合循环指令 G76

① 格式:

　　G76 C(c) R(r) E(e) A(a) X(x) Z(z) I(i) K(k) U(d) V($\Delta d_{\min}$) Q(Δd) P(p) F(L);

② 各项含义:

c:精车次数,必须用两位数表示,范围为 01~99,为模态值。

r、e:分别为螺纹 Z、X 向退尾长度(00~99),为模态值。

a:刀尖角度(两位数字),有 80°、60°、55°、30°、29°和 0°,为模态值。

i:车削锥度螺纹时,起点与终点的半径差。若 $i=0$ 或省略,则为直螺纹切削方式。

k:X 轴方向的螺纹深度(螺纹高度),以半径值表示。

$\Delta d_{\min}$:最小背吃刀量(半径值),若自动计算而得的背吃刀量小于 $\Delta d_{\min}$ 时,则取 $\Delta d_{\min}$。

d:精加工余量(半径值)。

Δd:第一次背吃刀量,以半径值表示。

X(x)、Z(z)、P(p)、F(L)的含义同 G82。

③ 执行过程:螺纹切削固定循环指令 G76 执行如图 5-10 所示加工轨迹。其中 B 点到 D 点的切削速度由 F 代码指定,而其他轨迹均为快速进给。

④ 注意:

ⅰ G76 指令按 X(x)和 Z(z)实现循环加工,用 G91 指令定义为增量值编程,使用后用 G90 定义为绝对值编程。注意,增量值编程时,指令 X 和 Z 的正负号由刀具轨迹 AC 和 CD 段的方向决定。

ⅱ G76 循环进行单边切削,减小了刀尖的受力。每次循环的背吃刀量为 $\Delta d(\sqrt{n}-\sqrt{n-1})$,因此,执行 G76 循环的背吃刀量是逐渐递减的。单边切削参数如图 5-11 所示。

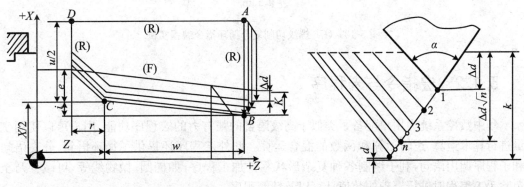

图 5-10　螺纹切削复合循环的路径　　　　　图 5-11　单边切削参数

【例 5-6】　用螺纹切削复合循环指令 G76 编程加工螺纹 ZM60×2,工件尺寸如图 5-12 所示,其中括弧内尺寸根据标准查得。

　　%0006;

N1 T0101；   换 1 号刀,确定其坐标系

N2 G90 G00 X100. Z100. ；   到程序起点或换刀点位置

N3 M03 S400；   主轴以 400 r/min 正转

N4 G00 X90. Z4. ；   到简单循环起点位置

N5 G80 X61.125 Z−30. I−0.94 F80；   加工锥螺纹外表面

N6 G00 X100. Z100. ；   到程序起点或换刀点位置

N7 T0202；   换 2 号刀,确定其坐标系

N8 M03 S300；   主轴以 300 r/min 正转

N9 G00 X90. Z4. ；   到螺纹循环起点位置

N10 G76 G02 R−3. E1.3 A60 X58.15 Z−24.

 I−0.94 K1.299 U0.1 V0.1 Q0.9 F2；   螺纹切削循环

N11 G00 X100. Z100. ；   返回程序起点位置或换刀点位置

N12 M05；

N13 M30；

注意:在 MDI 方式下,不能运行 G71 指令,可运行 G76 指令。

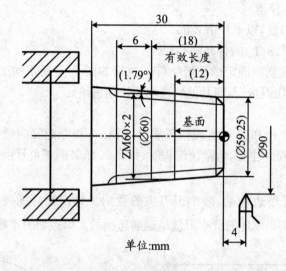

图 5-12　G76 螺纹切削复合循环指令编程实例

5.1.2　宏指令与宏程序

　　华中数控系统为用户配备了类似于高级语言的强有力的宏程序功能,用户可以使用变量进行算术运算、逻辑运算和函数的混合运算。此外宏程序还提供了循环语句、分支语句和子程序调用语句,利于编制各种复杂形状零件加工程序,如椭圆、抛物线等,可减少乃至免除手工编程时进行繁琐的数值计算以及精简程序。

1. 宏变量及常量

（1）宏变量

宏变量范围为♯0～♯599,分层说明如下:

♯0～♯49:当前局部变量。

♯50～♯199:全局变量。

♯200～♯249:0 层局部变量。

♯250～♯299:1 层局部变量。

♯300～♯349:2 层局部变量。

♯350～♯399:3 层局部变量。

♯400～♯449:4 层局部变量。

♯450～♯499:5 层局部变量。

♯500～♯549:6 层局部变量。

♯550～♯599:7 层局部变量。

(2) 常量

常量有 PI、TRUE、FALSE。

PI:圆周率 π。

TRUE:条件成立(真)。

FALSE:条件不成立(假)。

2. 运算符与表达式

(1) 算术运算符

有:＋、－、＊、/。

(2) 条件运算符

有:EQ(＝)、NE(≠)、GT(＞)、GE(≥)、LT(＜)、LE(≤)。

(3) 逻辑运算符

有:AND、OR、NOT。

(4) 函数

有:SIN(正弦)、COS(余弦)、TAN(正切)、ATAN(反正切)、ABS(绝对值)、INT(取整)、SIGN(取符号)、SQRT(开方)、EXP(指数)。

(5) 表达式

有:用运算符连接起来的常数、宏变量构成表达式,例如,175/SQRT[2] ＊ COS[55 ＊ PI/180],♯3 ＊ 6 GT14。

3. 赋值语句

把常数或表达式的值赋给一个宏变量称为赋值。

格式:

宏变量＝常数或表达式

例如:

♯2＝175/SQRT[2] ＊ COS[55 ＊ PI/180],♯3 ＝ 124.0

4. 条件判别语句

条件差别语句 IF、ELSE、ENDIF 格式:

① IF 条件表达式:

ELSE；

ENDIF；

② IF 条件表达式：

ENDIF；

5. 循环语句

循环语句 WHILE、ENDW 格式：

WHILE 条件表达式：

ENDW；

6. 宏程序编程实例

【例 5-7】 用宏程序编制图 5-13 所示零件的加工程序,其表面形状为抛物线($Z=-X^2/8$)。

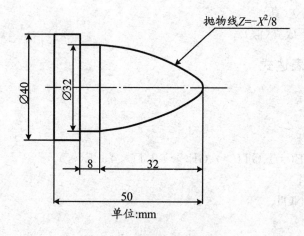

图 5-13　抛物线程序编制

所用刀具:1 号刀为外圆车刀,2 号刀为切槽刀,刀宽 3 mm。

加工程序如下：

%0001；	
T0101；	换 1 号刀
M03 S600；	
G90 G00 X42. Z3. ；	快速到循环加工的起点
G71 U1.5 R1. P1 Q2 X0.4 Z0.1 F100；	外圆粗加工循环
N1 G01 X0 Z3. F50；	精加工的第一条指令,必须是 G01 或 G00
#10＝0；	X 方向的变量,初值设为 0
#11＝0；	Z 方向的变量,初值设为 0
WHILE #10 LE 16；	WHILE 循环语句,条件为 $X \leqslant 16$
G01 X[2 * #10] Z[−#11] F50；	直线逼近椭圆轨迹
#10＝#10+0.08；	X 方向的进给量为 0.08 mm
#11＝#10 * #10/8；	
ENDW；	循环结束

　　　G01 X32. Z－32. ;

　　　G01 X32. Z－40. ;

　　　G01 X40. ;

　　　N2 G01 X40. Z－53. ;　　　　　　　外圆粗车加工循环结束

　　　G00 X50. ;

　　　G00 X50. Z50. ;　　　　　　　　　回到换刀点

　　　T0202;　　　　　　　　　　　　换 2 号刀,刀宽 3 mm

　　　M03 S300;

　　　G00 X43. Z3. ;

　　　G00 Z－53. ;

　　　G01 X0 F30;　　　　　　　　　　切断

　　　G00 X80. Z80. ;

　　　M05;　　　　　　　　　　　　　主轴停转

　　　M30;　　　　　　　　　　　　　程序结束

　　【例 5-8】　用宏程序编制图 5-14 所示零件的加工程序,其表面形状为抛物线($Z=-X^2/8$),其中抛物线不完整,虚线部分零件不存在,编程原点在 A 点。

　　所用刀具:1 号刀为外圆车刀,2 号刀为切槽刀,刀宽 3 mm。

　　加工程序如下:

　　　%0001;

　　　T0101;　　　　　　　　　　　　换 1 号刀

　　　M03 S600;

　　　G90 G00 X42. Z3. ;　　　　　　　快速到循环加工的起点

　　　G71 U1.5 R1. P1 Q2 X0.4 Z0.1 F100;　外圆粗加工循环

　　　N1 G01 X30. F50;　　　　　　　精加工的第一条指令,必须是 G01 或 G00

　　　#11=12;　　　　　　　　　　　Z 方向的变量,初值设为 12

　　　#10=SQRT[8*[#11]];　　　　　X 方向的变量

　　　WHILE#10 LE 16;　　　　　　　WHILE 循环语句,条件为 $X\leqslant16$

　　　G01 X[2*#10] Z[－[#11－12]] F50;直线逼近椭圆轨迹

　　　#10=#10+0.08;　　　　　　　X 方向的进给量为 0.08 mm

　　　#11=#10*#10/8;

　　　ENDW;　　　　　　　　　　　循环结束

　　　G01 X32. Z－20. ;

　　　G01 X32. Z－28. ;

　　　G01 X40. ;

　　　N2 G01 X40. Z－41. ;　　　　　　外圆精车加工循环结束

　　　G00 X50. ;

　　　G00 X80. Z80. ;　　　　　　　　回到换刀点

　　　T0202;　　　　　　　　　　　　换 2 号刀,刀宽 3 mm

　　　M03 S300;

　　　G00 X43. Z3. ;

```
G00 X43. Z-41.;
G01 X0 F30;                          切断
G00 X80. Z80.;
M05;                                 主轴停转
M30;                                 程序结束
```

【例 5-9】 用直径为 22 mm 的圆棒毛坯,加工图 5-15 所示零件,加工椭圆部分的程序用宏指令编程。已知椭圆方程:$\frac{Z^2}{18^2}+\frac{X^2}{10^2}=1$,其中长轴 $a=18$ mm,短轴 $b=10$ mm。

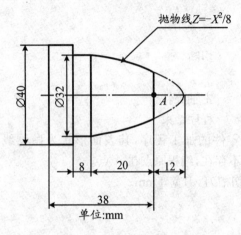

图 5-14 局部抛物线程序编制   图 5-15 椭圆程序编制

① 分析:将椭圆方程化为参数方程为 $X=10\cdot\sin\alpha$,$Z=18\cdot\cos\alpha$,其中 α 为椭圆的圆心角,由 $\tan\alpha=\frac{a}{b}\cdot\tan135°$,求得 $\alpha=119.055°$。

② 所用刀具:1 号刀为 35°菱形外圆车刀,2 号刀为螺纹刀,3 号刀为切槽刀,刀宽 3 mm。

③ 加工程序:加工程序如下:

```
%0001;
T0101;
M03 S600;
G90 G00 X25. Z2.;
G71 U1. R0.5 P1 Q15 E0.3 F100;
N1 G00 X0 Z2.;
#10=0;                                        椭圆圆心角变量,初值设为 0
#11=0;                                        X 方向的变量,初值设为 0
#12=0;                                        Z 方向的变量,初值设为 0
WHILE #10 LE 119.055;                         圆心角 α≤119.055°
G01 X[2 * #11] Z[#12] F50;                    用直线逼近椭圆
#10=#10+1;                                    圆心角每次加 1°
#11=10 * SIN[#10 * PI/180];                   随着圆心角 α 的变化,X 值发生变化
#12=18 * COS[#10 * PI/180]-18;                随着圆心角 α 的变化,Z 值发生变化
ENDW;
```

N15 G01 Z−60. F50；

G00 X25. ；

Z50. ；　　　　　　　　　　　　　　回换刀点

T0303；　　　　　　　　　　　　　　换 3 号刀

M03 S300；

G00 X25. Z2. ；

Z−45. ；

G01 X10. F30；

G01 X15. ；

Z−43. ；

G01 X10. ；　　　　　　　　　　　　车槽

G01 X25. F30；

G00 X25. Z30；

T0101；　　　　　　　　　　　　　　换 1 号刀

M03 S500；

G00 X20. Z2. ；

G00 X20. Z−46. ；

G01 X13. Z−46. F50；

Z−59. 6；

X14. ；

G00 Z−46. ；

G01 X12. F50；

Z−60. ；　　　　　　　　　　　　　车⌀10 mm 轴

X2. 5；

G00 X25. Z30. ；

T0202；　　　　　　　　　　　　　　换 2 号刀

M03 S300；

G00 X20. Z2. ；

Z−44. ；

G01 X12. F50；

G76 X10. 8 Z−57. K0. 649 U0. 2 V0. 2 Q0. 7 F1；螺纹加工

G00 X25. ；

Z30. ；

M06 T0303；　　　　　　　　　　　　换 3 号刀

M03 S300；

G00 X25. Z2. ；

Z−58. ；

G01 X0 F50；　　　　　　　　　　　零件切断

G01 X25. F200；

G00 Z30. ；

    M05；   主轴停转
    M30；   程序结束

5.2 华中数控车床操作

5.2.1 机床操作装置

1. 操作台结构

华中世纪星车床数控装置操作台如图 5-16 所示，由液晶显示器、键盘、机床控制面板、功能键和"急停"按钮组成。

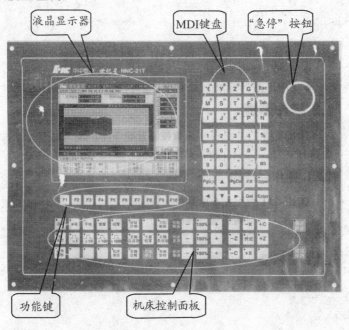

图 5-16 华中世纪星车床数控装置操作台

2. 软件操作界面

HNC-21T 软件操作界面如图 5-17 所示，其界面的 9 个组成部分如下：

① 图形显示窗口：用功能键"F9"可以设置窗口的显示内容。

② 菜单命令条：通过菜单命令条中的功能键"F1"～"F10"来完成选择系统功能。

③ 运行程序索引：自动加工的程序名和当前程序段行号。

④ 选定坐标系下的坐标值：坐标系和显示值均可在几种情况下切换。

⑤ 工件坐标原点：工件坐标系原点在机床坐标系中的坐标值。

⑥ 修调参数：显示机床的主轴转速、快移速度和进给速度的修调倍数。

⑦ 辅助机能：自动加工中的 M、S、T 代码。

⑧ 当前加工程序行:显示当前正在或将要加工的程序段。

⑨ 当前状态显示行:当前的工作方式、系统运行状态及当前时间。

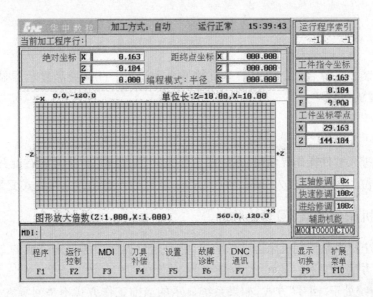

图 5-17 HNC-21T 软件操作界面

数控系统功能的操作主要通过菜单命令条中的功能键"F1"~"F10"来完成的。各功能菜单采用层次结构,即在主菜单下选择一个功能项后,数控装置会显示该功能下的子菜单,供用户选择相应的操作。当要返回主菜单时,按子菜单下的"F10"键即可。

注意:本书约定用"F1"→"F4"格式表示在主菜单下按"F1",然后在子菜单下按"F4"。

HNC-21T 软件功能的菜单结构如图 5-18 所示。

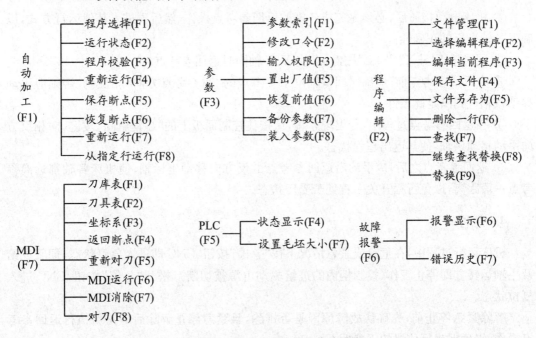

图 5-18 HNC-21T 软件的菜单结构

5.2.2　上电、关机、急停

1. 上电

接通数控装置电源后,HNC-21T 系统软件自动运行。此时液晶显示器显示系统上电屏幕,工作方式为“急停”。

2. 复位

系统上电进入软件操作界面时,系统的工作方式为“急停”。此时需右旋并拔起“急停”按钮使系统复位,系统默认进入“回参考点”方式,软件操作界面的工作方式变为“回零”。

3. 返回机床参考点(回零操作)

建立机床坐标系是控制机床运动的前提,它是通过返回参考点来完成的。机床各轴返回参考点操作方法如下:

① 确保系统处于“回零”方式,如果系统显示的当前工作方式不是回零方式,则按下控制面板上面的“回零”按键。

② 根据 X 轴机床参数“回参考点方向”,按下“+X”按键,待 X 轴返回到参考点后,“+X”按键内的指示灯亮。

③ 用同样的方法使用“+Z”按键,使 Z 轴返回参考点。所有轴返回参考点后,即建立了机床坐标系。

注意:

① 机床电源接通后,必须先完成各轴的返回参考点操作,然后再进入其他运行方式,以确保各轴坐标的正确性。

② 同时按下“+X”、“+Z”按键,可使 X、Z 轴同时返回参考点。

③ 在返回参考点前,应确保回零轴位于参考点的“回参考点方向”相反侧,否则应手动移动该轴直到满足此条件。

④ 在返回参考点过程中,若出现超程,请按住控制面板上的“超程解除”按键,向相反方向手动移动该轴,使其退出超程状态。

⑤ 返回参考点之后,应手动沿返回参考点的反方向移动坐标轴,使机床各轴都远离参考点一段距离,以免行程开关一直处于受压状态。

4. 急停

机床运行过程中,在危险或紧急情况下按“急停”按钮,CNC 即进入急停状态,伺服进给及主轴运转立即停止工作(控制柜内的进给驱动电源被切断),松开“急停”按钮,CNC 进入复位状态。

解除紧急停止前,先确认故障原因是否排除,且紧急停止解除后应重新执行返回参考点操作,以确保坐标位置的正确性。

注意:在上电和关机之前应按下“急停”按钮,减少设备电冲击,以保障安全。

5．超程解除

在伺服轴行程的两端各有一个极限开关,作用是防止伺服机构碰撞而损坏。每当伺服机构碰到行程极限开关时,就会出现超程报警。当某轴出现超程("超程解除"按键内指示灯亮)时,系统视其状况为紧急停止,退出超程状态的步骤如下:

① 松开"急停"按钮,置工作方式为"手动"或"手摇"方式。

② 一直按压着"超程解除"按键(控制器会暂时忽略超程的紧急情况)。

③ 在手动(手摇)方式下,使该轴向相反方向退出超程状态。

④ 松开"超程解除"按键,若显示屏上运行状态栏"运行正常"取代了"出错",表示恢复正常,可以继续操作。

注意:在操作机床退出超程状态时,请务必注意移动方向及移动速度,以免发生撞机。

6．关机

按下控制面板上的"急停"按钮,依次断开伺服电源、数控电源、机床电源。

5.2.3　机床手动操作

机床的手动操作主要包括如下内容:

① 手动移动机床坐标轴(点动、增量、手摇)。

② 手动控制主轴(起停、点动)。

③ 机床锁住、刀位转换、卡盘松紧、切削液起停。

④ 手动数据输入(MDI)运行。

机床手动操作主要由手持单元和机床控制面板共同完成,机床控制面板如图 5-19 所示。

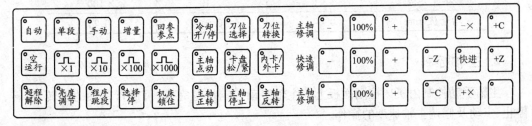

图 5-19　机床控制面板

1．坐标轴移动

(1) 点动进给

按下"手动"按键(指示灯亮),系统处于点动运行方式,按压轴向按键(如"＋X"、"－Z"等),坐标轴将产生正向或负向连续移动;同时按压 X、Z 轴向手动按键,能同时连续移动 X、Z 坐标轴。

(2) 点动快速移动

点动进给时,若同时按压"快进"键,则产生相应轴的正向或负向快速运动。

(3) 点动进给速度选择

在点动进给时,进给速度为系统参数"最高快移速度"的 1/3 乘以进给修调选择的进给倍率;点动快速移动的速度为系统参数"最高快移速度"乘以快速修调选择的快移倍率。

按压进给修调或快速修调右侧的"100％"按键,进给或快速修调倍率被置为100％,按一下"＋"(或"－")按键,修调倍率递增(减)5％。

(4) 增量进给

当手持单元的坐标轴选择波段开关置于"Off"挡时,按下控制面板上的"增量"按键,系统处于增量进给方式,可增量移动机床坐标轴,每按一下轴向按键,坐标轴将移动一个增量值。同样,可同时增量进给X、Z坐标轴。

(5) 增量值选择

增量进给的增量值由"×1"、"×10"、"×100"、"×1000"4个增量倍率按键控制。增量倍率按键和增量值的对应关系见表5-1。

表 5-1　增量倍率按键和增量值的关系

增量值率按键	×1	×10	×100	×1000
增量值(mm)	0.001	0.01	0.1	1

注意:这几个按键互锁,即按其中一个,其余几个会失效。

(6) 手摇进给

当手持单元的坐标轴选择波段开关置于"X"或"Z"挡时,按一下控制面板上的"增量"按键,系统处于手摇进给方式,可手摇进给机床坐标轴。

手摇进给方式每次只能增量进给一个坐标轴。

(7) 手摇倍率选择手摇进给的增量值

手摇脉冲发生器每转一格的移动量,由手持单元的增量倍率波段开关"×1"、"×10"、"×100"控制。增量倍率波段开关挡位和增量值的对应关系见表5-2。

表 5-2　倍率开关挡位与增量值的关系

倍率开关挡位	×1	×10	×100
增量值(mm)	0.001	0.01	0.1

2. 主轴控制

主轴手动控制由机床控制面板上的主轴手动控制按键完成,可进行主轴的正转、反转、停止、点动及修调主轴速度的操作。

注意:机械齿轮换挡时,主轴速度不能修调。

3. 机床锁住

机床锁住时机床不执行任何运动。进行手动操作,系统继续执行,显示屏上的坐标轴位置信息变化,但不输出伺服轴的移动指令,所以机床停止不动。

4. 其他手动操作

在手动方式下,还可以执行刀位转换、冷却起动与停止的操作。

5. 手动数据输入(MDI)运行

在主操作界面下,按"F4"键进入MDI功能子菜单,命令行与菜单条的显示如图5-20

所示。

图 5-20　MDI 功能子菜单

注意：自动运行过程中，不能进入 MDI 运行方式，可在进给保持后进入。

（1）输入 MDI 指令段

MDI 输入的最小单位是一个有效指令字。输入 MDI 运行指令段有两种方法：

① 一次输入，即一次输入多个指令字的信息后，按"Enter"键。

② 多次输入，即每输入一个指令字信息后，按"Enter"键。

输入命令时，在按"Enter"键之前，发现输入错误，可用"BS"、"▶"、"◀"键修改；按"Enter"键后，系统发现输入错误，会提示相应的错误信息。

（2）运行 MDI 指令段

输入一个正确的 MDI 指令段后，按下操作面板上的"循环启动"键，系统即开始运行所输入的 MDI 指令。否则，系统会提示相应的错误信息。

（3）修改某一字段的值

在运行 MDI 指令段之前，如果要修改输入的某一指令字，可直接在命令行上输入相应的指令字符及数值。

例如：在输入"X100."并按"Enter"键后，希望 X 值变为 109，可在命令行上输入"X109."，并按"Enter"键。

（4）清除当前输入的所有尺寸字数据

按"F7"键可清除当前输入的所有 MDI 窗口内的尺寸字（X、Z、I、K、R 等）数据，其他指令字依然有效，此时可重新输入新的数据。

（5）停止当前正在运行的 MDI 指令

当系统正在运行 MDI 指令时，按"F7"键可停止 MDI 运行。

5.2.4　车床对刀操作

数控程序一般是按工件坐标系来编制的，程序运行的前提是已经建立好了工件坐标系。在实际加工中，常用试切法来对刀。

试切法对刀是用所选的刀具试切零件。经过测量和计算得到工件坐标系原点在机床坐标系下的坐标值。在数控车床上通常把工件右端面与零件轴线的交点作为工件坐标系的原点。

现以外圆刀为例进行试切法对刀，以下操作全是在手动或增量（使用手轮）方式下完成。

1. X 向对刀

① 主轴正转，将刀具手动移动至图 5-21 所示位置，使用手轮移动刀具，沿 Z 轴负方向试切工件外圆，如图 5-22 所示。X 向保持不变，刀具沿 Z 轴正方向退出工件。

图 5-21　车刀靠近工件　　　　　　　　　　图 5-22　试切工件外圆

② 主轴停转，测量所切外圆直径 D，打开 MDI 功能下的刀偏表设置页面，将 D 值输入到 1 号刀对应的试切直径中，点击"Enter"键，系统会自动计算并修改该刀具相对于机床坐标系的 X 偏置值，如图 5-23 所示，X 向对刀结束。

刀偏表：

刀偏号	X偏置	Z偏置	X磨损	Z磨损	试切直径	试切长度
#0001	-291.567	0.000	0.000	0.000	0.000	0.000
#0002	0.000	0.000	0.000	0.000	0.000	0.000
#0003	0.000	0.000	0.000	0.000	0.000	0.000
#0004	0.000	0.000	0.000	0.000	0.000	0.000
#0005	0.000	0.000	0.000	0.000	0.000	0.000
#0006	0.000	0.000	0.000	0.000	0.000	0.000
#0007	0.000	0.000	0.000	0.000	0.000	0.000
#0008	0.000	0.000	0.000	0.000	0.000	0.000
#0009	0.000	0.000	0.000	0.000	0.000	0.000
#0010	0.000	0.000	0.000	0.000	0.000	0.000
#0011	0.000	0.000	0.000	0.000	0.000	0.000
#0012	0.000	0.000	0.000	0.000	0.000	0.000
#0013	0.000	0.000	0.000	0.000	0.000	0.000

图 5-23　刀偏表界面

2. Z 向对刀

① 主轴正转，将刀具移至图 5-24 所示位置，用手轮移动刀具，沿 X 轴负方向试切工件端面，如图 5-25 所示。Z 向保持不变，刀具沿 X 轴正方向移出工件。

图 5-24　准备试切端面　　　　　　　　　　图 5-25　试切端面

②　主轴停转,将该端面在工件坐标系中的 Z 坐标值输入到刀偏表中 1 号刀对应的试切长度栏内,然后点击"Enter"键,系统会自动计算并修改该刀具相对于机床坐标系的 Z 偏置值, Z 向对刀结束。

通常把工件坐标系原点建在试切端面的中心上,所以在试切长度栏中输入"0",然后点击"Enter"键,就得到该刀具的 Z 偏置值,如图 5-26 所示。

刀偏号	X偏置	Z偏置	X磨损	Z磨损	试切直径	试切长度
#0001	-291.567	0.000	0.000	0.000	45.320	0.000
#0002	0.000	0.000	0.000	0.000	0.000	0.000
#0003	0.000	0.000	0.000	0.000	0.000	0.000
#0004	0.000	0.000	0.000	0.000	0.000	0.000
#0005	0.000	0.000	0.000	0.000	0.000	0.000
#0006	0.000	0.000	0.000	0.000	0.000	0.000
#0007	0.000	0.000	0.000	0.000	0.000	0.000
#0008	0.000	0.000	0.000	0.000	0.000	0.000
#0009	0.000	0.000	0.000	0.000	0.000	0.000
#0010	0.000	0.000	0.000	0.000	0.000	0.000
#0011	0.000	0.000	0.000	0.000	0.000	0.000
#0012	0.000	0.000	0.000	0.000	0.000	0.000
#0013	0.000	0.000	0.000	0.000	0.000	0.000

图 5-26　输入试切长度"0"对 Z 向偏置

注意:

①　对刀的目的是建立工件坐标系,而建立工件坐标系首先要建立机床坐标系,所以必须首先执行返回参考点操作。

②　不同的刀具可灵活使用试切法对刀,例如,螺纹刀对刀就可以采用 X、Z 方向同时对刀的方法,如图 5-27 所示。这时保持刀具位置不变,输入试切直径和试切长度值,系统自动计算出 X、Z 偏置值。

5.2.5　数据设置

在软件操作界面下,按"F4"键进入 MDI 功能子菜单。在 MDI 功能子菜单下,可以输入刀具、坐标系等参数。

1. 坐标系参数

(1) 手动输入坐标系偏置值("F4"→"F3")

在 MDI 功能子菜单下按"F3"键,进入坐标系手动数据输入方式,图形显示窗口首先显示 G54 坐标系数据,如图 5-28 所示。这时可输入工件坐标系的偏置值(工件原点相对于机床零点的值),如在此窗口输入"X0 Z0"并按"Enter"键,将设置 G54 坐标系的 X 及 Z 偏置值分别为 0、0。

(2) 自动设置坐标系偏置值("F4"→"F8")

在 MDI 功能子菜单下按"F8"键,进入坐标系自动数据设置方式。

①　按"F4"键,在弹出的对话框中,用"▲"、"▼"键移动选择要设置的坐标系。

② 选择一把已设置好刀具参数的刀具,试切工件外圆,沿着 Z 轴方向退刀。

③ 选中"X 轴对刀"。输入试切后工件的直径值(直径编程)或半径值(半径编程),系统将自动设置所选坐标系下的 X 轴零点偏置值。

④ 再试切工件端面,沿着 X 轴方向退刀。

⑤ 选择"Z 轴对刀"。输入试切端面到所选坐标系的 Z 轴零点的距离,系统将自动设置所选坐标系下的 Z 轴零点偏置值。

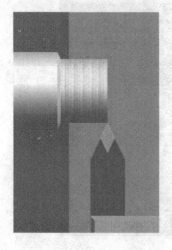

图 5-27 X、Z 方向同时对刀   图 5-28   MDI 方式下坐标系的设置

注意:

① 自动设置坐标系零点偏置前,机床必须先返回机械零点。

② Z 轴距离有正负之分。

2. 刀库参数

在 MDI 功能子菜单下按"F1"键,进入刀库表设置页面,可编辑修改刀库数据("F4"→"F1")。

3. 刀偏参数

刀偏参数分为手动输入和自动设置,手动输入操作与坐标系参数设置方法相似。下面详细介绍自动设置法的操作。

在 MDI 功能子菜单下按"F8"键,进入刀具偏置值自动设置方式。

① 按"F7"键,输入正确的标准刀具刀号。

② 使用标准刀具试切工件外圆,然后沿着 Z 轴方向退刀。

③ 按"F8"键,然后按"▲"、"▼"键选择"标准刀具 X 值"。然后按"Enter"键,输入试切后工件的直径值(直径编程)或半径值(半径编程),系统将自动记录试切后标准刀具的 X 轴机床坐标值。

④ 再试切工件端面,然后沿着 X 轴方向退刀。

⑤ 按"F8"键,并选择"标准刀具 Z 值"。然后按"Enter"键,系统将自动记录试切后标准刀具的 Z 轴机床坐标值。

⑥ 按"F2"键,移动蓝色亮条选择要设置的刀具偏置值。

⑦ 使用需设置刀具偏置值的刀具试切工件外圆,然后沿着 Z 轴方向退刀。

⑧ 按"F9"键,移动蓝色亮条选择"X 轴补偿"。然后按"Enter"键,输入试切后工件的直径值(直径编程)或半径值(半径编程),系统将自动计算并保存该刀相对于标准刀的 X 轴偏置值。

⑨ 再试切工件端面,然后沿着 X 轴方向退刀。

⑩ 按"F9"键,移动蓝色亮条选择"Z 轴补偿"。然后按"Enter"键,输入试切端面到标准刀具试切端面 Z 轴的距离,系统将自动计算并保存该刀相对于标准刀的 Z 轴偏置值。自动设置操作完成。

注意:

① 如果已知该刀的刀偏值,可以直接手动输入该值。

② 刀具的磨损补偿需要手动输入。

4. 刀补参数("F4"→"F3")

在 MDI 功能子菜单下按"F3"键,进入刀补表设置页面。操作步骤同刀偏参数的设置。

5.2.6　程序输入与文件管理

在编辑功能子菜单下,可以对零件程序进行编辑、存储、传递与管理。在软件操作界面下,按"F2"键进入编辑功能子菜单,命令行与菜单条如图 5-29 所示。

图 5-29　编辑功能子菜单

1. 选择编辑程序("F2"→"F2")

在编辑功能子菜单下按"F2"键,将弹出选择编辑程序菜单,有下列选项:

① 磁盘程序:保存在 U 盘、硬盘、软盘或网络路径上的文件。

② 正在加工的程序:当前加工缓冲区中正在加工的程序。

③ 通过串口读入的程序。

④ 选择一个新文件:新建一个文件并进行编辑。

注意:

① HNC-21T 数控系统零件程序文件名一般是由字母"O"开头,后跟四个(或多个)数字组成,缺省认为零件程序名是由"O"开头的。

② HNC-21T 扩展了标志零件程序文件的方法,可以使用任意 DOS 文件名(即"8+3"文件名:1~8 个字母或数字后加点,再加 0~3 个字母或数字组成,如"MyPart.001"、"0.234"等)标志零件程序。

2. 程序编辑

与其他软件一样,HNC-21T 数控系统具备强大的编辑功能,可完成查找、替换、删除等操作。

3. 程序存储与传递

在编辑状态下,可对当前编辑的程序存盘或另存为其他文件,如果当前编辑的是串口程序,按"F4"键可将该程序通过串口送回上位计算机。

4. 文件管理("F2"→"F1")

在编辑子菜单下按"F1"键,将弹出文件管理菜单,可进行新建目录、更改文件名、拷贝文件和删除文件的操作。

5.2.7 程序运行

在软件操作界面下按"F1"键,进入程序运行子菜单。

1. 选择运行程序("F1"→"F1")

在程序运行子菜单下按"F1"键,弹出"选择运行程序"子菜单,可根据需要选择磁盘程序(含网络程序)、正在编辑的程序和 DNC 加工(加工串口程序)。

2. 程序校验("F1"→"F3")

程序校验用于对零件程序进行校验,校验时机床不动作。操作步骤如下:
① 调入要校验的加工程序。
② 按机床控制面板上的"自动"按键进入程序自动运行方式。
③ 在程序运行子菜单下按"F3"键,此时软件操作界面的工作方式显示改为"校验运行"。
④ 按机床控制面板上的"循环启动"按键,程序校验开始。
⑤ 若程序正确,校验完后,光标将返回到程序头,且软件操作界面的工作方式显示改回为"自动"。若程序有错,命令行将提示程序的哪一行有错。
注意:
① 以前未在机床上运行的新程序在调入后最好先进行校验,校验无误后再自动运行。
② 可选择不同的图形显示方式来观察校验运行的结果。

3. 启动、暂停、中止、再启动

系统调入零件加工程序,经校验无误后,可正式启动运行。程序运行过程中,根据需要可执行暂停运行、中止运行和重新运行等操作。
(1)暂停后的再启动
在暂停状态下,按"循环启动"键,系统将从暂停前的状态启动,继续运行。
(2)从任意行执行
在自动运行暂停状态下,还可控制程序从任意行执行。
① 从红色行开始运行。在程序运行子菜单下,按"F7"键,然后按"N"键暂停程序运行;移动蓝色亮条到开始运行;按"F8"键,选择"从红色行开始运行",按"Y"或"Enter"键;按"循环启动"键,程序即从蓝色亮条(即红色行)处开始运行。

②　从指定行开始运行。在程序运行子菜单下，按"F7"键，然后按"N"键暂停运行；在程序运行子菜单下，按"F8"键；选择"从指定行开始运行"选项；输入开始运行行号；按"Y"或"Enter"键，蓝色亮条移动到指定行；按"循环启动"按键，程序从指定行开始运行。

③　从当前行开始运行。在程序运行子菜单下，按"F7"键，然后按"N"键暂停程序运行；移动蓝色亮条到开始运行；在程序运行子菜单下，按"F8"键；选择"从当前行开始运行"选项；按"Y"或"Enter"键；按"循环启动"按键，程序从蓝色亮条处开始运行。

4.　空运行

在自动方式下，按控制面板上的"空运行"键(指示灯亮)，CNC 进于空运行状态。此时程序中编制的进给速率被忽略，坐标轴以最大快移速度移动。

①　空运行不做实际切削，目的在于确认切削路径及程序。

②　在实际切削时，应关闭此功能，否则可能会造成危险。

③　此功能对螺纹切削无效。

5.　单段运行

按下控制面板上的"单段"按键(指示灯亮)，系统进入单段运行状态。每按一下"循环启动"，系统就运行一个程序段，然后程序自动暂停，如此反复操作。首件试切时，常采用这种加工模式。

6.　加工断点保存与恢复

一些大零件的加工时间一般都会超过一个工作日，甚至需要好几个工作日，这就需要在零件加工一段时间后，保存断点(系统记住此时的各种状态)，断开电源，并在隔一段时间后打开电源，恢复断点(系统恢复到上次中断加工时的状态)，继续加工。

(1) 保存加工断点("F7"→"F5")

保存加工断点方法如下：

①　在程序运行子菜单下按"F7"键，弹出"停止加工"对话框。按"N"键暂停程序运行，但不取消当前运行程序。

②　按"F5"键，选择断点文件的路径，输入断点文件的文件名，然后按"Enter"键，系统将自动建立一个名为"PARTBRK1.BPI"的断点文件。

注意：保存断点之前，必须在自动方式下装入加工程序，并且已暂停运行，否则系统提示相应错误信息。

(2) 恢复断点("F1"→"F6")

恢复断点方法如下：

①　如果在保存断点后，断开了系统电源，则上电后首先应进行返回参考点操作，反之，可直接进入下一步。

②　按"F6"键，选择要恢复的断点文件路径及文件名。

③　按"Enter"键，系统会根据断点文件中的信息，恢复中断程序时的状态，并弹出"重新对刀"对话框。

④　按"Y"键，系统自动进入 MDI 方式。

注意：如果保存断点后断开了电源，则上电后应先进行返回参考点操作，才可恢复断点。

（3）定位至加工断点（"F4"→"F4"）

保存断点后，如果移动过坐标轴，要继续从断点处加工，就需先定位至断点。

① 手动移动坐标轴到断点位置附近，并确保机床自动返回断点时不会碰撞。

② 在 MDI 方式子菜单下按"F4"键，自动将断点数据输入 MDI 运行程序段。

③ 按"循环启动"键启动 MDI 运行，系统将移动刀具到断点位置。

④ 按"F10"键退出 MDI 方式。

定位至加工断点后，按"循环启动"键即可继续从断点处加工了。

注意：在恢复断点之前，必须装入相应的零件程序，否则系统会提示"不能成功恢复断点"。

（4）重新对刀（"F4"→"F5"）

在保存断点后，如果工件发生过偏移需重新对刀，可使用本功能。

① 手动将刀具移动到加工断点处。

② 在 MDI 方式子菜单下按"F5"键，自动将断点处的工作坐标输入 MDI 运行程序段。

③ 按"循环启动"键，系统将修改当前工件坐标系原点，完成对刀操作。

④ 按"F10"键退出 MDI 方式，然后按"循环启动"键即可继续从断点处加工。

7. 运行时干预

在自动方式或 MDI 运行方式下，如果指令代码指定的进给速度或主轴速度偏高（或偏低），根据加工的需要，按前面介绍的修调方法，可对进给速度、主轴速度和快移速度修调。

机床锁住的作用是禁止机床坐标轴动作。在自动运行开始前，按下"机床锁住"键，再按"循环启动"，系统继续执行程序，显示屏上的坐标轴位置信息变化，但不输出伺服轴的移动指令，所以机床停止不动。这个功能用于校验程序。

使用"机床锁住"功能时应注意：

① 即使是 G28、G29 功能，刀具也不运动到参考点。

② 机床辅助功能 M、S、T 仍然有效。

③ 在自动运行过程中，按"机床锁住"按键，机床锁住无效。

④ 在自动运行过程中，只在运行结束时，方可解除机床锁住。

⑤ 每次执行此功能后，须再次进行回参考点操作。

5.2.8　显示

在软件操作界面下按"F9"键，将弹出如图 5-30 所示的选择菜单，可以选择图形显示窗口的显示内容。

1. 显示内容

（1）正文显示

显示当前加工的 G 代码程序。

（2）当前位置显示

可依次选择坐标系和位置值类型，然后选择"大字符"或"坐标值联合显示"模式选项，来显示当前位置值。

（3）图形显示

显示 ZX 平面上的刀具轨迹。要正确显示 ZX 平面图形，首先应设置好下列图形显示参数：夹具中心绝对位置、内孔直径、毛坯大小等。

① 设置夹具中心绝对位置，即输入夹具中心（也就是显示的基准点）在机床坐标系下的绝对位置，该项一般不需要频繁设置。

② 设置毛坯大小，在"显示方式"菜单中，选中"毛坯尺寸"选项，然后依次输入毛坯的尺寸按"Enter"键，设置完成。

注意：设置毛坯大小的另外一种方法是：在 MDI 运行或手动方式下，将刀具移动到毛坯的外顶点，然后在主菜单下按"F7"/"毛坯尺寸"选项，选择"当前点为毛坯边界"。

图 5-30　图形显示菜单

③ 设置内孔直径，如果是内孔加工，还需设置毛坯的内孔直径。只需在"显示方式"菜单中选中"内孔直径"选项，输入毛坯内孔直径即可。

④ 设置显示坐标系，在"显示方式"菜单中，选中"坐标系"选项，然后输入 0 则坐标系显示模式是 X 轴正向朝下，输入 1 则是 X 轴正向朝上，按"Enter"键完成设置。

⑤ 设置图形显示模式，在"显示方式"菜单中，选中"显示模式"选项，然后选择"ZX 平面图形"选项，按"Enter"键，显示窗口将显示"ZX"平面的刀具轨迹。

注意：在加工过程中可随时切换显示模式。不过，系统并不保存刀具的移动轨迹，因而在切换显示模式时，系统不会重画先前的刀具轨迹。

（4）图形放大倍数

在"图形放大倍数"选项，输入 X、Z 轴图形放大倍数即可。

2. 运行状态显示

在自动运行过程中，可以查看刀具的有关参数或程序运行中变量的状态。操作步骤是：在自动加工子菜单下，按"F2"键，然后在"运行状态"菜单中，选中其中某一选项，即进入系统运行模态界面，可查看每一子项的值或按"Esc"键退出。

3. PLC 状态显示

在主操作界面下，按"F5"键可进入 PLC 功能，可动态显示 PLC（PMC）状态。

5.3　华中数控铣床典型编程指令

5.3.1　子程序

各种数控系统中，关于子程序的概念、意义、指令格式及执行过程都是相似的。在此简要介绍华中数控系统子程序的特点及用法。

在一个加工程序中，若有几个完全相同的部分程序（即一个零件中有几处形状相同或刀具运动轨迹相同），为了缩短程序，可以把这个部分单独抽出，编成一个程序，该程序称为子程序，原来的程序称为主程序。

1. 指令

子程序调用指令 M98，用于在主程序中调用子程序；从子程序返回指令 M99，表示子程序结束，并使 CNC 控制返回到主程序。需要时主程序可以随时调用子程序。

2. 执行过程

在执行主程序期间出现子程序执行指令时，就去执行子程序；当子程序执行完毕，CNC 控制返回主程序继续往下执行。调用子程序的执行过程如图 5-31 所示。

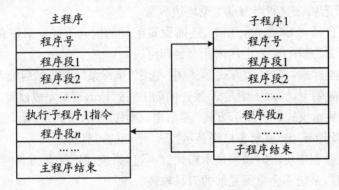

图 5-31　调用子程序的执行过程

3. 格式

（1）调用子程序指令

格式：

　　　　M98 P_L_；

其中，P 指定被调用的子程序号；L 指定重复调用次数，当不指定重复数据时，表示只调用一次子程序。

例如：下面的程序表示主程序调用 6 次 1000 号子程序。

　　　　%0001；

　　　　N01 G54 G90 G00 X0 Y0 Z10.；

　　　　N02 G00 X—10. Y—10.；

　　　　N03 M03 S600；

　　　　N04 G01 Z—5. F200；

　　　　N05 M98 P1000 L6；

　　　　N06 G00 Z50.；

　　　　N07 M30；

（2）子程序返回指令 M99

在子程序开头，必须规定子程序号，用来当作调用入口地址。在子程序的结尾用 M99，以控制执行完该子程序后返回主程序。

下面的程序即为 1000 号子程序：

%1000；

N01 G91 G01 X100. F200；

N02 Y10.；

N03 X－100.；

N04 Y10.；

N05 M99；

思考:分析以上程序的执行过程,画出刀具在 XY 平面的运动轨迹。

4. 说明

① 调用指令可以重复地调用子程序,最多 32 767 次。

② 主程序可以调用多个子程序,最多 64 个。

③ 子程序可以由主程序调用,被调用的子程序也可以调用另一个子程序,这称为子程序嵌套。当主程序调用子程序时它被认为是一级子程序,子程序调用可以嵌套 8 级。

5.3.2　简化编程指令

当所加工的零件具有相似、对称等特征时,可使用华中数控系统提供的简化编程指令,达到简化编程、提高效率的目的。

1. 镜像功能指令 G24、G25

当工件相对于某一轴具有对称形状时,可以利用镜像功能和子程序。只对工件的一部分进行编程,而加工出工件的对称部分,这就是镜像功能。

格式:

G24 X_Y_Z_；

M98 P_；

G25 X_Y_Z_；

说明:

① G24 为建立镜像指令,G25 为取消镜像指令,X、Y、Z 指定镜像位置。

② G24、G25 为模态指令,可相互注销,G25 为缺省值。

注意事项:

① 在指定平面内执行镜像指令时,如果程序中有圆弧指令,则圆弧的旋转方向相反,即 G02 变成 G03,相应地,G03 变成 G02。

② 在指定平面内执行镜像指令时,如果程序中有刀具半径补偿指令,则刀具半径补偿的偏置方向相反,即 G41 变成 G42,G42 变成 G41。

③ CNC 数据处理的顺序是:镜像→比例缩放→坐标系旋转→刀具半径补偿,所以在指定这些指令时,应按顺序指定,取消时,顺序相反。

④ 当某一轴的镜像有效时,该轴执行与编程方向相反的运动。

【例 5-10】　使用镜像功能指令编制图 5-32 所示轮廓的加工程序。设刀具起点距工件上表面 10 mm,背吃刀量为 5 mm。

预先在 MDI 功能“刀具表”中设置 01 号刀具半径值 $D01=6.0$ mm,长度值 $H01=4.0$ mm。

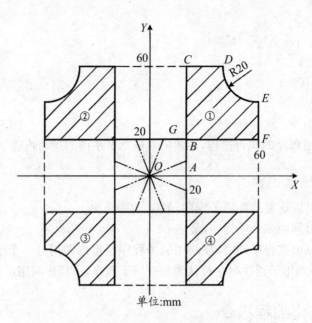

图 5-32　镜像功能指令编程实例

%0010;	主程序
G54 G00 X0 Y0 Z10. ;	建立工件坐标系
G91 G17;	
M03 S600;	
M98 P100;	加工①
G24 X0;	Y 轴镜像,镜像位置为 $X=0$
M98 P100;	加工②
G24 Y0;	X、Y 轴镜像,镜像位置为(0,0)
M98 P100;	加工③
G25 X0;	X 轴镜像继续有效,取消 Y 轴镜像
M98 P100;	加工④
G25 Y0;	取消镜像
M30;	
%100;	子程序(①的加工程序)
N100 G41 G00 X20. Y8. D01;	$O\rightarrow A$
N110 Y2. ;	$A\rightarrow B$
N120 G43 Z−8. H01;	Z 接近工件上表面
N130 G01 Z−7. F300;	Z 向进刀
N140 Y50. ;	$B\rightarrow C$
N150 X20. ;	$C\rightarrow D$
N160 G03 X20. Y−20. I20. J0;	$D\rightarrow E$
N170 G01 Y−20. ;	$E\rightarrow F$
N180 X−50. ;	$F\rightarrow G$
N190 G49 G00 Z15. ;	Z 向抬刀

N200 G40 X－10. Y－20. ;　　　　回到 O

N210 M99;

2. 缩放功能指令 G50、G51

格式:

G51 X_Y_Z_P_;

M98 P_;

G50;

说明:

① G51 为建立缩放指令,G50 为取消缩放指令,X、Y、Z 指定缩放中心的坐标值,P 指定缩放倍数。G51、G50 为模态指令,可相互注销,G50 为缺省值。

② G51 既可指定平面缩放,也可指定空间缩放。在 G51 后,运行指令的坐标值以点(X、Y、Z)为缩放中心,按 P 规定的缩放比例进行计算。

③ 在有刀具补偿的情况下,先进行缩放,然后才进行刀具半径补偿、刀具长度补偿。

【例 5-11】　使用缩放功能指令编制如图 5-33 所示相似三角形的加工程序。已知△ABC各点的坐标是 $A(20,20)$、$B(40,20)$、$C(30,30)$,缩放中心 $D(30,23.333)$,缩放倍数为 3。设刀具起点距工件上表面 10 mm,背吃刀量为 5 mm。

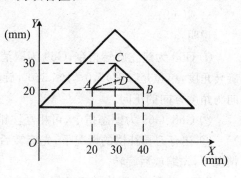

图 5-33　缩放功能

编程如下:

%0011;　　　　　　　　　　　主程序

G90 G54 G17 G00 X0 Y0 Z10. ;　　建立工件坐标系

M03 S600;

X30. Y23.333;　　　　　　　　到达缩放中心 O 点上方

M98 P101;　　　　　　　　　　加工小三角形

G90 G51 X30. Y23.333 P3;　　以 D 点为缩放中心,放大 3 倍

M98 P101;　　　　　　　　　　加工大三角形

G50;　　　　　　　　　　　　取消缩放功能

G90 G00 X0 Y0 Z50. ;

M05;

M30;

%101;

G91 G00 X－10. Y－3.333;　　$D{\to}A$

G01 Z－15. F200;　　　　　　Z 进刀

X20. ;　　　　　　　　　　　$A{\to}B$

X－10. Y10. ;　　　　　　　　$B{\to}C$

X－10. Y－10. ;　　　　　　　$C{\to}A$

Z45. ;   抬刀
G90 G00 X30. Y23.333；   回到 D 点
M99；

3. 旋转变换指令 G68、G69

对于某些围绕中心旋转得到的特殊轮廓的加工，如果根据旋转后的实际加工轨迹进行编程，就可能使坐标计算的工作量大大增加。而通过图形旋转功能，可以大大简化编程的工作量。

格式：

G17(G18 或 G19) G68 X_Y_P_；

M98 P_；

G69；

说明：

① G68 为建立旋转指令，G69 为取消旋转指令，X、Y、Z 指定旋转中心的坐标值，P 指定旋转角度，单位是"(度)"，$0 \leqslant P \leqslant 360°$，旋转角度的 $0°$ 方向为第一坐标轴正方向，逆时针方向为角度方向的正向。

② G68、G69 为模态指令，可相互注销，G69 为缺省值。

③ 在有刀具补偿的情况下，先旋转后刀补(刀具半径补偿、长度补偿)；在有缩放功能的情况下，先缩放后旋转。

【例 5-12】 使用旋转变换指令编制如图 5-34 所示轮廓的加工程序。设刀具起点距工件上表面 10 mm，背吃刀量为 5 mm。

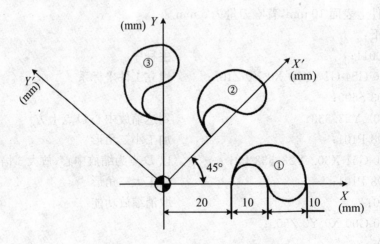

图 5-34　旋转变换指令编程实例

%0012；   主程序
N10 G54 G00 X0 Y0 Z10. ；
N15 G90 G17；
N20 M03 S600；
N25 M98 P200；   加工①
N30 G68 X0 Y0 P45；   旋转 $45°$

```
N40 M98 P200；                    加工②
N60 G68 X0 Y0 P90；               旋转 90°
N70 M98 P200；                    加工③
N75 G00 Z50.；
N80 G69；                         取消旋转
N85 M05；
N90 M30；
%200；                           子程序,加工①
N100 G00 X20. Y-6.；
N105 G01 Z-5. F200；
N110 G41 Y0 D02；
N120 G02 X40. I10.；
N130 X30. I-5.；
N140 G03 X20. I-5.；
N145 G40 G01 Y-6.；
N150 Z10.；
N155 G00 X0 Y0；
N160 M99；
```

5.4　华中数控铣床操作

华中数控铣床在很多方面与华中数控车床(这里简称数控车床)相同或类似,这里就不再详述,只对不同点展开描述。

5.4.1　机床操作装置

华中数控铣床软件操作界面中的功能菜单结构如图 5-35 所示。

5.4.2　上电、关机、急停和返回参考点

1. 机床的上电、复位、急停、超程解除和关机

这些操作的方法与数控车床相同。

2. 返回参考点

与数控车床相比,数控铣床多了 Y 轴返回参考点。

注意:为确保不发生碰撞,一般应选择 Z 轴先返回参考点,将刀具抬起,然后 X、Y 轴再返回参考点。

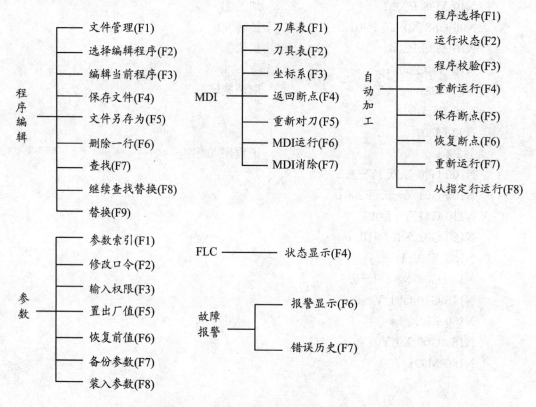

图 5-35 华中数控铣床软件操作菜单结构

5.4.3 机床手动操作

机床手动操作包括坐标轴移动、主轴控制、机床锁住、Z 轴锁住、手动数据输入（MDI）运行和其他手动操作（包括刀具松/紧、冷却开/停），这些操作与数控车床大同小异。

1. 主轴控制

（1）主轴制动

在手动方式下，主轴处于停止状态时，按一下"主轴制动"按键（指示灯亮），主轴电动机即被锁定在当前位置。

（2）主轴冲动

在手动方式下，当"主轴制动"无效时（指示灯灭），按下"主轴制动"按键（指示灯亮），主轴电动机以机床参数设定的转速和时间转动一定的角度。

（3）主轴定向

如果机床上有换刀机构，通常就需要利用主轴定向功能。因为换刀前，主轴上的刀具必须完成定位，否则会损坏刀具。

在手动方式下，当"主轴制动"无效时（指示灯灭），按下"主轴定向"按键，主轴立即执行主轴定向功能。定向完成后，按键内指示灯亮，表示主轴准确停止在某一固定位置。

2. Z 轴锁住

该功能是禁止机床进刀。

在手动运行开始前,按下"Z 轴锁住"按键(指示灯亮),此时手动移动 Z 轴,Z 轴坐标位置信息变化,但 Z 轴不运动。

3. 刀具夹紧与松开

在手动方式下,按下"允许换刀"按键,使得刀具松/紧操作有效(指示灯亮);按下"刀具松/紧"按键,松开刀具(默认值为夹紧),再按一下又为夹紧刀具,如此循环。

5.4.4　机床试切对刀操作

在数控铣床实际加工中,也常用试切法对刀来建立工件坐标系。铣床一般将工件上表面中心点设为工件坐标系的原点。

安装好工件与刀具,然后试切对刀,以下操作全是在手动或增量(使用手轮)方式下完成。假设毛坯尺寸为长 A、宽 B、高 C,对刀过程如下:

1. X 方向对刀

将刀具移动到工件左端面一侧,如图 5-36 所示。使用手轮沿 X 轴正方向移动刀具,直到工件左端面产生少量切屑时,停止移动刀具。记下此时显示器上的 X 坐标值(记为 X_0);进行计算得到工件坐标系原点在机床坐标系下的 X 坐标值,即 $X = X_0 + R + A/2$,R 只为刀具半径。将该值输入到 MDI 下 G54 坐标系的 X 值中。

图 5-36　准备试切左端面

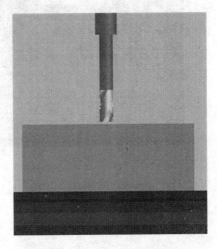

图 5-37　准备试切上表面

2. Y 方向对刀

将刀具移动到工件前端面,用同样方法试切工件前端面,得到 $Y = Y_0 + R + B/2$,并将该值输入到 G54 坐标系的 Y 值中。

3. Z 方向对刀

将刀具移动到工件正上方，如图 5-37 所示。使用手轮沿 Z 轴负方向移动刀具，直到看到工件上表面产生少量切屑时，停止移动刀具。记下此时显示器上的 Z 坐标值（记为 Z_0），该值即为工件坐标系原点在机床坐标系下的 Z 坐标值，然后将该值输入到 G54 坐标系的 Z 值中。这样就得到了 G54 坐标系下的 X、Y、Z 值，即工件坐标系原点在机床坐标系下的坐标值，对刀完毕。

5.4.5　数据设置

铣床的手动数据输入（MDI）操作主要包括：坐标系、刀库表（参考数控车床刀库参数设置）和刀具表数据设置，基本操作与数控车床类似。

下面介绍实际操作中刀具长度补偿和半径补偿的设置问题。

打开 MDI 功能菜单下的刀具表设置窗口，在刀号对应的长度栏中输入该刀的长度补偿值（该功能常用于要使用多把刀具的情况），并在对应的半径栏中输入该刀的半径值（该功能用于程序中用到刀具半径补偿的情况）。

例如，程序中要使用三把刀具，并用 1 号刀对刀建立 G54 工件坐标系，则刀具长度补偿和半径补偿的设置如图 5-38 所示。

刀号	组号	长度	半径	寿命	位置
#0000	-1	0.000	0.000	0	-1
#0001	-1	0.000	8.000	0	-1
#0002	-1	-7.000	10.000	0	-1
#0003	-1	15.000	4.000	0	-1
#0004	-1	0.000	0.000	0	-1
#0005	-1	0.000	0.000	0	-1
#0006	-1	0.000	0.000	0	-1
#0007	-1	0.000	0.000	0	-1
#0008	-1	0.000	0.000	0	-1
#0009	-1	0.000	0.000	0	-1
#0010	-1	0.000	0.000	0	-1
#0011	-1	0.000	0.000	0	-1
#0012	-1	0.000	0.000	0	-1

图 5-38　刀具长度补偿和半径补偿

5.4.6　显示

在"显示方式"菜单下，可选择显示模式、运行状态显示、PLC 状态显示等功能，有 8 种显示模式可供选择：

① 正文：当前加工的 G 代码程序。

② 大字符：由"显示值"菜单所选显示值的大字符。

③ 三维图形：当前刀具轨迹的三维图形。

④ XY 平面图形：刀具轨迹在 XY 平面上的投影（主视图）。

⑤ YZ 平面图形:刀具轨迹在 YZ 平面上的投影(正视图)。

⑥ ZX 平面图形:刀具轨迹在 ZX 平面上的投影(侧视图)。

⑦ 图形联合显示:刀具轨迹的所有三视图及正、侧视图。

⑧ 坐标值联合显示:指令坐标、实际坐标、剩余进给。

附:华中数控系统数控常用 G 代码及格式

1. 华中数控系统数控车床

重要提示:本系统中车床采用直径编程,代码如表 5-3 所示。

表 5-3　华中数控系统车库代码

G 代码	分组	功 能	格 式
G00	01	快速定位	G00 X(U) Z(W); X,Z:为直径编程时,快速定位终点在工件坐标系中的坐标 U,W:为增量编程时,快速定位终点相对于起点的位移量
√G01	01	直线插补	G01 X(U) Z(W) F_; X,Z:绝对编程时,终点在工件坐标系中的坐标 U,W:增量编程时,终点相对于起点的位移量 F:合成进给速度
		倒角加工	G01 X(U) Z(W) C_; G01 X(U) Z(W) R_; X,Z:绝对编程时,为未倒角前两相邻程序段轨迹的交点 G 的坐标值 U,W:增量编程时,为 G 点相对于起始直线轨迹的始点 A 点的移动距离 C:倒角终点 C,相对于相邻两直线的交点 G 的距离 R:倒角圆弧的半径值
G02	01	顺圆插补	G02 X(U) Z(W) $\left\{\begin{array}{l}I\cdots K\cdots\\R\cdots\end{array}\right\}$ F_; X,Z:绝对编程时,圆弧终点在工件坐标系中的坐标 U,W:增量编程时,圆弧终点相对于圆弧起点的位移量 I,K:圆心相对于圆弧起点的增加量,在绝对、增量编程时都以增量方式指定;在直径、半径编程时 I 都指定半径值 R:圆弧半径 F:编程的两个轴的合成进给速度
G03	01	逆圆插补	同上

G代码	分组	功 能	格 式
G02(G03)		倒角加工	G02(G03) X(U) Z(W) R_RL=_; G02(G03) X(U) Z(W) R_RC=_; X,Z:绝对编程时,为未倒角前圆弧终点 G 的坐标值 U,W:增量编程时,为 G 点相对于圆弧始点 A 点的移动距离 R:圆弧半径值 RL=:倒角终点 C,相对于未倒角前圆弧终点 G 的距离 RC=:倒角圆弧的半径值
G04	00	暂停	G04 P_; P:暂停时间,单位为 s
G20 √G21	08	英寸输入 毫米输入	G20 X_Z_; 同上
G28 G29	00	返回刀参考点 由参考点返回	G28 X_Z_; G29 X_Z_;
G32	01	螺纹切削	G32 X(U) Z(W) R_E_P_F_; X,Z:绝对编程时,有效螺纹终点在工件坐标系中的坐标 U,W:增量编程时,有效螺纹终点相对于螺纹切削起点的位移量 F:螺纹导程,即主轴每转一圈,刀具相对于工件的进给量 R,E:螺纹切削的退尾量,R 指定 Z 向退尾量;E 指定 X 向退尾量 P:主轴基准脉冲处距离螺纹切削起始点的主轴转角
√G36 G37	17	直径编程 半径编程	
√G40 G41 G42	09	刀尖半径补偿取消 左刀补 右刀补	G40 G00(G01) X_Z_; G41 G00(G01) X_Z_; G42 G00(G01) X_Z_; X,Z 指定建立刀补或取消刀补的终点,G41/G42 的参数由 T 代码指定
√G54 G55 G56 G57 G58 G59	11	坐标系选择	

续表

G 代码	分组	功　能	格　　式
G71		内(外)径粗车复合循环 (无凹槽加工时) 内(外)径粗车复合循环 (有凹槽加工时)	G71 U(Δd) R(r) P(ns) Q(nf) X(Δx) Z(Δz) F(f) S(s) T(t); d:切削深度(每次切削量),指定时不加符号。 r:每次退刀量 ns:精加工路径第一程序段的顺序号 nf:精加工路径最后程序段的顺序号 x:X 方向精加工余量 z:Z 方向精加工余量 f、s、t:粗加工时 G71 种编程的 F、S、T 有效,而精加工 时处于 ns 到 nf 程序段之间的 F、S、T 有效
G72	06	端面粗车复合循环	G72 W(Δd) R(r) P(ns) Q(nf) X(Δx) Z(Δz) F(f) S(s) T(t); 参数含义同上
G73		闭环车削复合循环	G73 U(ΔI) W(ΔK) R(r) P(ns) Q(nf) X(Δx) Z(Δz) F(f) S(s) T(t); ΔI:X 方向的粗加工总余量 ΔK:Z 方向的粗加工总余量 r:粗切削次数 ns:精加工路径第一程序段的顺序号 nf:精加工路径最后程序段的顺序号 x:X 方向精加工余量 z:Z 方向精加工余量 f、s、t:粗加工时 G71 种编程的 F、S、T 有效,而精加工 时处于 ns 到 nf 程序段之间的 F、S、T 有效
G76	06	螺纹切削复合循环	G76 C(c) R(r) E(e) A(a) X(x) Z(z) I(i) K(k) U(d) V(Δd_{min}) Q(Δd) P(p) F(L); c:精车次数(1~99)为模态值 r:螺纹 Z 向退尾长度(00~99)为模态值 e:螺纹 X 向退尾长度(00~99)为模态值 a:刀尖角度(二位数字)为模态值;在 80°、60°、55°、30°、 29°、0°六个角度中选一个 x,z:绝对编程时为有效螺纹终点的坐标,增量编程时 为有效螺纹终点相对于循环起点的有向距离 i:螺纹两端的半径差 k:螺纹高度 Δd_{min}:最小切削深度 d:精加工余量(半径值) Δd:第一次切削深度(半径值) p:主轴基准脉冲处距离切削起始点的主轴转角 L:螺纹导程

G 代码	分组	功能	格式
G80		圆柱面内（外）径切削循环	G80 X_Z_ F_;
		圆锥面内（外）径切削循环	G80 X_Z_I_F_; I:切削起点 B 与切削终点 C 的半径差
G81		端面车削固定循环	G81 X_Z_F_;
G82		直螺纹切削循环 锥螺纹切削循环	G82 X_Z_R_E_C_P_F_; G82 X_Z_I_R_E_C_P_F_; R,E:螺纹切削的退尾量,R,E 指定的值均为向量,R 为 Z 向回退量;E 为 X 向回退量,R,E 可以省略,表示不用回退功能 C:螺纹头数,为 0 或 1 时切削单头螺纹 P:单头螺纹切削时,为主轴基准脉冲处距离切削起始点的主轴转角（缺省值为 0）;多头螺纹切削时,为相邻螺纹头的切削起始点之间对应的主轴转角 F:螺纹导程 I:螺纹起点 B 与螺纹终点 C 的半径差
√G90 G91	13	绝对编程 相对编程	
G92	00	工件坐标系设定	G92 X_Z_;
√G94 G95	14	每分钟进给速率 每转进给	G94 F_; G95 F_; F:进给速度
G96 G97	16	恒线速度切削	G96 S_; G97 S_; S:G96 后面的 S 指定的值为切削的恒定线速度,单位为 m/min;G97 后面的 S 指定的值取消恒线速度后,指定的主轴转速,单位为 r/min;如缺省,则为执行 G96 指令前的主轴转速度

注:√表示机床默认状态。

2. 华中数控系统数控铣床和加工中心

本系统中的编程代码如表 5-4 所示。

表 5-4　华中数控铣床代码

G 代码	分组	功　能	格　式
G00		快速定位	G00 X_Y_Z_A_; X,Y,Z,A:在 G90 时为终点在工件坐标系中的坐标; 在 G91 时为终点相对于起点的位移量
√G01		直线插补	G01 X_Y_Z_A_F_; X,Y,Z,A:线性进给终点 F:合成进给速度
G02	01	顺圆插补	XY 平面内的圆弧:G17$\left\{{G02 \atop G03}\right\}$X_Y_$\left\{{R_- \atop I\_J\_}\right\}$; ZX 平面的圆弧:G18$\left\{{G02 \atop G03}\right\}$X_Y_$\left\{{R_- \atop I\_J\_}\right\}$;
G03		逆圆插补	YZ 平面的圆弧:G19$\left\{{G02 \atop G03}\right\}$X_Y_$\left\{{R_- \atop J\_J\_}\right\}$; X,Y,Z:圆弧终点 I,J,K:圆心相对于圆弧起点的偏移量 R:圆弧半径,当圆弧圆心角小于180°时 R 为正值,否则 R 为负值 F:被编程的两个轴的合成进给速度
G02/G03		螺旋线进给	G17 G02(G03) X_Y_R(I_J_)_Z_F_; G18 G02(G03) X_Z_R(I_K_)_Y_F_; G19 G02(G03) Y_Z_R(J_K_)_X_F_; X,Y,Z:由 G17/G18/G19 平面选定的两个坐标为螺旋 线投影圆弧的终点,第三个坐标是与选定平面相垂直 的轴终点 其余参数的意义同圆弧进给
G04	00	暂停	$\left\{{\text{G04 P\_;暂停时间,单位 s} \atop \text{G04 X\_;暂停时间,单位 ms}}\right.$
G07	16	虚轴制定	G07 X_Y_Z_A_; X,Y,Z,A:被指定轴后跟数字 0,则该轴为虚轴;后跟 数字 1,则该轴为实轴
G09	00	准停校验	一个包括 G09 的程序段在继续执行下个程序段前,准 确停止在本程序段的终点
√G17		XY 平面	G17;选择 XY 平面
G18	02	ZX 平面	G18;选择 XZ 平面
G19		YZ 平面	G19;选择 YZ 平面

G 代码	分组	功 能	格 式
G20	06	英寸输入	
√G21		毫米输入	
G22		脉冲当量	
G24	03	镜像开	G24 X_Y_Z_A_; X,Y,Z,A:镜像位置
G25		镜像关	指令格式和参数含义同上
G28	00	回归参考点	G28X_Y_Z_A_; X,Y,Z,A:回参考点时经过的中间点
G29		由参考点回归	G29 X_Y_Z_A_; X,Y,Z,A:返回的定位终点
G40	09	刀具半径补偿取消	G17(G18/G19) G40(G41/G42) G00(G01) X_Y_Z_D_; X,Y,Z:G01/G02 的参数,即刀补建立或取消的终点 D:G41/G42 的参数,即刀补号码(D00～D99),代表刀补表中对应的半径补偿值
G41		左半径补偿	
G42		右半径补偿	
G43	10	刀具长度正向补偿	G17(G18/G19) G43(G44/G49) G00(G01) X_Y_Z_H_; X,Y,Z:G01/G02 的参数,即刀补建立或取消的终点 H:G43/G44 的参数,即刀补号码(H00～H99),代表刀补表中对应的长度补偿值
G44		刀具长度负向补偿	
G49		刀具长度补偿取消	
G50	04	缩放关	G51 X_Y_Z_P_; M98 P_; G50; X,Y,Z:缩放中心的坐标值 P:缩放倍数
G51		缩放开	
G52	00	局部坐标系设定	G52 X_Y_Z_A_; X,Y,Z,A:局部坐标系原点在当前工件坐标系中的坐标值
G53		直接坐标系编程	机床坐标系编程
√G54	12	选择工作坐标系 1	Gxx; 如 G55 即表示选择工作坐标系 2
G55		选择工作坐标系 2	
G56		选择工作坐标系 3	
G57		选择工作坐标系 4	
G58		选择工作坐标系 5	
G59		选择工作坐标系 6	
G60	00	单方向定位	G60 X_Y_Z_A_ X,Y,Z,A:单向定位终点

G代码	分　组	功　能	格　式
G61		精确停止校验方式	在 G61 后的各程序段编程轴都要准确停止在程序段的终点,然后再继续执行下一程序段
G64	12	连续方式	在 G64 后的各程序段编程轴刚开始减速时(未达到所编程的终点)就开始执行下一程序段。但在 G00/G60/G09 程序中以及不含运动指令的程序段中,进给速度仍要减速到 0 才执行定位校验
G65	00	子程序调用	指令格式及参数意义与 G98 相同
G68		旋转变换	G17 G68 X_Y_P_;
G69	05	旋转取消	G18 G68 X_Z_P_; G19 G68 Y_Z_P_; M98 P_; G69; X,Y,Z:旋转中心的坐标值 P:旋转角度
G73		高速深孔加工循环	G98(G99) G73 X_Y_Z_R_Q_P_K_F_L_;
G74		反攻丝循环	G98(G99) G74 X_Y_Z_R_P_ F_L_;
G76		精镗循环	G98(G99) G76 X_Y_Z_R_P_I_J_F_L_;
G80		固定循环取消	G80;
G81		钻孔循环	G98(G99) G81 X_Y_Z_R_F_L_;
G82		带停顿的单孔循环	G98(G99) G82 X_Y_Z_R_P_F_L_;
G83		深孔加工循环	G98(G99) G83 X_Y_Z_R_Q_P_K_F_L_;
G84		攻丝循环	G98(G99) G84 X_Y_Z_R_P_F_L_;
G85		镗孔循环	G85 指令同上,但在孔底时主轴不反转
G86	06	镗孔循环	G86 指令同 G81,但在孔底时主轴停止,然后快速退回
G87		反镗循环	G98(G99) G87 X_Y_Z_R_P_I_J_F_L_;
G88		镗孔循环	G98(G99) G88 X_Y_Z_R_P_F_L_; G89 指令与 G86 相同,但在孔底有暂停
G89		镗孔循环	X,Y:加工起点到孔位的距离 R:初始点到 R 的距离 Z:R 点到孔底的距离 Q:每次进给深度(G73/G83) I,J:刀具在轴反向位移增量(G76/G87) P:刀具在孔底的暂停时间 F:切削进给速度 L:固定循环次数

G 代码	分 组	功 能	格 式
√G90	13	绝对值编程	Gxx;
G91		增量值编程	
G92	00	工作坐标系设定	G92 X_Y_Z_A_; X,Y,Z,A:设定的工件坐标系原点到刀具起点的有向距离
G94	14	每分钟进给	
G95		每转进给	
√G98	15	固定循环返回起始点	G98;返回初始平面
G99		固定循环返回到 R 点	G99;返回 R 点平面

注:√表示机床默认状态。

习　题

5.1　利用子程序编程加工图 5-39 所示零件,已知毛坯是直径∅22 mm 的铝棒,切槽刀宽 2 mm。

5.2　已知毛坯是直径∅24 mm 的铝棒,切槽刀宽 3 mm,编程加工如图 5-40 所示零件,注意控制尺寸精度。

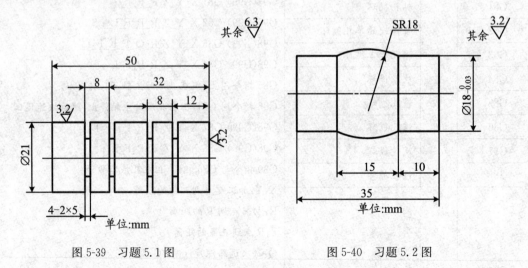

图 5-39　习题 5.1 图　　　　　　　　　图 5-40　习题 5.2 图

5.3　已知毛坯是直径∅60 mm 的铝棒,切槽刀宽 3 mm,编程加工如图 5-41 所示零件。

5.4　已知毛坯是直径∅40 mm 的铝棒,切槽刀宽 3 mm,编程加工如图 5-42 所示零件,注意控制尺寸精度。

5.5　已知毛坯是直径∅45 mm 的铝棒,割刀宽 3 mm,编写如图 5-43 所示零件的加工程序。

5.6　毛坯为 $\varnothing 102\,\text{mm}$ 的铝棒,割刀宽 $3\,\text{mm}$,工件切断。编制程序完成对图 5-44 所示零件的内外型腔的加工。

5.7　已知毛坯是 $\varnothing 40\,\text{mm}$ 的铝棒,切槽刀宽 $3\,\text{mm}$,编程加工如图 5-45 所示零件。椭圆方程为

$$\frac{X^2}{11^2}+\frac{Z^2}{9^2}=1$$

5.8　利用镜像功能编程。设 Z 向背吃刀量为 $3\,\text{mm}$,试编制如图 5-46 所示图形的加工程序。

5.9　利用简化编程指令(缩放、旋转)编制如图 5-47 所示图形的加工程序。用 $\varnothing 6\,\text{mm}$ 的球头刀,按中心轨迹编程,设 Z 向背吃刀量为 $3\,\text{mm}$。

5.10　试编制如图 5-48 所示图形的加工程序。

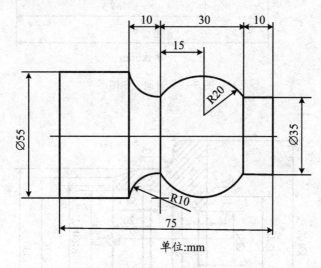

图 5-41　习题 5.3 图

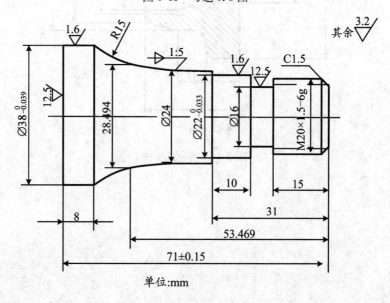

图 5-42　习题 5.4 图

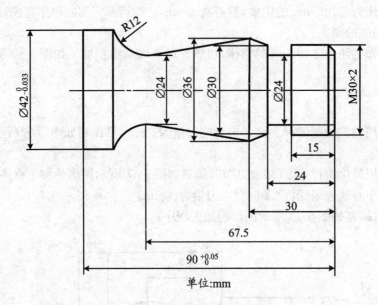

单位:mm

图 5-43 习题 5.5 图

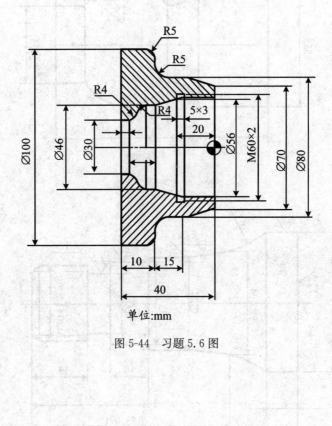

单位:mm

图 5-44 习题 5.6 图

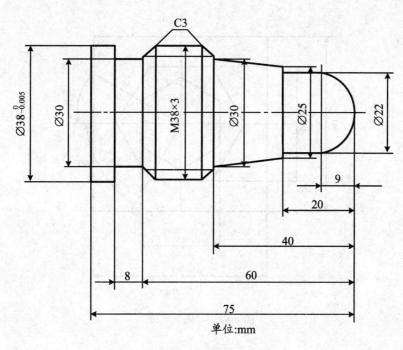

图 5-45 习题 5.7 图

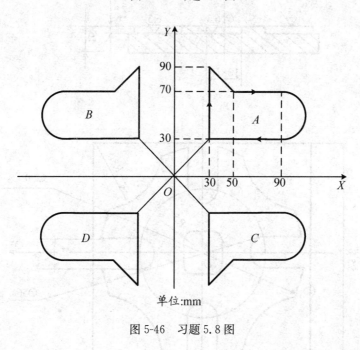

图 5-46 习题 5.8 图

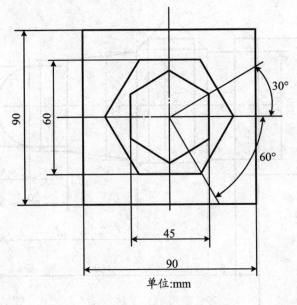

单位:mm

图 5-47   习题 5.9 图

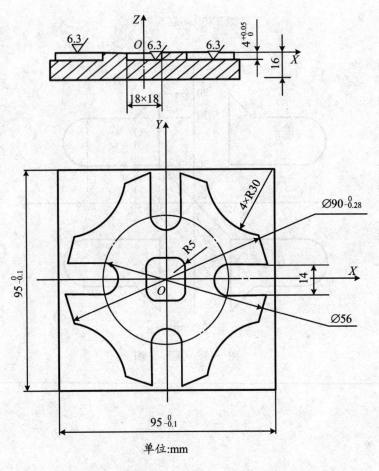

单位:mm

图 5-48   习题 5.10 图

第 6 章　数控电火花线切割加工

电火花加工又称为放电加工(Electrical Discharge Machining,简称 EDM),也有称为电蚀加工的。它是一种直接利用热能和电能进行加工的新工艺。电火花加工与金属切削加工的原理完全不同,在加工过程中,工具和工件不接触,而是靠工具和工件之间不断的脉冲性火花放电,产生局部、瞬时的高温把金属材料逐步蚀除掉。由于放电过程可见到火花,所以称为电火花加工。

数控电火花线切割又称线切割,是利用电火花加工原理,采用细金属线(常用的有钼、黄铜、紫铜等)作为负极,工件作为正极,在线电极和工件之间加以高频的脉冲电压,并置于乳化液或者去离子水等工作液中,使其不断产生火花放电,工件不断被电蚀,从而达到对工件进行加工的目的。

数控电火花线切割加工主要适用于切割淬火钢、硬质合金等金属材料,特别适用于一般金属切削机床难以加工的细缝槽或形状复杂的工件。由于数控电火花线切割加工具有很多优点,所以在精密加工和模具制造等方面得到广泛应用。

6.1　电火花加工的基本原理及特点

6.1.1　电火花加工原理

1. 电火花加工基本原理

电火花加工原理如图 6-1 所示。工件 1 与工具电极 4 分别与脉冲电源 2 的两个不同极性输出端相连接,自动进给调节装置 3(此处为电动机及丝杆螺母机构)使工件和工具电极间保持一很小的放电间隙。当脉冲电压加到两电极之间,便在间隙最小处或绝缘强度最低处将工作液击穿,形成放电火花,瞬时高温使工件和工具电极表面都被蚀除掉一小部分材料,使各自形成一个微小的放电坑。脉冲放电结束后,经过一段时间间隔,使工作液恢复绝缘,下一个脉冲电压又加在两极上。同样进行另一个循环,形成另一个小凹坑,如图6-2所示。当这种过程以相当高的频率重复进行时,工具电极不断调整与工件的相对位置,就加工出所需要的零件。所以,从微观上看,加工表面是由很多个脉冲放电小坑组成的。

2. 电火花加工必须解决下列问题

① 工具电极和工件被加工表面之间要经常保持一定的放电间隙。这一间隙随加工条

件而定,通常为几微米至几百微米。如果间隙过大,极间电压不能击穿极间介质;间隙过小,会形成短路。因此,在电火花加工过程中必须具有工具电极的自动进给调节装置。

② 在脉冲放电点必须有足够大的能量密度,能使金属局部熔化和气化,并在放电爆炸力的作用下,把熔化的金属抛出来。为了使能量集中,放电过程通常在液体介质中进行。

③ 放电形式应该是瞬时的脉冲性放电,放电时间要很短,一般为 $10^{-7} \sim 10^{-3}$ s。这样才能使放电所产生的热量来不及传导扩散到其余部分,将每次放电点分布在很小的范围内,否则持续电弧放电会产生大量热量,使金属表面熔化、烧伤,只能用于焊接或切割。

④ 电火花加工必须在具有一定绝缘性能的液体介质中进行,例如,煤油、皂化液或去离子水等。液体介质又称工作液,必须具有较高的绝缘强度($10^{-3} \sim 10^{-7}$ $\Omega \cdot$ cm),以利于产生脉冲性的放电火花。同时,工作液应能及时清除电火花加工过程中产生的金属小屑、炭黑等电蚀产物,并且对工具电极和工件表面有较好的冷却作用。

⑤ 在相邻两次脉冲放电的间隔时间内,电极间的介质必须能及时消除电离,避免在同一点上持续放电而形成集中的稳定电弧。

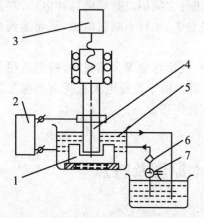

1.工件; 2.脉冲电源; 3.自动进给调节装置;
4.工具电极; 5.工作液; 6.过滤器; 7.工作液泵

图 6-1 电火花加工原理图

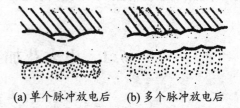

(a) 单个脉冲放电后   (b) 多个脉冲放电后

图 6-2 电火花加工表面局部

6.1.2 电火花加工的特点

① 适合于加工那些用传统机械加工方法难以加工的材料。因为材料的去除是靠放电热蚀作用来实现的,材料的加工性质主要取决于材料的热学性质,如熔点、比热容、导热系数(热导率)等,而几乎与其硬度、韧性等力学性能无关。这样可以突破传统切削加工对刀具的限制,实现用软的工具加工硬工件。因此工具电极材料不必比工件硬,所以电极制造相对比较容易。

② 可加工特殊及复杂形状的零件。由于电极和工件之间没有相对切削运动,机械加工时不存在切削力,因此适宜于低刚度工件加工和细微加工。此外,由于可以简单地将工具电极的形状复制到工件上,因此特别适宜于薄壁、低刚性、弹性、微细及复杂形状表面的加工,如复杂的型腔模具的加工。

③ 可实现加工过程自动化。加工过程中的电参数较机械量易于实现数字控制、自适应

控制、智能化控制,能方便地进行粗、半精、精加工各工序,简化工艺过程。在设置好加工参数后,加工过程中无需进行人工干涉。

④ 由于脉冲放电时间短,材料加工表面受热影响范围比较小,所以适宜于热敏性材料的加工。

⑤ 可以改变零件的工艺路线。由于电火花加工不受材料硬度影响,所以可以在淬火后进行加工,这样可以避免在淬火过程中产生热处理变形。如在压铸模或者锻压模制造中,可以将模具淬火到大于 56HRC 的硬度。

⑥ 主要用于金属材料的加工,不能加工塑料、陶瓷等绝缘的非导电材料。但近年来研究表明,在一定条件下也可加工半导体和聚晶金刚石等非导体超硬材料。

⑦ 加工效率比较低。相比于机加工来说,电火花加工的材料去除率是比较低的。因此通常采用机加工切削去除大部分余量,然后再进行电火花加工。此外。加工速度和表面质量存在着突出的矛盾,即精加工时加工速度很低,粗加工时常受到表面质量的限制。

⑧ 加工中存在电极损耗。由于电火花加工靠电、热来蚀除金属,所以电极也会遭受损耗,而且电极损耗多集中在尖角或底面,影响成形精度。虽然最新的机床产品在粗加工时已能将电极的相对损耗比降至 1% 以下,精加工时能降至 0.1%,甚至更小,但精加工时的电极低损耗问题仍需深入研究。

⑨ 加工表面有变质层甚至微裂纹。由于电火花加工时在加工表面产生瞬时的高热量,因此会产生热应力变形,从而造成加工零件表面产生变质层。

⑩ 外部加工条件的限制。电火花加工时放电部位必须在工作液中,否则将引起异常放电,这给观察加工状态带来麻烦,加工件的大小也受到影响。

由于电火花加工具有许多传统切削加工所无法比拟的优点,因此其应用领域日益扩大,目前已广泛应用于航空、航天、机械、电子、电机电气、精密机械、仪器仪表、汽车、轻工等行业,用来解决难加工材料及复杂形状零件的加工问题。加工范围已达到小至几微米的小轴、孔、缝,大到几米的超大型模具和零件。

6.2　数控电火花线切割加工原理、特点及应用

6.2.1　数控电火花线切割加工原理

电火花线切割加工技术简称线切割加工,是线电极电火花加工,是电火花加工技术的一种,电火花线切割加工是用运动着的金属丝作电极,利用电极丝与工件在水平面内的相对运动切割出各种形状的工件。

电火花线切割的加工原理如图 6-3 所示。线切制机床采用钼丝或铜丝作为电极丝,电极丝为工具电极,接脉冲电源的负极,被切割工件为工件电极,接脉冲电源的正极。在工具电极和工件电极之间加以高频的脉冲电压,同时电极丝和工件之间加有足够的、具有一定绝缘性能的工作液,伺服电动机驱动坐标工作台按预先编制的数控加工程序移动,当两电极间的距离小到一定程度时,工作液被脉冲电压击穿,电极丝和工件间形成瞬时火花放电,

产生瞬间高温把金属材料逐步蚀除掉。控制两电极,使两电极间始终维持一定的放电间隙,并使储丝筒带动电极丝不断移动,以避免因总在局部位置发生放电而烧断电极丝。因此,电极丝按照预定轨迹边除蚀、边进给,逐步将工件切割加工成形。

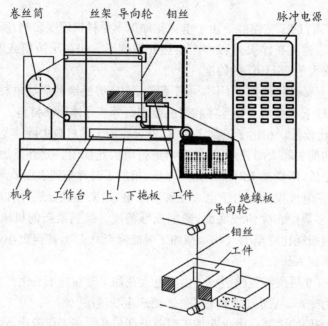

图 6-3   电火花线切割的加工原理

　　根据电极丝的运动速度,电火花线切割机床通常分为两大类,即快走丝电火花线切割机床和慢走丝电火线切割机床。慢走丝电火花线切割机床走丝速度低于 0.2 m/s,加工工件的表面粗糙度和加工精度比快走电火花线切割机床好,但机床成本和使用成本都比较高,是国外企业生产和使用的主机种,属于精密加工设备。而我国独创的快走丝电火花线切割机床走丝速度为 8~10 m/s,加工速度较高,排屑容易,机床结构简单,成本低,易加工大厚度工件,已成为我国产量最大、应用最广泛的机床种类之一,在模具制造、新产品试制及工件加工中得到了广泛应用。但由于其走丝速度快容易引起机床的较大振动,丝的振动也大,从而影响加工精度。

6.2.2   数控电火花线切割加工特点

　　① 加工范围宽,只要被加工对象是导体或半导体材料,加工对象不受硬度的限制,均可进行加工,特别适合淬火工具钢、硬质合金等高硬度材料的加工,但无法加工非金属导电材料。

　　② 能加工细小、形状复杂的工件。由于电极丝直径最小可达 0.01 mm,所以能加工出窄缝、锐角(小圆角半径)等细微结构。

　　③ 加工精度较高。由于电极丝是不断移动的,所以电极丝的磨损很小,目前,电火花线切割加工精度已经能达到微米,完全可以满足一般精密零件的加工要求。

　　④ 省掉了成型的工具电极,大大降低了成型工具电极设计和制造费用,缩短了生产准备时间。

⑤ 工作液选用乳化液或去离子水等,而不是煤油,可节约能源,防止着火,容易实现安全无人运转。

⑥ 能方便调节加工工件之间的间隙,如依靠半径自动补偿功能,使冲模加工的凸凹模间隙得以保证。

⑦ 便于实现自动化。采用数控技术,只要编好程序,机床就能够自动加工,操作方便、加工周期短、成本低、比较安全。

正因为有许多突出的长处,电火花线切割加工在国内外发展很快,得到广泛的应用。

6.2.3　数控电火花线切割加工的应用

线切割加工为新产品的试制、精密零件及模具制造开辟了一条新的工艺途径,主要应用于以下几个方面:

① 加工模具。数控线切割加工适用于加工各种形状的冲模、注塑模、挤压模、粉末冶金模、弯曲模等。

② 加工电火花成形加工用的电极。一般穿孔加工用及带锥度型腔加工用的电极以及铜钨、银钨合金之类的电极材料,用线切割加工特别经济,同时也适用于加工微细复杂形状的电极。

③ 加工工件。数控线切割加工可用于加工材料试验样件、各种型孔、特殊齿轮、凸轮、样板、成形刀具等复杂形状工件及高硬材料的工件;可进行微细结构、异形槽加工;试制新产品时,可在坯料上直接割出工件;另外修改设计,变更加工程序比较方便,加工薄件时可多片叠在一起加工。

6.3　数控电火花线切割加工工艺指标及其影响因素

6.3.1　数控电火花线切割加工主要工艺指标

电火花线切割加工工艺的效果,一般用加工工艺指标来评价。电火花线切割加工工艺指标主要包括:切割速度、加工精度、表面粗糙度、电极丝的损耗等。

1. 切割速度

切割速度也称加工速度,是指在保持一定表面粗糙度的切割加工过程中,单位时间内电极丝中心线在工件上切过的面积总和,单位为 m^2/min。切割速度是反映加工效率的一项重要指标。

2. 加工精度

加工精度是指线切割加工后,工件的尺寸精度、形状精度(如直线度、平面度、圆度等)和位置精度(如平行度、垂直度、同轴度等)。

3. 表面粗糙度

线切割加工中的工件表面粗糙度通常用轮廓算术平均偏差 R_a 值表示,单位为 μm。

6.3.2　数控电火花线切割加工主要工艺指标的影响因素

1. 脉冲电流主要参数对主要工艺指标的影响

（1）峰值电流的影响

峰值电流增大时,线切割加工速度提高,但表面粗糙度变大,电极丝损耗比加大甚至断丝。

（2）脉冲宽度的影响

脉冲宽度加大可提高加工速度,但表面粗糙度变大。

（3）脉冲间隔的影响

脉冲间隔减小时平均电流增大,切割速度加快,但脉冲间隔过小会引起电弧和断丝。

（4）空载电压的影响

空载电压提高,加工间隙增大,切缝宽,排屑容易,提高了切割速度和加工稳定性,但易造成电极丝振动,使加工面形状精度变差和粗糙度变大,同时电极丝损耗也增大。

2. 电极丝及走丝速度对主要工艺指标的影响

线切割加工是利用电极丝与工件之间的放电来实现加工的。因此,电极丝的材料、直径、垂直度和移动速度等都会影响线切割加工工艺指标。

（1）电极丝对主要工艺指标的影响

电极丝应具有良好的导电性和抗电蚀性,抗拉强度高、材质均匀,并根据具体加工情况选择合适的材料和直径。

（2）走丝速度对主要工艺指标的影响

在一定范围内,随着走丝速度的提高,线切割的速度也可以提高,提高走丝速度有利于电极丝把工作液带入较大厚度的工件放电间隙中,有利于电蚀产物的排放和放电加工的稳定。但走丝速度过高,将使电极丝的振动加大,精度、切割速度降低,表面粗糙度变大。

3. 进给速度对主要工艺指标的影响

在电火花线切割加工中,进给速度对表面粗糙度影响较大,进给速度要接近并保持工件被蚀除的线速度,使进给均匀平稳。如果进给速度太快,超过工件蚀除速度,会出现频繁的短路现象;进给速度太慢,滞后于工件的蚀除速度,极间将偏于开路,这两种情况都不利于线切割加工,影响加工工艺指标。只有进给速度适宜,工件蚀除速度与进给速度相匹配,加工丝纹均匀,才能得到表面粗糙度值小、精度高的加工效果,生产效率也高。

4. 工件厚度及材料对主要工艺指标的影响

工件材料较薄,工作液容易进入并充满放电间隙,对排屑和消除电离有利,加工稳定性好。但若工件太薄,金属丝易产生抖动,对加工精度和表面粗糙度不利,因此,加工精度较差和表面粗糙度均较大。反之工件厚,金属丝不易产生抖动,能得到较好的加工精度和表面粗糙度。

工件材料不同,其熔点、汽化点、热导率都不一样,因而加工效果也不同,例如,采用乳化液介质加工时,通常加工铜、钼、淬火钢等材料比较稳定,切割速度也快,而切割不锈钢、磁钢、未淬火高碳钢时,加工不太稳定,切割速度较慢,表面质量不太好。

5. 线切割工作液对主要工艺指标的影响

在线切割加工过程中,需要稳定地供给有一定绝缘性能的工作介质——工作液,以冷却电极丝和工件,排除电蚀产物等,保证火花放电持续进行。因此,工作液的种类、浓度和清洁程度对加工工艺指标影响很大。

6.4　数控线切割加工工艺的制订

6.4.1　零件图的工艺分析

分析零件图对保证工件加工质量和综合技术指标具有决定意义。首先,应根据零件图判定工件是否适合采用电火花线切割加工,主要分析零件的凹角和尖角是否符合线切割加工的工艺条件,如窄缝小于电极丝直径与放电间隙之和的工件,或图形内拐角处不允许带有电极丝半径加放电间隙所形成的圆角的工件都不适合使用电火花线切割加工。其次,分析零件的加工精度、表面粗糙度是否在线切割加工所能达到的经济精度范围内,根据加工精度要求的高低来合理确定线切割加工的有关工艺参数。

6.4.2　工艺准备

1. 工件材料的选择和处理

工件材料选择是在图样设计时确定的。如模具加工,在加工前需要锻打和热处理。锻打后的材料在锻打方向与其垂直方向会有不同的剩余应力;淬火后也同样会出现剩余应力。加工中剩余应力的释放,会使工件变形,因而达不到加工尺寸精度,淬火不当的材料还会在加工中出现裂纹。因此,工件回火后才能使用,而且应回火两次以上或者采用高温回火。另外,加工前要进行消磁处理及去除表面氧化层和锈斑等。

为避免或减少以上情况的发生,应选用锻造性能好、淬透性好、热处理变形小的材料。

2. 工件的工艺基准的确定

电火花线切割时,除要求工件具有工艺基准面或工艺基准线外,同时还必须具有线切割加工基准。

由于电火花线切割加工多为模具或零件加工的最后一道工序,因此,工件大多具有规则、精确的外形。若工件外形具有与工作台 X、Y 轴平行并垂直于工作台水平面的两个面并符合六点定位原则,则可以选取一面作为加工基准面。若工件侧面的外形不是平面,则在对工件技术要求允许的条件下可以以加工出的工艺平面作为基准面。当工件上不允许加工工艺平面时,可以采用划线法在工件上划出基准线,但划线法仅适用于加工精度不高的零件。若工件一侧面只有一个基准平面或只能加工出一个基准面时,则可用预先已加工的工件内孔作为加工基准。这时不论工件上内孔的原设计要求如何,都必须在机械加工时使其位置和尺寸精确适应其作为加工基准的要求。若工件以划线为基准,则要求工件必须具有可作为加工基准的内孔。当工件本身无内孔时,可用位置和尺寸都已准确的穿丝孔作为加工基准。

3. 穿丝孔的加工

(1) 加工穿丝孔的必要性

凹形类封闭形工件在切割前必须具有穿丝孔,以保证工件的完整性,这是显而易见的。凸形类工件的切割也有必要加工穿丝孔,是因为坯件材料在切断时,会破坏材料内部应力的平衡状态而造成材料的变形,影响加工精度,严重时甚至造成夹丝、断丝。而采用穿丝孔,可以使工件坯料保持完整,从而减少变形所造成的误差。

(2) 穿丝孔的位置和直径

在切割中、小孔形凹模工件时,当穿丝孔位于凹形的中心位置时操作最为方便。因为这既便于穿丝孔加工位置准确,又便于控制坐标轨迹的计算。在切割凸形工件或大孔形凹形类工件时,穿丝孔应设置在加工起始点附近,这样可以大大缩短无用切割行程。穿丝孔的位置,最好选在已知坐标点或便于计算的坐标点上,以简化有关轨迹控制的运算。穿丝孔的直径不宜太小或太大,以钻或镗孔工艺简便为宜,一般选在 $3\sim10$ mm。孔径最好选取整数值或较完整数值,以简化用其作为加工基准的运算。

(3) 穿丝孔的加工

由于多个穿丝孔都要作为加工基准,因此,在加工时必须确保其位置精度和尺寸精度。这就要求穿丝孔应在具有较精密坐标工作台机床上进行加工。为了保证孔径尺寸精度,穿丝孔可采用钻铰、钻镗或钻车等较精密的机械加工方法。穿丝孔的位置精度和尺寸精度,一般要等于或高于工件要求的精度。

4. 电极丝的选择

常用电极丝有纯铜丝、钼丝、钨丝、黄铜丝等。纯铜丝不易卷曲,抗拉强度低,容易断丝,适用于切割速度要求不高的精加工。钼丝抗拉强度高,适于快速走丝加工,所以我国快速走丝机床大都选用钼丝作电极丝,直径在 $0.06\sim0.25$ mm,在进行细微、窄缝加工时,也可用于低速走丝。钨丝抗拉强度高,直径在 $0.03\sim0.1$ mm,一般用于各种窄缝的精加工,但价格昂贵。黄铜丝适合于慢速加工,加工表面粗糙度和平直度较好,蚀屑附着少,但抗拉强度差,损耗大,直径在 $0.1\sim0.3$ mm,一般用于慢速单向走丝加工。电极丝的直径应该根据切缝宽窄、工件厚度及拐角尺寸大小来选择。加工带尖角、窄缝的小型模具零件宜选择较细的电极丝;加工大厚度工件或大电流切割时应选择较粗的电极丝。

5. 线切割路线的确定

在加工中,工件内部应力的释放会引起工件的变形,所以在选择加工路线时要避免从工件端面开始加工,应从穿丝孔开始加工;加工的路线距离端面(侧面)应大于 5 mm;在一块毛坯上要切出两个以上零件时,不应连续一次切割出来,而应从不同穿丝孔开始加工。

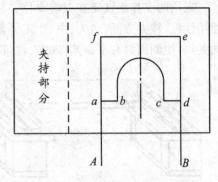

图 6-4　程序起点对加工精度的影响

另外正确的切割路线能减少工件变形,容易保证加工精度。为避免材料内部组织和内应力对加工精度的影响,除了考虑工件从坯料中的取出位置外,还必须合理选择程序的走向和起点。如图 6-4 所示,加工程序引入点为 A,起点为 a,则走向可有:

① $A-a-b-c-d-e-f-a-A$

② $A-a-f-e-d-c-b-a-A$

如选走向②,则在切割过程中,工件悬留在被切缝 af 切开后易变形的部分,会带来较大误差。如选走向①,就可减少或避免这种影响。如果加工程序引入点为 B 点,起点为 d,这时无论选哪种走向,其切割精度都会受材料变形的影响。

另外,程序起点选择不当,会使工件切割表面留下切痕,所以,应尽可能将起点和终点选在切割表面的拐角处或精度要求不高的表面上,也可以选在容易修整的表面上。

6.4.3　工件的装夹和位置校正

1. 工件的装夹

工件装夹的形式对加工精度有直接影响。因此,装夹工件时,必须保证工件的切割部位位于机床工作台纵向、横向进给的允许范围之内,避免超出极限,同时应考虑切割时电极

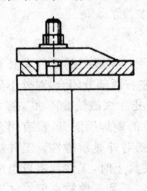

图 6-5　悬臂式支撑方式

丝的运动空间。夹具应尽可能选择通用(或标准)夹具,所选夹具应便于装夹,便于协调工件和机床的尺寸关系。在加工大型模具时,要特别注意工件的定位方式,尤其在加工快结束时,工件的变形、重力的作用会使电极丝被夹紧,影响加工。常用的装夹方式有以下几种:

(1) 悬臂支撑方式

悬臂支撑通用性强,装夹方便,如图 6-5 所示。但由于工件单端固定,另一端呈悬梁状,因而工件平面不易平行于工作台面,易出现上仰或下斜,致使切割表面与其上、下平面间易出现垂直度误差。另外,加工中工件受力时,位置容易变化。通常只在工件的技术要求不高或悬臂部分短的情况下使用。

(2) 两端支撑方式

工件两端固定在两相对工作台面上,装夹简单方便,支撑稳定,平面定位精度高,如图

6-6所示,但要求工件长度大于两工作台面间的距离,不利于小零件的装夹。

（3）桥式支撑方式

采用两支撑垫铁架在双端支撑夹具上,再在垫铁上安装工件,如图6-7所示。其特点是通用性强,装夹方便,对大、中、小工件都可方便地装夹,特别是带有相互垂直的定位基准面的夹具,使侧面具有平面基准的工件可省去找正工序。

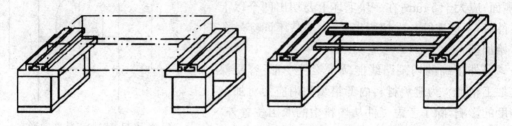

图6-6 两端支撑方式   图6-7 桥式支撑方式

（4）板式支撑方式

板式支撑夹具可以根据工件的常规加工尺寸而制造,呈矩形或圆形,如图6-8所示。这种装夹方式,装夹精度高,适用于批量生产各种小型和异型工件。但无论是切割型孔还是工件外形都需要穿丝,通用性也较差。

（5）复式支撑方式

复式支撑夹具是在桥式夹具上再固定专用夹具而成,如图6-9所示。这种夹具可以很方便地实现工件的成批加工。它能快速地装夹工件,因而可以节省装夹工件过程中的辅助时间,提高了生产效率。

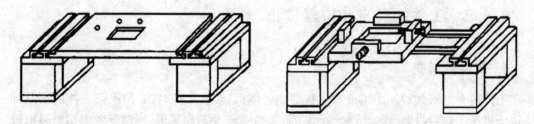

图6-8 板式支撑式   图6-9 复式支撑方式

（6）弱磁力夹具

弱磁力夹具装夹工件迅速简便,通用性强,应用范围广,对于加工成批的工件尤其有效,其工作原理如图6-10所示。当永久磁铁的磁力线经过磁靴左右两部分闭合,对外不显示磁性。把永久磁铁旋转90°,磁力线被磁靴的铜焊层隔开,没有闭合的通道,则对外显示磁性。工件被固定在夹具上时,工件和磁靴组成闭合回路,于是工件被夹紧。加工完毕后,将永久磁铁再旋转90°,夹具对外不显示磁性,可将工件取下。

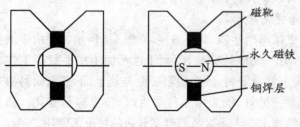

图6-10 弱磁力夹具工作原理图

2. 工件的调整

工件安装到机床工作台上后,在进行夹紧前,应先进行工件的位置找正,以能使工件的定位基准面分别与机床的工作台面和工作台的进给方向 X、Y 保持平行,以保证所切割的表面与基准面间的相对位置精度为宜。工件位置找正的方法有以下几种:

(1) 用百分表找正

用磁力表座将百分表固定在丝架或者其他固定位置上,百分表表头与工件基准面进行接触,往复移动 XY 坐标工作台,按百分表指示数值调整工件,直至百分表指针的偏摆范围达到所要求的数值。

(2) 划线法找正

当工件等切割图形与定位的相互位置要求不高时,可采用划线法。用固定在丝架上的一个带有顶丝的零件将划针固定,划针尖指向工件图形的基准线或基准面,往复移动 XY 坐标工作台,根据目测调整工件进行找正。

3. 电极丝位置的调整

线切割加工之前,应将电极丝调整到切割的起始坐标位置上,其调整方法有以下几种:

(1) 目测法

对于加工要求较低的工件,在确定电极丝与工件基准间的相对位置时,可以直接目测或借助 2～8 倍的放大镜进行观察。图 6-11 所示为利用穿丝处划出的十字基准线,分别沿划线方向观察电极丝与基准线的相对位置,根据两者的偏离情况移动工作台,当电极丝中心分别与纵横方向基准线重合时,工作台纵、横方向上的读数就确定了电极丝中心的位置。

(2) 火花法

如图 6-12 所示,移动工作台使工件的基准面逐渐靠近电极丝,在出现火花的瞬时,记下工作台的相应坐标值,再根据放电间隙推算电极丝中心的坐标。此法简单易行,但往往因电极丝靠近基准面时产生的放电间隙,与正常切割条件下的放电间隙不完全相同而产生误差。

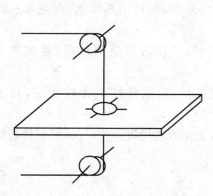

图 6-11 目测法调整电极丝位置

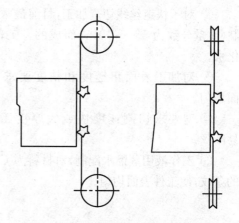

图 6-12 火花法校正线电极丝位置

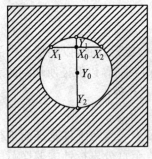

图 6-13　自动找中心

（3）自动找中心

所谓自动找中心，就是让电极丝在工件孔的中心自动定位。此法是根据线电极与工件的短路信号，来确定电极丝的中心位置。数控功能较强的线切割机床常用这种方法。如图 6-13 所示，首先让电极丝在 X 轴或 Y 轴方向与孔壁接触，然后返回，向相反的对面壁部靠近，再返回到两壁距离的 1/2 处，接着在另一轴的方向进行上述过程。这样经过几次重复，就可以找到孔的中心位置。当误差达到所要求的设定值之后，找中心就算结束。

6.4.4　加工参数的选择

1. 脉冲参数的选择

线切割加工一般都采用晶体管高频脉冲电源，用单个脉冲能量小，脉宽窄，频率高的脉冲参数进行正极性加工。加工时，可改变的脉冲参数主要有电流峰值、脉冲宽度、脉冲间隔、空载电压、放电电流。所选的脉冲参数较小时，可获得较好的表面粗糙度；所选的脉冲参数较大时，可获得较高的切削速度，但加工电流的增大受排屑条件及电极丝截面积的限制，过大的电流易引起断丝。

2. 工作液的选配

工作液对切割速度、表面粗糙度、加工精度等都有较大影响，加工时必须正确选配。常用的工作液主要有乳化液和去离子水。

① 慢走丝线切割加工，目前普遍使用去离子水。为了提高切割速度，在加工时还要加入有利于提高切割速度的导电液，以增加工作液的电阻率。加工淬火钢，使电阻率在 $2 \times 10^4 \ \Omega \cdot cm$ 左右；加工硬质合金电阻率在 $30 \times 10^4 \ \Omega \cdot cm$ 左右。

② 对于快走丝线切割加工，目前最常用的是乳化液，乳化液是由乳化油和工作介质配制（质量分数为 5%～10%）而成的。工作介质可用自来水，也可用蒸馏水、高纯水和磁化水。

③ 对加工表面粗糙度和精度要求比较高的工件，工作液可适当浓些，使加工表面均匀。

④ 对要求切割速度快或大厚度工件，工作液可稀点，这样加工比较稳定，且不易断丝。

⑤ 工作液用蒸馏水配制，对材料为 Cr12 的工件，工作液适当稀一些，可减轻工件表面的条纹，使工件表面均匀。

6.5　数控线切割加工的程序编制

6.5.1　数控线切割加工编程基础

1. 坐标系的建立

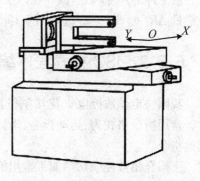

与其他数控机床一致,数控线切割机床的坐标系符合国家标准,以右手笛卡儿坐标系为基础,参考电极丝相对于静止工件的运动方向来确定:面向机床正面,横向为 X 方向,且电极丝向右运行为 X 轴正方向,向左运行为 X 轴负方向;纵向为 Y 方向,且电极丝向外运行为 Y 轴负方向,向内运行为 Y 轴正方向,如图 6-14 所示。为简化计算,应尽量选取图形的对称轴线为坐标轴。

图 6-14　数控线切割机床坐标系

2. 间隙补偿量的计算

线切割加工时,控制台控制的是电极丝中心的移动轨迹,同时为了获得所要求的加工尺寸,电极丝和加工图形之间必须保持一定的距离,如图 6-15 所示。图中双点画线表示电极丝中心的轨迹,实线表示型孔或凸模轮廓。编程时首先要求出电极丝中心轨迹与加工图形之间的垂直距离 ΔR(间隙补偿距离),并将电极丝中心轨迹分割成单一的直线或圆弧段,求出各线段的交点坐标后,逐步进行编程,这样才能加工出合格零件。如果采用的数控线切割机床具有补偿功能,可通过 G41、G42 指令实现间隙补偿,但需要知道间隙补偿量。

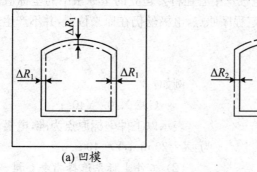

(a) 凹模　　　　　　　　　　　　　　(b) 凸模

图 6-15　电极丝中心轨迹

(1) 正负符号的判定

间隙补偿量的正负,可根据在电极丝中心轨迹图形中圆弧半径及直线段法线长度的变化情况来确定,对于圆弧,$\pm\Delta R$ 用于修正圆弧的半径,对于直线段,$\pm\Delta R$ 用于修正其法线长度。对于圆弧,当考虑电极丝中心轨迹后,若圆弧半径比原图形半径增大时取正,减小时取负;对于直线段,当考虑电极丝中心轨迹后,使该直线段的法线长度增加时取正,减小时取负。

（2）间隙补偿量的计算

一般情况下，用电极丝半径 r、电极丝与工件之间的放电间隙 δ 来计算电极丝中心的间隙补偿量 $\Delta R = r + \delta$。

加工凸、凹模时，应考虑电极丝半径 r、电极丝与工件之间放电间隙 δ 及凸、凹模的单面配合间隙 $Z/2$。当加工冲孔模具时，凸模尺寸由孔的尺寸确定，因 δ 在凹模上扣除，故凸模的间隙补偿量 $\Delta R_1 = r+\delta$，凹模的间隙补偿量 $\Delta R_2=r+\delta-Z/2$。当加工落料模具时，凹模尺寸由工件的尺寸确定，因 δ 在凸模上扣除，则凹模的间隙补偿量 $\Delta R_1=r+\delta$，凸模的间隙补偿量 $\Delta R_2=r+\delta-Z/2$，如图 6-15 所示。

6.5.2　ISO 格式程序编制

我国快走丝数控电火花切割机床常用的 ISO 代码指令，与国际上使用的标准基本一致。常用指令格式为：运动指令、坐标方式指令、坐标系指令、补偿指令、M 代码、坐标指令、其他指令。

下面介绍数控线切割加工常用的一些指令。

1. 坐标方式指令

G90 为绝对坐标指令。该指令表示程序段中的编程尺寸是按绝对坐标给定的。

G91 为增量坐标指令。该指令表示程序段中的编程尺寸是按增量坐标给定的，即坐标值均以前一个坐标作为起点来计算下一点的位置值。

2. 坐标系指令

（1）工件坐标系设置指令 G92

工件坐标系设置指令 G92 是指将加工时工件坐标系原点设定在距电极丝中心现在位置一定距离处，也就是以当前电极丝中心在将要建立的坐标系中的坐标值来定义工件坐标系，如图 6-16 所示。G92 只设定程序原点，电极丝仍在原来位置，并不产生运动。

编程格式：

G92 X_Y_;

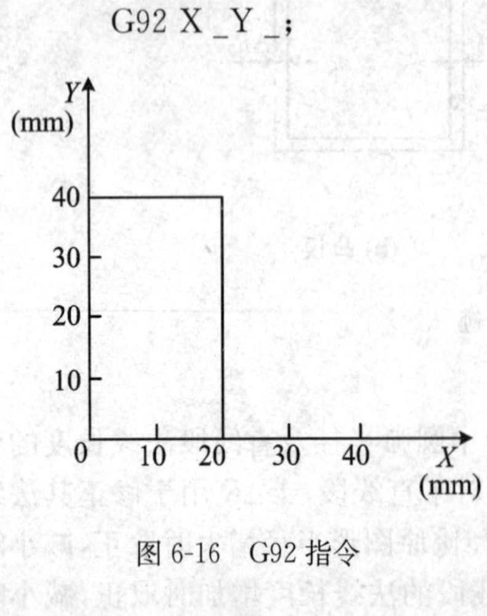

图 6-16　G92 指令

例如：

G92 X20. Y40.；

表示以工件坐标原点为准，电极丝中心的坐标值为：$X=20$ mm，$Y=40$ mm。

（2）工件坐标系选择指令 G54～G59

通过 G54～G59，给出工件坐标系原点在机床坐标系的位置，也就是确定了机床坐标系和工件坐标系的相互位置关系。通过操作面板，将工件坐标系原点的值输入规定的存储单元，程序通过选择相应的 G54～G59 指令激活此值，从而建立工件坐标系。

3. 运动指令

（1）快速定位指令 G00

在线切割机床不放电的情况下，使指定的某轴快速移动到指定位置。

编程格式：

　　G00 X_Y_；

例如：

　　G00 X60.Y80.；

如图 6-17 所示。

（2）直线插补指令 G01

用于线切割机床在各个坐标平面内加工任意斜率的直线轮廓和用直线逼近曲线轮廓。

编程格式：

　　G01 X _Y_；

例如：

　　G01 X80.Y60.；

如图 6-18 所示。

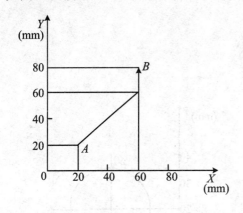

图 6-17　快速定位

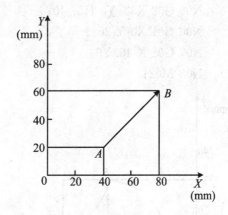

图 6-18　直线插补

（3）圆弧插补指令 G02、G03

用于线切割机床在坐标平面内加工圆弧。G02 为顺时针加工圆弧的插补指令，G03 为逆时针加工圆弧的插补指令。

编程格式：

　　G02 X_Y_I_J_；

或

　　G03 X_Y_I_J_；

其中，X、Y 指定圆弧终点坐标；I、J 指定圆心坐标，指圆心相对圆弧起点的增量值，I 是 X 方向坐标值，J 是 Y 方向坐标值。

如图 6-19 所示，加工程序为：

　　N01 G92 X10.Y10.；

　　N02 G02 X30.Y30.I20.J0；

N03 G03 X45. Y15. I15. J0;

（4）举例

加工图 6-20 所示工件（电极丝直径与放电间隙忽略不计）。

① 用绝对坐标 G90 编程。

N01 G92 X0 Y0;　　　　　　　　　　　　　确定加工程序起点，设置工件坐标系

N02 G90 G01 X10. Y0;

N03 G01 X10. Y20.;

N04 G02 X40. Y20. I15. J0;

N05 G01 X40. Y0;

N06 G01 X0 Y0;

N07 M02;

② 用增量坐标 G91 编程。

N01 G92 X0 Y0;

N02 G91;　　　　　　　　　　　　　　　表示以后的坐标值均为增量坐标

N03 G01 X10. Y0;

N04 G01 X0 Y20.;

N05 G02 X30. Y0 I15. J0;

N06 G01 X0 Y-20.;

N07 G01 X-40. Y0;

N08 M02;

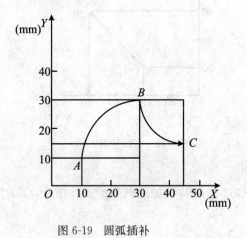

图 6-19　圆弧插补

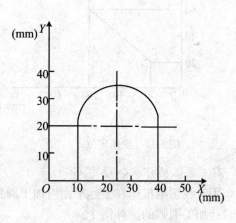

图 6-20　加工零件示例

4. 补偿指令

电极丝补偿功能是指电极丝在编程轨迹上进行一个间隙补偿量的偏移。

（1）左偏补偿指令 G41、右偏补偿指令 G42

沿着电极丝加工路线来看，若电极丝在工件的左边，则为 G41，如图 6-21(a) 和图 6-22(a) 所示；若电极丝在工件的右边，则为 G42，如图 6-21(b) 和图 6-22(b) 所示。

编程格式：

G41 D_;

G42 D_;

其中,D表示偏移量,一般为间隙补偿量,一般数控线切割机床的偏移量 ΔR 在 $0 \sim 0.5$ mm之间。

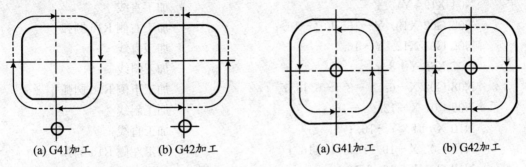

(a) G41加工	(b) G42加工

图 6-21　凸模加工间隙补偿指令

(a) G41加工	(b) G42加工

图 6-22　凹模加工间隙补偿指令

(2) 取消间隙补偿指令 G40

编程格式:

　　　G40;

5. M 代码

M 为系统辅助功能指令,常用 M 功能指令如下:

　　　M00——程序暂停;

　　　M02——程序结束;

　　　M05——接触感知解除;

　　　M96——主程序调用子程序;

　　　M97——主程序调用子程序结束。

6. 应用举例

加工如图 6-23 所示凹模,设 O 为加工起点,电极丝直径为 0.02 mm,单边放电间 0.02 mm。切割速度为 4 mm/min,加工程序如下:

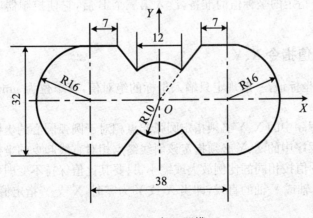

图 6-23　加工凹模

　　O0010;

　　N01 G92 X0 Y0;　　　　　　　　　　　　　　　　　　设定坐标系

N02 G42 G90 G01 X6. Y8. D01;　　　　　　　建立半径补偿

N03 X12. Y16.;　　　　　　　　　　　　　　加工斜线

N04 X19. Y16.;　　　　　　　　　　　　　　加工直线

N05 G02 X19. Y−16. I0 J−16.;　　　　　　加工右侧 R16 圆弧

N06 G01 X12. Y−16.;　　　　　　　　　　　加工直线

N07 X6. Y−8.;　　　　　　　　　　　　　　加工斜线

N08 G02 X−6. Y−8. I−6.J8.;　　　　　　加工下侧 R10 圆弧

N09 C01 X−12. Y−16.;　　　　　　　　　　加工斜线

N10 X−19. Y−16.;　　　　　　　　　　　　加工直线

N11 G02 X−19. Y16. I0 J16.;　　　　　　加工左侧 R16 圆弧

N12 G01 X−12. Y16.;　　　　　　　　　　　加工直线

N13 X−6. Y8.;　　　　　　　　　　　　　　加工斜线

N14 G02 X6. Y8. I6. J−80.;　　　　　　　加工上侧 R10 圆弧

N15 G40;　　　　　　　　　　　　　　　　　撤销补偿

N16 M02;　　　　　　　　　　　　　　　　　程序结束

6.5.3　3B 格式程序编制

目前,我国数控线切割机床常用 3B 程序格式编程,其格式如表 6-1 所示。

表 6-1　3B 程序格式

B	X	B	Y	B	J	G	Z
分隔符	X 坐标值	分隔符号	Y 坐标值	分隔符号	计数长度	计数方向	加工指令

1. 分隔符号 B

它在程序中起着将 X、Y 和 J 指定的数值分隔开的作用,以免混淆。当程序输入控制器时,读入第一个 B 后,它使控制器做好接受 X 指定的坐标值的准备,读入第二个 B 后,它使控制器做好接受 Y 指定的坐标值的准备,读入第三个 B 后,它使控制器做好接受 J 指定的值的准备。

2. 终点坐标值指令 X、Y

X、Y 指定终点坐标值,一般规定只输入坐标的绝对值,其单位为 μm,1 μm 以下应四舍五入。

加工圆弧时,程序中的 X、Y 必须指定圆弧起点相对于圆弧圆心的坐标值。

加工斜线时,程序中的 X、Y 必须指定该斜线终点相对直线起点的坐标值。斜线程序段中允许将 X 和 Y 的值按相同的比例放大或缩小,只要其比值保持不变即可。

对于平行于 X 轴或 Y 轴的直线,即当 X 或 Y 为零时,X 或 Y 指定值均可不写,但分隔符号必须保留。

3. 计数方向指令 G

为保证所要加工的圆弧或直线段能按要求的长度加工出来,一般数控线切割机床是通过控制从起点到终点在某个方向上的总长度来达到的,因此,在计算机中设立一个 J 计数器进行计数。编程时,将要加工的线段或圆弧在计数方向上的总长度 J 数值预先置入 J 计数器中。加工过程中,沿计数方向每进给一步,计数器 J 就减 1,当计数器减到零时,表示该直线或圆弧已经加工到终点。若选取 X 方向进给总长度进行计数,用 Gx 表示;选取 Y 方向进给总长度进行计数,用 Gy 表示。计数方向的选择要根据图形的特点而定。

(1) 加工直线

加工直线时,必须用进给距离比较长的一个方向作为计数方向,进行进给长度控制。具体情况可按图 6-24 选取:$|Y_e| > |X_e|$ 时,取 Gy;$|X_e| > |Y_e|$ 时,取 Gx;$|X_e| = |Y_e|$ 时,取 Gx 或 Gy 均可。

(2) 加工圆弧

圆弧计数方向的选取,应根据圆弧终点的情况而定。从理论上讲,应该是当被加工圆弧达到终点时,将最后一步的坐标轴方向作为计数方向。实际加工中,将 45° 线作为分界线,当圆弧终点坐标为 (X_e, Y_e) 时,若 $|X_e| > |Y_e|$ 时,取 Gy;$|Y_e| > |X_e|$ 时,取 Gx;$|X_e| = |Y_e|$ 时,取 Gx 或 Gy 均可。如图 6-25 所示。

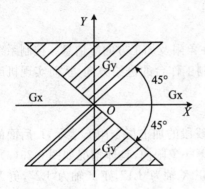

图 6-24　斜线的计数方向

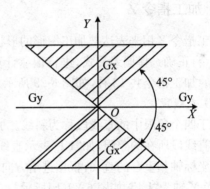

图 6-25　圆弧的计数方向

3. 计数长度指令 J

计数方向确定后,计数长度指令 J 指定的是被加工图形在计数方向坐标轴上的投影长度(即绝对值)的总和,以 μm 为单位。

(1) 对于斜线

加工图 6-26 斜线 OA,其终点为 $A(X_e, Y_e)$,且 $Y_e > X_e$,因为 $|Y_e| > |X_e|$,OA 斜线与 X 轴夹角大于 45° 时,计数方向取 Gy,斜线 OA 在 Y 轴上的投影长度为 Y_e,故 $J = Y_e$。

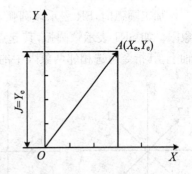

图 6-26　斜线的 G 和 J

(2) 跨两象限的圆弧

加工图 6-27 所示圆弧,加工起点 A 在第四象限,终点 $B(X_e, Y_e)$ 在第一象限,因为加工终点靠近 Y 轴,$|Y_e| > |X_e|$,计数方向取 Gx;计数长度为各象限中的圆弧段在 X 轴上投影长度的总和,即 $J = J_{X_1} + J_{X_2}$。

（3）跨多个象限的圆弧

加工图 6-28 所示圆弧，加工终点 $B(X_e, Y_e)$，因加工终点 B 靠近 X 轴，$|X_e| > |Y_e|$，故计数方向取 Gy，J 指定的是各象限的圆弧段在 Y 轴上投影长度的总和，即

$$J = J_{Y_1} + J_{Y_2} + J_{Y_3}$$

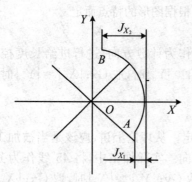 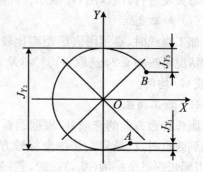

图 6-27　跨两象限的圆弧的 G 和 J　　　图 6-28　跨多个象限的圆弧的 G 和 J

4. 加工指令 Z

加工指令 Z 用来表达被加工图形的形状、所在象限及加工方向等信息。控制系统根据这些指令，正确选择偏差公式，进行偏差计算，控制工作台的进给方向，从而实现机床的自动加工。加工指令共 12 种，如图 6-29 所示。

（1）直线段

位于四个象限中的直线段称为斜线。加工直线段的加工指令用 L 表示，L 后面的数字表示该直线段所在的象限，如"L1"表示直线段在第一象限内，具体情况如图 6-29(a)所示。对于与坐标轴相重合的直线，根据进给方向而定，正 X 轴为"L1"，正 Y 轴为"L2"，负 X 轴为"L3"，负 Y 轴为"L4"，如图 6-29(b)所示。

（2）圆弧

加工圆弧时，SR 表示顺圆弧，NR 表示逆圆弧，字母后面的数字表示该圆弧起点所在的象限。如 SR1 表示顺圆弧，其起点在第一象限，如图 6-29(c)所示。如加工起点刚好在坐标轴上，其指令可选相邻两象限中的任何一个，具体情况如图 6-29(d)所示。

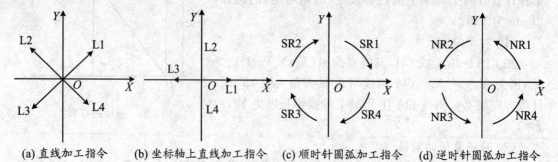

(a) 直线加工指令　　(b) 坐标轴上直线加工指令　　(c) 顺时针圆弧加工指令　　(d) 逆时针圆弧加工指令

图 6-29　加工指令

5. 应用举例

【例 6-1】 加工如图 6-30 所示斜线 OA，终点 A 的坐标为 $X_e = 17$ mm，$Y_e = 5$ mm，写出加工程序。

其程序为：

　　B17000 B5000 B17000 Gx L1；

在斜线段的程序中 X 和 Y 值可按比例缩小同样倍数，故程序可写为：

　　B17 B5 B17000 Gx Ll；

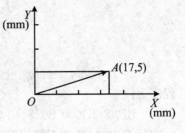

图 6-30　加工斜线

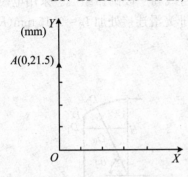

图 6-31　加工与 Y 轴正方向重合的直线

【例 6-2】 加工如图 6-31 所示直线，其长度为 21.5 mm，写出其程序。

在加工与坐标轴重合的直线的程序中，X 或 Y 的数值即使不为零，也不必写出。因此，相应的程序为：

　　B B B021500 Gy L2；

【例 6-3】 加工如图 6-32 所示圆弧，加工起点的坐标为 $A(-5,0)$，试编制程序。

其程序为：

　　B5000 B B010000 Gy SR2；

【例 6-4】 加工如图 6-33 所示的 1/4 圆弧，加工起点 $A(0.707,0.707)$，终点为 $B(-0.707,0.707)$，试编制程序。

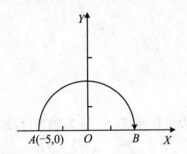

图 6-32　加工半圆弧 J

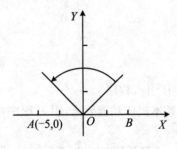

图 6-33　加工 1/4 圆弧

相应的程序为：

　　B707 B707 B001414 Gx NR1；

由于终点恰好在 45°线上，故也可取 Gy，则

　　B707 B707 B000586 Gy NR1；

【例 6-5】 加工如图 6-34 所示的圆弧，加工起点为 $A(-2,9)$，终点为 $B(9,-2)$，编制加工程序。

圆弧半径：

$$R = \sqrt{9\,000^2 + 2\,000^2} = 9\,220\ (\mu m)$$

计数长度：

$$J_{Y_{AC}} = 9\,000\ (\mu m)$$

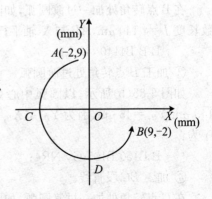

图 6-34　加工圆弧段

$$J_{Y_{CD}} = 9\,220\,(\mu m)$$

$$J_{Y_{DB}} = R2\,000 = 7\,200\,(\mu m)$$

则

$$J_Y = J_{Y_{AC}} + J_{Y_{CD}} + J_{Y_{DB}} = 9\,000 + 9\,220 + 7\,220 = 25\,440\,(\mu m)$$

其程序为：

    B2000 B9000 B025440 Gy NR2；

实际编程时，通常不是编写工件轮廓线的程序，而是编写加工切割时电极丝中心所走的轨迹的程序，所以应如前所述计算出间隙补偿量，再算出相应的坐标点，然后编程。

【例 6-6】 如图 6-35 所示，所加工工件的图形由 5 段直线和一段圆弧组成。采用电极丝自动偏移功能，偏移量为 0.07 mm。设加工起点为 S，在非光滑连接处加 $I_R = 0.15$ mm（R 必须大于偏移量）的过渡圆弧。各段加工程序如下：

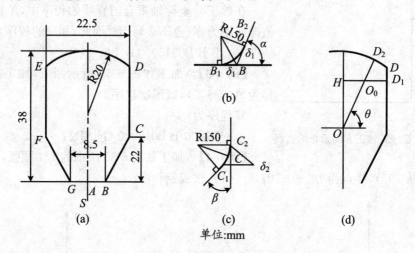

图 6-35 编程图形及计算

① 引入程序。

按本机床功能要求，引入程序中减去偏移量，以 S 为坐标原点，S_A 与 Y 轴平行，故程序为：

    B B B4930 Cy L2；

② 加工 AB 段直线。

在 B 点转角处加一过渡圆弧，如图 6-35(a)所示，以 A 为坐标原点，计数方向为 Gx，计数长度 $J = 4\,140\,\mu m$，AB 与 X 轴平行，故程序为：

    B B B4140 Gx L1；

③ 加工 B 点转角处过渡圆弧。

如图 6-35(b)所示，以圆弧中心为坐标原点，起点 $X_{B_1} = 0$，$Y_{B_1} = 150\,\mu m$，终点 $X_{B_2} = 143\,\mu m$，$Y_{B_2} = 45\,\mu m$，因为 $Y_{B_2} < X_{B_2}$，所以取计数方向为 Gy，计数长度 $J = 105\,\mu m$，故程序为：

    B B150 B105 Gy NR4；

④ 加工 BC 段直线。

在 C 点转角处加一过渡圆弧，如图 6-35(c)所示，终点坐标可用 X、Y 比值输入，计数方

向为 Gy,计数长度经计算为 $J=218.73\ \mu m$,故程序为:

　　　　B7 B22 B218.73 Gy L1;

　　⑤ 加工 C 点转角处过渡圆弧。

　　如图 6-35(c)所示,以圆弧中心为原点,起点坐标 $X_{C_1}=143\ \mu m$,$Y_{C_1}=45\ \mu m$,终点坐标 $X_{C_2}=150\ \mu m$,$Y_{C_2}=0$,计数方向取 Gy,计数长度 $J=45\ \mu m$,故程序为:

　　　　B143 B45 B45 Gy NR4;

　　⑥ 加工 CD 段直线。

　　在 D 点转角处加工一过渡圆弧,如图 6-35(d),计数方向取 Gy,计数长度经计算得 $J=124.33\ \mu m$,直线平行于 Y 轴,故程序为:

　　　　B B B124.33 Gy L2

　　⑦ 加工 D 点转角处过渡圆弧。

　　如图 6-35(d)所示,以圆弧圆心为坐标原点,起点坐标 $X_{D_1}=150\ \mu m$,$Y_{D_1}=0$,终点坐标 $X_{D_2}=84\ \mu m$,$Y_{D_2}=124\ \mu m$,计数方向取 Gx,计数长度取 $J=66\ \mu m$,故程序为:

　　　　B150 B B66 Gx NR1;

　　⑧ 加工 DE 段圆弧。

　　以圆弧中心为坐标原点,起点坐标为 $X_{D_2}=118.4\ \mu m$,$Y_{D_2}=165.81\ \mu m$,由对称关系可知终点坐标与起点坐标绝对值相等,所以计数方向取 Gx,计数长度 $J=223.68\ \mu m$,故程序为:

　　　　B118.4 B165.81 B223.68 Gx NR1;

　　由图形的对称性可容易得到 EF、FG、GA 等直线段及相应的过渡圆弧程序,全部加工程序,见表 6-2。

表 6-2　工件加工程序表

顺序	B	X	B	Y	B	J	G	Z
1	B		B		B	4 930	Gy	L2
2	B		B		B	4 140	Gx	L1
3	B		B	150	B	105	Gy	NR4
4	B	7	B	22	B	218.73	Gy	L1
5	B	143	B	42	B	45	Gy	NR4
6	B		B		B	124.33	Gy	L2
7	B	150	B		B	66	Gx	NR1
8	B	118.4	B	165.81	B	223.68	Gx	NR1
9	B	84	B	124	B	124	Gy	NR2
10	B		B		B	124.33	Gy	L4
11	B	150	B		B	45	Gy	NR3
12	B	7	B	22	B	218.73	Gy	L4
13	B	143	B	45	B	143	Gx	NR2
14	B		B		B	4 140	Gx	L1
15	B		B		B	4 930	Gy	L4

习　题

6.1　简述电火花加工的原理和特点。

6.2　简述电火花线切割加工的原理。

6.3　试述电极材料的种类及选择方法。

6.4　影响电火花线切割加工工艺指标的主要因素有哪些？

6.5　电火花线切割加工时，工件的装夹方式有哪几种？

6.6　线切割加工前的工艺准备有哪些？

6.7　分别用 ISO 和 3B 格式编制下列轨迹的数控线切割加工程序。

（1）如图 6-36 所示的线段，A 点坐标为 $X_e = 14$ mm，$Y_e = 5$ mm。

（2）如图 6-37 所示的圆弧，A 为此逆圆弧的起点，B 为终点。

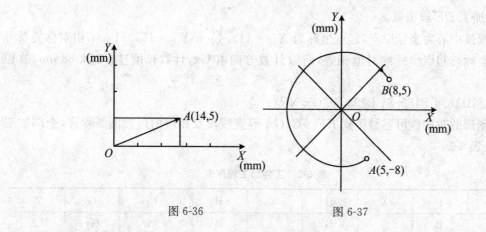

图 6-36　　　　　　　　　　　　图 6-37

6-8　利用 3B 格式编制如图 6-38 所示凹模的线切割加工程序，电极丝为 $\varnothing 0.2$mm 的钼丝，单边放电间隙为 0.01 mm。

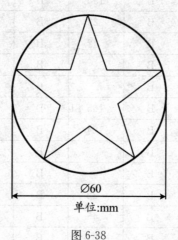

$\varnothing 60$

单位:mm

图 6-38

附录1 数控车床编程与操作实训

附录1.1 数控车床程序编辑及基本操作

1. 实训目的

① 了解数控车削的安全操作规程。

② 掌握数控车床的基本操作及步骤。

③ 熟练掌握数控车床操作面板上各个按键的功用及其使用方法。

④ 对操作者的有关要求。

⑤ 掌握数控车削加工中的基本操作技能。

⑥ 培养良好的职业道德。

2. 实训内容

① 安全技术(课堂讲述)。

② 数控车床的操作面板与控制面板(现场演示)。

③ 数控车床的基本操作:

a. 数控车床的启动和停止:启动和停止的过程。

b. 数控车床的手动操作:手动操作回参考点、手动连续进给、增量进给、手轮进给。

c. 数控车床的MDI运行:MDI的运行步骤。

d. 数控车床的程序和管理。

e. 加工程序的输入练习。

3. 实训设备

CAK8045DI 2台,CAK40100VI、CK7150A、CK6164 数控车床各1台。

4. 实训步骤

(1) 开机、关机、急停、复位、回机床参考点、超程解除操作步骤

① 机床的启动。

② 关机操作步骤。

③ 回零(ZERO)。

④ 急停、复位。

⑤ 超程解除步骤。

（2）手动操作步骤

① 点动操作。

② 增量进给。

③ 手摇进给。

④ 手动换刀。

⑤ 手动数据输入 MDI 操作。

⑥ 对刀操作（现场演示）。

（3）程序编辑

① 编辑新程序。

② 选择已编辑程序。

（4）程序运行

① 程序模拟运行。

② 程序的单段运行。

③ 程序自动运行。

（5）数据设置

① 刀偏数据设置。

② 刀补数据设置。

③ 零点偏置数据设定。

④ 显示设置。

⑤ 工作图形显示。

5. 注意事项

① 操作数控车床时应确保安全，包括人身和设备的安全。

② 禁止多人同时操作机床。

③ 禁止让机床在同一方向连续"超程"。

6. 实训思考题

① 简述数控车床的安全操作规程。

② 机床回零的主要作用是什么？

③ 机床的开启、运行、停止有哪些注意事项？

④ 写出对刀操作的详细步骤。

7. 实训报告要求

实训报告实际上就是实训的总结。对所学的知识、所接触的机床、所操作的内容加以归纳、总结、提高。

① 实训目的。

② 实训设备。

③ 实训内容。

④ 分析总结在数控车床上进行启动、停止、手动操作、程序的编辑和管理及 MDI 运行的步骤。

附录 1.2　数控车床的对刀与找正实训

1. 实训目的

① 掌握数控车床的对刀与找正的方法。
② 了解数控车床的坐标系的建立。
③ 掌握数控车床加工参数的选择。
④ 掌握准备功能、辅助功能、各代码含义,并能够正确使用。
⑤ 掌握绝对、相对坐标编程方式的原则。

2. 实训设备、材料及工具

① CAK8045DI 2 台,CAK40100VI、CK7150A、CK6164 数控车床各 1 台。
② 游标卡尺 0～125 mm 各 1 把。
③ 90°偏刀各 1 把。
④ 零件毛坯∅50 mm 若干。

3. 实训内容

加工零件如附图 1-1 所示,毛坯外径∅50 mm×100 mm 的棒料。

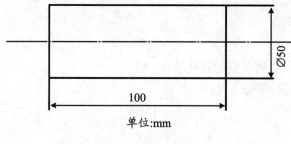

单位:mm

附图 1-1

4. 实训步骤

① 分析工件图样,选择定位基准和加工方法,确定走刀路线选择刀具和装夹方法,确定切削用量参数。
② 找正。
③ 试切法对刀:试切法对刀是用所选的刀具试切零件的外圆和端面,经过测量和计算得到零件端面中心点的坐标值。
(1) GSK928 步骤
对 Z 轴刀:
a. 手动状态下写入选择 1 号刀 T10。
b. 主轴旋转。

c. 选择快速倍率到达工件端面 Z0。

d. 取消快速,选择手动进给。

e. 平端面沿 X 方向退刀。

f. 输入 Z 值按回车键。

对 X 轴:

a. 车外圆。

b. 沿 Z 轴退刀。

c. 主轴停止旋转。

d. 测量直径。

e. 输入测量直径值,按回车键。

(2) GSK980 步骤

a. 对 Z 轴刀。

b. MDI 状态下(或手动状态)选择 1 号刀 T0100。

c. 主轴旋转。

d. 选择快速倍率到达工件端面 Z0。

e. 取消快速,选择手动进给。

f. 平端面沿 X 方向退刀。

g. 选择刀补界面,找到对应的刀补号。

h. 输入 Z 值,按输入键。

对 X 轴:

a. 车外圆。

b. 沿 Z 轴退刀。

c. 主轴停止旋转。

d. 测量直径。

e. 选择刀补界面,找到对应的刀补号。

f. 输入测量直径值,按输入键。

5. 注意事项

① 注意卡盘、尾座的使用,注意安全。

② 要区分机床坐标原点、工件坐标原点等概念。

③ 重点绝对坐标编程方式。

④ 数控车床加工参数的选择一定要和普通机床加工参数对照,掌握数控车床加工参数选择要点。

6. 实训思考题

① 如何正确对刀? 对刀的目的是什么? 怎样检验对刀的正确性?

② 找正时应该注意哪些事项?

7. 实训报告要求

实训报告实际上就是实训的总结。对所学的知识、所接触的机床、所操作的内容加以归纳、总结、提高。
① 实训目的。
② 实训设备。
③ 实训内容。
④ 分析总结在数控车床上进行对刀操作时的步骤。

附录 1.3 简单成形面的加工实训

1. 实训目的

① 能够对简单轴类零件进行数控车削工艺分析。
② 掌握 G00、G01、G02、G03、G90、G94、G71 指令的应用方法和手工编程方法。
③ 熟悉数控车床上工件的装夹、找正。
④ 掌握试切对刀方法及自动加工的过程及注意事项。
⑤ 通过对零件的加工,了解数控车床的工作原理及操作过程。

2. 实训设备、材料及工具

① CAK8045DI 2 台,CAK40100VI、CK7150A、CK6164 数控车床各 1 台。
② 游标卡尺 0～125 mm 各 1 把。
③ 90°偏刀各 1 把。
④ 零件毛坯∅50 mm 若干。

3. 实训内容

加工零件如附图 1-2、附图 1-3、附图 1-4 所示,毛坯外径∅50 mm×100 mm 的铝棒料,编制数控加工程序。

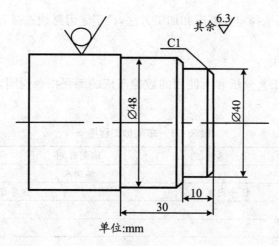

单位:mm

附图 1-2

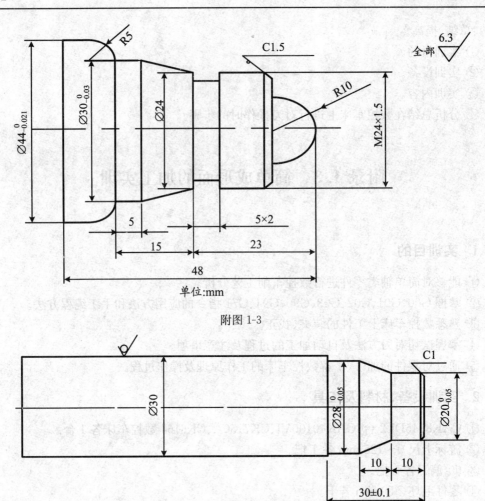

单位:mm

附图 1-3

单位:mm

附图 1-4

4. 实训步骤

① 分析工件图样,选择定位基准和加工方法,确定走刀路线选择刀具和装夹方法,确定切削用量参数。

② 数控加工程序卡。

根据零件的加工工艺分析和所使用的数控车床的编程指令说明,编写加工程序,填写程序卡,见附表 1-1。

附表 1-1 车削加工程序卡

零件号		零件名称		编制日期	
程序号				编制人	
序号		程序内容		程序说明	

③ 数控车床对刀操作。

④ 输入程序、检查:程序的编写要做到严谨、仔细、认真,以避免不必要的错误。

⑤ 程序图形模拟校验。

⑥ 零件自动加工。

对于初学者,应多采用单段执行循环,并将有关倍率开关修调到最低,便于边加工边分析,以避免某些错误。

⑦ 根据零件图纸要求,选择量具对工件进行检测,并对零件进行质量分析。

5. 注意事项

① 工件装夹的可靠性。

② 刀具装夹的可靠性。

③ 机床在试运行前必须进行图形模拟加工,避免程序错误、刀具碰撞工件或卡盘。

④ 快速进刀和退刀时,一定要注意不要碰上工件和三爪卡盘。

⑤ 加工零件过程中一定要提高警惕,将手放在"急停"按钮上,如遇到紧急情况,迅速"急停"按钮,防止意外事故发生。其他注意事项:

a. 安全第一,必须在老师的指导下,严格按照数控车床安全操作规程,有步骤的进行。

b. 首次模拟可按控制面板上的"机床锁住"按钮,将机床锁住,看其图形模拟走刀轨迹是否正确,再关闭"机床锁住"进行刀具实际轨迹模拟。

6. 实训思考题

① 编程时如何处理尺寸公差? 试举例说明。

② 自动加工前,应进行哪些检查?

③ 使用 G02/G03 指令时,如何判断顺时针/逆时针方向?

④ 采用 G71 复合循环编写程序时应注意哪些问题?

⑤ 加工时观察 G71 所调用的循环体与 G71 是否独立?

⑥ 总结在数控车床上加工轴类零件的操作步骤。

附录 1.4 车成形面的加工实训

1. 实训目的

① 了解数控车床加工成形面的特点。

② 能够正确地对成形面零件进行数控车削工艺分析。

③ 掌握 G73、M98、M99 用法。

④ 掌握圆弧表面的加工程序编写方法。

⑤ 掌握各种圆弧表面加工中的计算方法。

⑥ 掌握圆弧加工中的粗车工艺安排。

2. 实验设备、材料及工具

① CAK8045DI 2 台,CAK40100VI、CK7150A、CK6164 数控车床各 1 台。

② 游标卡尺 0~125 mm14 把。

③ 90°偏刀各 1 把。

④ 零件毛坯∅50 mm 若干。

3. 实训内容

零件如附图 1-5、附图 1-6、附图 1-7 所示,毛坯外径∅50 mm×120 mm,编制数控加工程序。

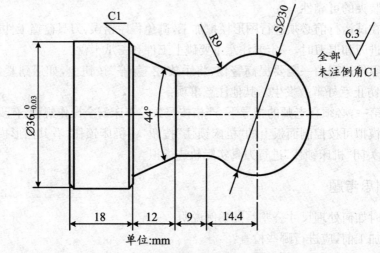

附图 1-5

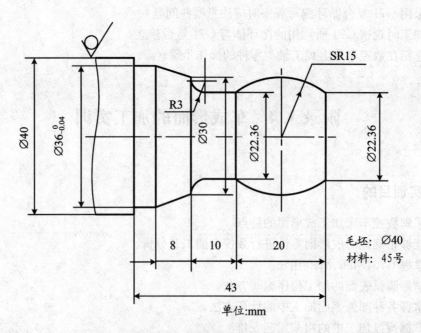

附图 1-6

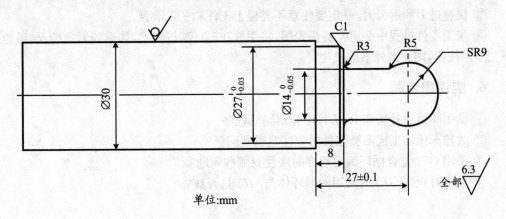

单位:mm

附图 1-7

4. 实训步骤

① 分析工件图样,选择定位基准和加工方法,确定走刀路线选择刀具和装夹方法,确定切削用量参数。

② 数控加工程序卡。

根据零件的加工工艺分析和所使用的数控车床的编程指令说明,编写加工程序,填写程序卡,见附表 1-2。

附表 1-2 车削加工程序卡

零件号		零件名称		编制日期	
程序号				编制人	
序号	程序内容			程序说明	

5. 注意事项

① 机床在试运行前必须进行图形模拟加工,避免程序错误、刀具碰撞工件或卡盘。

② 快速进刀和退刀时,一定要注意不要碰上工件和三爪卡盘。

③ 加工零件过程中一定要提高警惕,将手放在"急停"按钮上,如遇到紧急情况,迅速按下"急停"按钮,防止意外事故发生。

6. 实训思考题

① 试用圆弧插补指令 R 或 I、K 分别编写程序。

② 数控车床加工成形类零件时应注意哪些问题?

③ 采用 G73 复合循环编写程序时应注意哪些问题?

④ 加工时观察 G73 所调用的循环体与 G73 是否独立?

附录 1.5　轴套类工件的加工实训

1. 实训目的

① 掌握套类工件的加工程序编写方法。

② 掌握套类工件加工中的工艺安排。

2. 实验设备、材料及工具

① CAK8045DI 2 台、CAK40100VI、CK7150A、CK6164 数控车床各 1 台。

② 游标卡尺 0~125 mm14 把。

③ 90°偏刀各 1 把。

④ 零件毛坯∅50 mm 若干。

3. 实训内容

零件如附图 1-8、附图 1-9、附图 1-10 所示,毛坯外径∅50 mm×120 mm,编制数控加工程序。

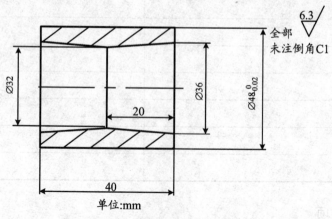

附图 1-8

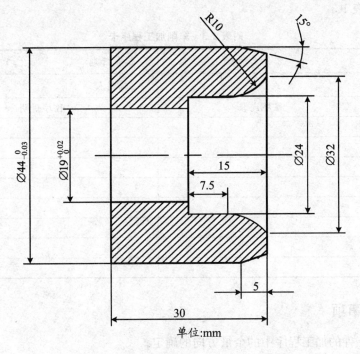

单位:mm

附图 1-9

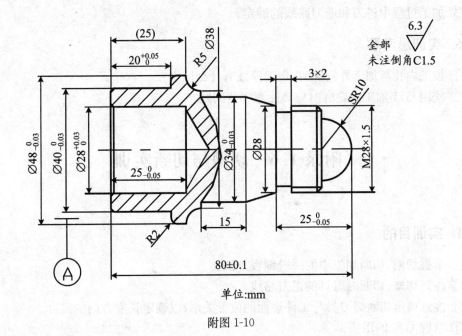

单位:mm

附图 1-10

4. 实训步骤

① 分析工件图样,选择定位基准和加工方法,确定走刀路线选择刀具和装夹方法,确定切削用量参数。

② 数控加工程序卡。

根据零件的加工工艺分析和所使用的数控车床的编程指令说明,编写加工程序,填写程序卡,见附表 1-3。

附表 1-3　车削加工程序卡

零件号		零件名称		编制日期	
程序号				编制人	
序号		程序内容		程序说明	

5. 注意事项

① 套类工件的加工程序中的余量方向的确定。

② 套类工件程序循环点的确定。

③ 加工过程中进刀和退刀路线的确定。

6. 实训思考题

① 加工内孔与加工外轮廓时,走刀路线有什么区别?

② 使用 G71 加工内轮廓时应该注意哪些问题?

附录 1.6　切槽与切断实训

1. 实训目的

① 掌握切槽、切断加工中的一般编程方法。

② 注意切槽、切断时刀具的退刀路线。

③ 注意确定切断刀刀尖与工件端面的位置关系,以确定长度方向的尺寸。

④ 掌握 G75 的用法。

2. 实验设备、材料及工具

① CAK8045DI 2 台,CAK40100VI、CK7150A、CK6164 数控车床各 1 台。

② 游标卡尺 0～125 mm 各 1 把。

③ 90°偏刀各 1 把。

④ 零件毛坯∅50 mm 若干。

3. 实训内容

零件如附图 1-11、附图 1-12 所示,毛坯外径$\varnothing$50 mm×120 mm,编制数控加工程序。

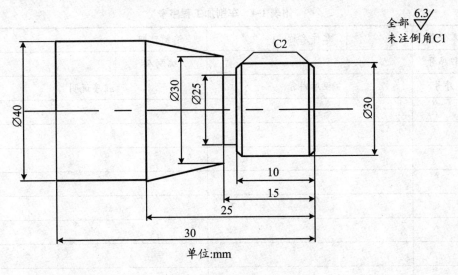

附图 1-11

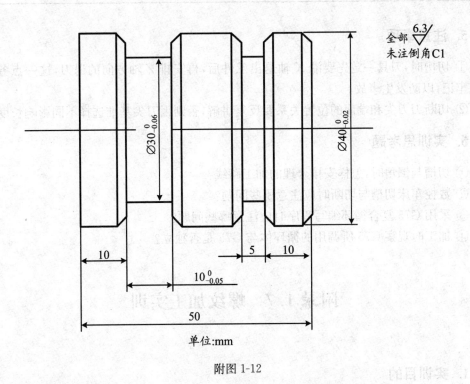

附图 1-12

4. 实训步骤

① 分析工件图样,选择定位基准和加工方法,确定走刀路线选择刀具和装夹方法,确定切削用量参数。

② 数控加工程序卡。

根据零件的加工工艺分析和所使用的数控车床的编程指令说明,编写加工程序,填写程序卡,见附表1-4。

附表 1-4   车削加工程序卡

零件号		零件名称		编制日期	
程序号				编制人	
序号		程序内容		程序说明	

5. 注意事项

① 切槽时,刀具一定先要沿 X 轴退出工件后,再安排 Z 轴方向的退刀,这一点务必使学生牢记,以防发生事故。

② 切断刀刀尖和端面的位置关系要反复讲解,否则因刀尖基准选择不同影响长度尺。

6. 实训思考题

① 切槽与倒角时,怎样安排合理的加工路线?

② 数控车床切槽与切断时应注意哪些问题?

③ 采用 G75 复合循环编写程序时应注意哪些问题?

④ 加工时观察 G75 所调用的循环体与 G75 是否独立?

附录 1.7   螺纹加工实训

1. 实训目的

① 掌握内、外三角螺纹加工的编程方法。

② 掌握内、外三角螺纹加工的有关计算。

③ 掌握螺纹加工程序循环点的确定原则。

④ 了解锥螺纹的有关计算和程序编制方法。

⑤ 了解双线螺纹和左旋螺纹的用法。

⑥ 掌握 G92 的用法。

2. 实验设备、材料及工具

① CAK8045DI 2 台，CAK40100VI、CK7150A、CK6164 数控车床各 1 台。

② 游标卡尺 0～125 mm 14 把。

③ 90°偏刀各 1 把。

④ 零件毛坯⌀50 mm 若干。

3. 实训内容

零件如附图 1-13、附图 1-14、附图 1-15、附图 1-16 所示，毛坯外径⌀30 mm×120 mm，编制数控加工程序。

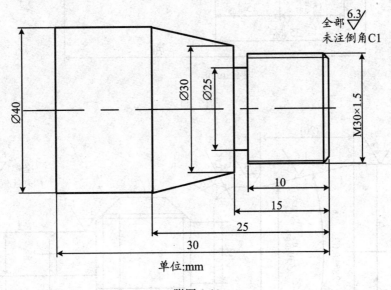

单位:mm

附图 1-13

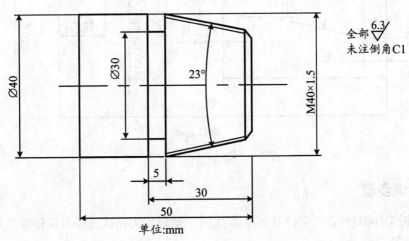

单位:mm

附图 1-14

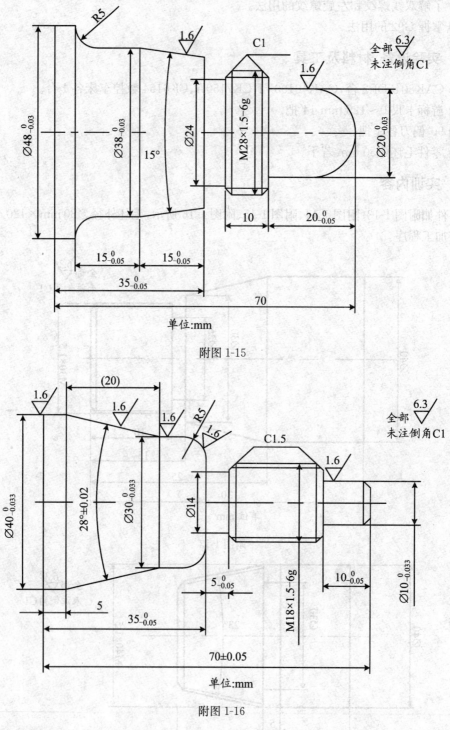

单位:mm

附图 1-15

单位:mm

附图 1-16

4. 实训步骤

① 分析工件图样,选择定位基准和加工方法,确定走刀路线选择刀具和装夹方法,确定切削用量参数。

② 数控加工程序卡。

根据零件的加工工艺分析和所使用的数控车床的编程指令说明,编写加工程序,填写程序卡,见附表 1-5。

附表 1-5 车削加工程序卡

零件号		零件名称		编制日期	
程序号				编制人	
序号		程序内容			程序说明

5. 注意事项

① 在编写螺纹加工程序之前要注意数控系统所要求的一些特殊规定。

② 螺纹加工应该安排在工件完工前的最后一道工序。

③ 三角外螺纹的计算方法和程序编制方法。

④ 螺纹加工程序循环点的确定原则。

⑤ 锥螺纹的计算方法和程序编制方法。

6. 实训思考题

① 编写螺纹程序应该注意哪些问题?

② 编写锥螺纹程序时需要哪些步骤?

③ 使用 G92 编程时,应该注意哪些问题?

④ 左旋螺纹和右旋螺纹有什么区别?

附录 1.8 综 合 练 习

1. 实训目的

① 掌握换刀点和刀具补偿的概念及换刀点设定的一般方法。

② 必须掌握普通机床难加工的圆锥、圆弧、锥螺纹等的编程。

③ 培养学生养成良好的习惯,严格按照编程顺序思考问题,克服粗心大意、计算不精确等不良习惯,养成条理性、科学性和认真负责的工作作风。

④ 独立编制特点较突出的中等技术水平的工件程序。

⑤ 能够熟练的完成程序输入、检索、修改、增删等面板操作。

⑥ 能够熟练操作数控车床完成工件的加工全过程。

2. 实训设备、材料及工具

① CAK8045DI 2 台,CAK40100VI、CK7150A、CK6164 数控车床各 1 台。

② 游标卡尺 0~125 mm 各 1 把。

③ 90°偏刀各 1 把。

④ 零件毛坯若干。

3. 实训内容

加工零件如附图 1-17、附图 1-18、附图 1-19、附图 1-20、附图 1-21 所示,毛坯外径 $\varnothing30$ mm×110 mm 编制数控加工程序。

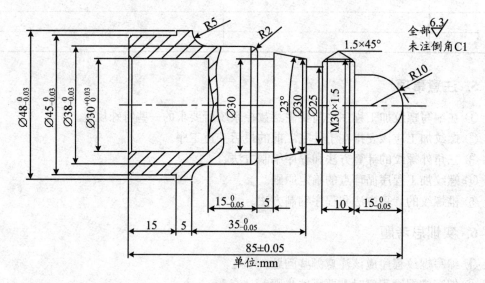

附图 1-17

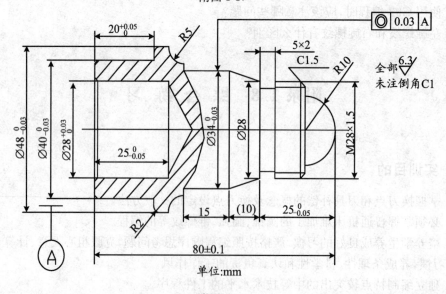

附图 1-18

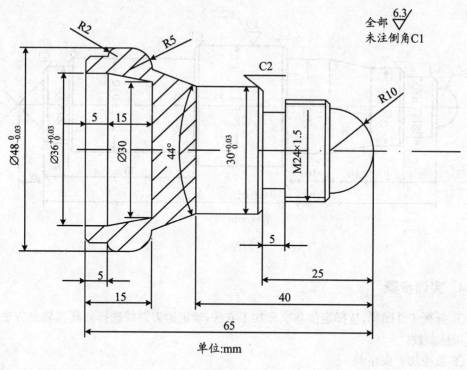

单位:mm

附图 1-19

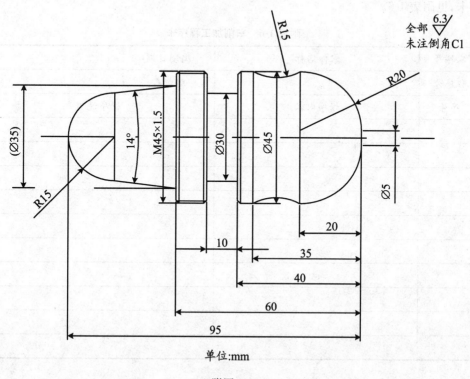

单位:mm

附图 1-20

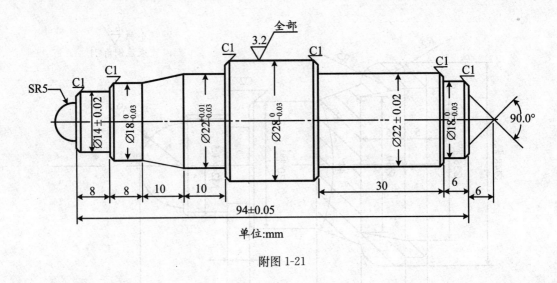

单位:mm

附图 1-21

4. 实训步骤

① 分析工件图样,选择定位基准和加工方法,确定走刀路线选择刀具和装夹方法,确定切削用量参数。

② 数控加工程序卡。

根据零件的加工工艺分析和所使用的数控车床的编程指令说明,编写加工程序,填写程序卡,见附表 1-6。

附表 1-6　车削加工程序卡

零件号		零件名称		编制日期	
程序号				编制人	
序号	程序内容			程序说明	

5. 注意事项

① 编程注意事项:

a. 根据零件的特点,选择复合循环指令编程,简化程序。

b. 程序中的刀具起始位置要考虑到毛坯实际尺寸大小。

c. 在编写平端面程序时,注意 Z 向吃刀量。

② 其他注意事项:

a. 必须确认工件夹紧、程序正确后才能自动加工,严禁工件转动时测量、触摸工件。

b. 操作中出现工件跳动、抖动、异常声音等情况时,必须立即停车处理。

c. 加工零件过程中一定要提高警惕,将手放在"急停"按钮上,如遇到紧急情况,迅速按下"急停"按钮,防止意外事故发生。

d. 采用课堂所讲述的精度控制方法进行精度控制。

6. 实训思考题

① 分析 G71、G72、G73 指令适合加工的零件范围。

② 总结数控车削加工复杂轴类零件的操作步骤。

③ 数控车削加工复杂轴类零件应注意哪些问题?

7. 实训报告要求

总结这次实训的体会及建议。

附录 2 数控铣床编程与操作实训

附录 2.1 数控铣床程序编辑及基本操作

1. 实训目的

① 了解数控铣削的安全操作规程。

② 掌握数控铣床的基本操作及步骤。

③ 熟练掌握数控铣床操作面板上各个按键的功用及其使用方法。

④ 对操作者的有关要求。

⑤ 掌握数控铣削加工中的基本操作技能。

⑥ 培养良好的职业道德。

2. 实训内容

① 安全技术(课堂讲述)。

② 数控铣床的操作面板与控制面板(现场演示)。

③ 数控铣床的基本操作。

a. 数控铣床的启动和停止:启动和停止的过程。

b. 数控铣床的手动操作:手动操作回参考点、手动连续进给、增量进给、手轮进给。

c. 数控铣床的 MDA 运行:MDA 的运行步骤。

d. 数控铣床的程序和管理。

e. 加工程序的输入练习。

3. 实训设备

① VMC850 数控铣床 2 台。

② 加工中心 1 台、XK714D 数控铣床 1 台。

③ XH714G 加工中心 1 台。

4. 实训步骤

① 开机、关机、急停、复位、回机床参考点、超程解除操作步骤:

a. 机床的启动。

b. 关机操作步骤。

c. 回零(ZERO)。

d. 急停、复位。

e. 超程解除步骤。

② 手动操作步骤：

a. 点动操作。

b. 增量进给。

c. 手摇进给。

d. 手动数据输入 MDA 操作。

e. 对刀操作(现场演示)。

③ 程序编辑：

a. 编辑新程序。

b. 选择已编辑程序。

④ 程序运行：

a. 程序模拟运行。

b. 程序的单段运行。

c. 程序自动运行。

⑤ 数据设置：

a. 刀偏数据设置。

b. 刀补数据设置。

c. 零点偏置数据设定。

d. 显示设置。

e. 工作图形显示。

5. 注意事项

① 操作数控铣床时应确保安全,包括人身和设备的安全。

② 禁止多人同时操作机床。

③ 禁止让机床在同一方向连续"超程"。

6. 实训思考题

① 简述数控铣床的安全操作规程。

② 机床回零的主要作用是什么?

③ 机床的开启、运行、停止有哪些注意事项?

④ 写出对刀操作的详细步骤。

7. 实训报告要求

实训报告实际上就是实训的总结。对所学的知识、所接触的机床、所操作的内容加以归纳、总结、提高。

① 实训目的。

② 实训设备。

③ 实训内容。

④ 分析总结在数控铣床上进行启动、停止、手动操作、程序的编辑和管理及 MDI 运行的步骤。

附录 2.2　数控铣床(加工中心)零件程序编制加工实训

1. 实训目的

① 熟练掌握数控铣床(加工中心)操作面板上各个按键的功用及其使用方法。

② 掌握 G02、G03 等指令与 G01、G00 指令的应用和编程方法。

③ 掌握子程序 M98 调用、G90、G91 在程序编制中的应用。

④ 掌握程序输入及修改方法。

⑤ 熟练掌握程序输入的正确性及检验。

2. 实训设备

① VMC850 数控铣床 2 台。

② 加工中心 1 台。

③ XK714D 数控铣床 1 台、XH714G 加工中心 1 台。

3. 实训内容

① 如附图 2-1 所示成形面零件,已知毛坯尺寸为 $\varnothing 100\ \text{mm} \times 80\ \text{mm}$,编写数控加工程序并进行图形模拟加工。

② 数控加工程序卡。

根据零件的加工工艺分析和所使用的数控铣床(加工中心)的编程指令说明,编写加工程序,填写程序卡,见附表 2-1。

附表 2-1　加工程序卡

零件号		零件名称		编制日期	
程序号				编制人	
序号		程序内容		程序说明	

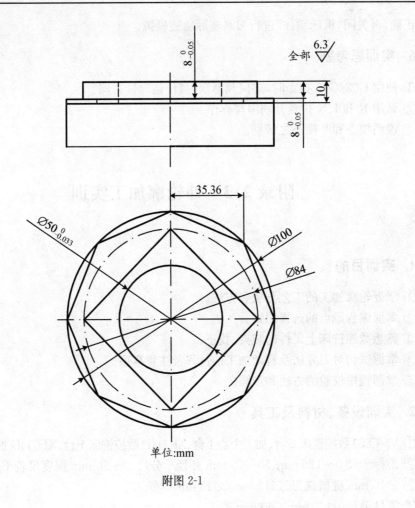

单位:mm

附图 2-1

4. 实训步骤

① 开机。

② 编写附图 2-1 加工程序。

③ 程序输入。

④ 检验程序及各字符的正确性。

⑤ 模拟自动加工运行。

⑥ 观察机床的程序运行情况及刀具的运行轨迹。

⑦ 回参考点。

5. 注意事项

① 编程注意事项:

a. 编程时,注意 Z 方向的数值正负号。

b. 认真计算圆弧连接点和各基点的坐标值,确保走刀正确。

② 其他注意事项:

a. 安全第一,必须在老师的指导下,严格按照数控铣床安全操作规程,有步骤的进行。

b. 首次模拟可按控制面板上的"机床锁住"按钮,将机床锁住,看其图形模拟走刀轨迹是否正确,再关闭"机床锁住"进行刀具实际轨迹模拟。

6. 实训思考题

① 使用 G02/G03 指令时,如何判断顺时针/逆时针方向?
② 试用 R 和 I、K 指令分别编写程序。
③ 说明模态和非模态之区别。

附录 2.3　外轮廓加工实训

1. 实训目的

① 掌握轮廓加工的工艺分析和方法。
② 掌握编程原点的选择原则。
③ 熟悉数控铣床上工件的装夹、找正。
④ 掌握试切对刀方法及自动加工的过程及注意事项。
⑤ 掌握程序校验的方法和步骤。

2. 实训设备、材料及工具

① VMC850 数控铣床 2 台、加工中心 1 台、XK714D 数控铣床 1 台、XH714G 加工中心 1 台。
② 游标卡尺 0～125 mm、50～75 mm 外径千分尺、0～30 mm 深度尺若干把。
③ ∅10 mm 键槽铣刀、∅12 mm/∅16 mm 立铣刀。
④ 零件毛坯∅100 mm×60 mm 若干。

3. 实训内容

加工零件如附图 2-2 所示,毛坯外径∅100 mm×60 mm 的铝合金,编制数控加工程序。

4. 实训步骤

① 分析工件图样,选择定位基准和加工方法,确定走刀路线选择刀具和装夹方法,确定切削用量参数。
② 数控加工程序卡。
根据零件的加工工艺分析和所使用的数控铣床的编程指令说明,编写加工程序,填写程序卡,见附表 2-2。
③ 数控铣床对刀操作。
④ 输入程序、检查。
程序的编写要做到严谨、仔细、认真,以避免不必要的错误。
⑤ 程序图形模拟校验。
⑥ 零件自动加工。
对于初学者,应多采用单段执行循环,并将有关倍率开关修调到最低,便于边加工边分

析,以避免某些错误。

⑦ 根据零件图纸要求,选择量具对工件进行检测,并对零件进行质量分析。

附表 2-2　铣削加工程序卡

零件号		零件名称		编制日期	
程序号				编制人	
序号		程序内容		程序说明	

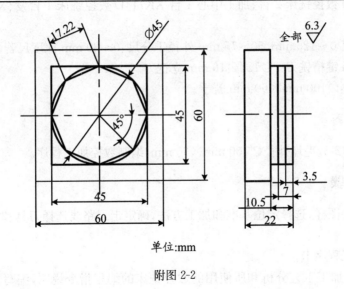

单位:mm

附图 2-2

5. 注意事项

① 工件装夹的可靠性。

② 刀具装夹的可靠性。

③ 机床在试运行前必须进行图形模拟加工,避免程序错误、刀具碰撞工件或夹具。

④ 快速进刀和退刀时,一定要注意不要碰上工件和夹具。

⑤ 加工零件过程中一定要提高警惕,将手放在"急停"按钮上,如遇到紧急情况,迅速按下"急停"按钮,防止意外事故发生。

6. 实训思考题

① 编程时如何处理尺寸公差? 试举例说明。

② 如何正确对刀? 对刀的目的是什么? 怎样检验对刀的正确性?

③ 自动加工前,应进行哪些检查?

④ 总结在数控铣床上加工零件的操作步骤。

附录 2.4　孔系加工实训

1. 实验目的

① 了解数控铣床孔系加工的特点。

② 掌握孔系加工工艺分析的步骤和方法。

③ 掌握进给速度的计算方法。

2. 实验设备、材料及工具

① VMC850 数控铣床 2 台、加工中心 1 台 XK714D 数控铣床 1 台发、XH714G 加工中心 1 台。

② 游标卡尺 0～125 mm、50～75 mm 外径千分尺、0～30 mm 深度尺若干把。

③ ⌀10 mm 键槽铣刀 、⌀12/⌀16 mm 立铣刀。

④ 零件毛坯⌀100 mm×60 mm 若干。

3. 实训内容

零件如附图 2-3,毛坯外径⌀100 mm×60 mm,编制数控加工程序。

4. 实训步骤

① 分析工件图样,选择定位基准和加工方法,确定走刀路线选择刀具和装夹方法,确定切削用量参数。

② 数控加工程序卡。

根据零件的加工工艺分析和所使用的数控铣床的编程指令说明,编写加工程序,填写程序卡,见附表 2-3。

附表 2-3　铣削加工程序卡

零件号		零件名称		编制日期	
程序号				编制人	
序号		程序内容		程序说明	

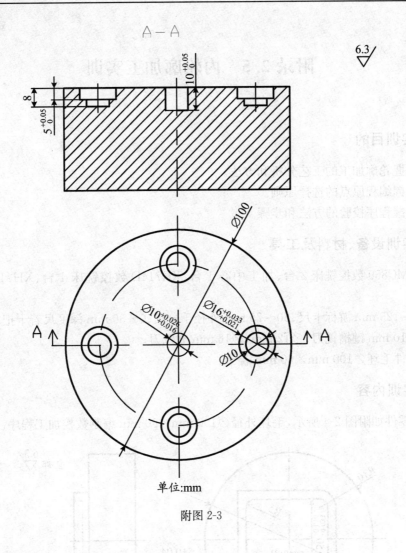

单位:mm

附图 2-3

5. 注意事项

① 机床在试运行前必须进行图形模拟加工,避免程序错误、刀具碰撞工件或夹具。

② 快速进刀和退刀时,一定要注意不要碰上工件和夹具。

③ 加工零件过程中一定要提高警惕,将手放在"急停"按钮上,如遇到紧急情况,迅速按下"急停"按钮,防止意外事故发生。

6. 实训思考题

① 钻孔循环指令格式?

② 如何合理安排加工工艺以保证其钻孔精度。

③ 数控铣床孔系加工时的注意事项。

④ 孔系加工时的刀具选择。

⑤ 孔系加工刀具的刃磨。

附录 2.5 内轮廓加工实训

1. 实训目的

① 掌握轮廓加工的工艺分析和方法。
② 掌握编程原点的选择原则。
③ 掌握程序校验的方法和步骤。

2. 实训设备、材料及工具

① VMC850 数控铣床 2 台、加工中心 1 台、XK714D 数控铣床 1 台、XH714G 加工中心1 台。
② 0～125 mm 游标卡尺、50～75 mm 外径千分尺、0～30 mm 深度尺若干把。
③ $\varnothing$10 mm 键槽铣刀、$\varnothing$12 mm/$\varnothing$16 mm 立铣刀。
④ 零件毛坯$\varnothing$100 mm×60 mm 若干。

3. 实训内容

加工零件如附图 2-4 所示,毛坯外径$\varnothing$100 mm×60 mm 编制数控加工程序。

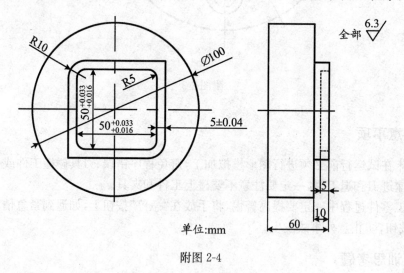

单位:mm

附图 2-4

4. 实训步骤

① 分析工件图样,选择定位基准和加工方法,确定走刀路线选择刀具和装夹方法,确定切削用量参数。
② 数控加工程序卡。

根据零件的加工工艺分析和所使用的数控铣床的编程指令说明,编写加工程序,填写程序卡,见附表 2-4。

附表 2-4 铣削加工程序卡

零件号		零件名称		编制日期	
程序号				编制人	
序号	程序内容			程序说明	

5. 注意事项

① 编程注意事项：

a. 程序中的刀具起始位置要考虑到毛坯实际尺寸大小。

b. 在编写端面程序时,注意 Z 向吃刀量。

② 其他注意事项：

a. 必须确认工件夹紧、程序正确后才能自动加工,严禁工件转动时测量、触摸工件。

b. 操作中出现工件跳动、抖动、异常声音等情况时,必须立即停车处理。

c. 加工零件过程中一定要提高警惕,将手放在"急停"按钮上,如遇到紧急情况,迅速按下"急停"按钮,防止意外事故发生。

d. 采用课堂所讲述的精度控制方法进行精度控制。

6. 实训思考题

① 分析内轮廓加工工艺的合理安排。

② 顺铣与逆铣的区别。

③ 切入切出方式的选择。

④ 型腔加工刀具补偿时的注意事项。

附录 2.6 综 合 练 习

1. 实训目的

① 掌握刀具补偿的方法。

② 掌握普通机床难加工的圆弧、曲面的编程。

③ 能够熟练操作数控铣床完成工件的加工全过程。

④ 能够熟练的完成程序的输入、检索、修改、增删及面板操作。

2. 实训设备、材料及工具

① VMC850 数控铣床 2 台、加工中心 1 台、XK714D 数控铣床 1 台、XH714G 加工中心 1 台。

② 0～125 mm 游标卡尺、50～75 mm 外径千分尺、0～30 mm 深度尺若干把。

③ $\varnothing$10 mm 键槽铣刀 、$\varnothing$12 mm/$\varnothing$16 mm 立铣刀。

④ 零件毛坯 $\varnothing$100 mm×60 mm 若干。

3. 实训内容

加工零件如附图 2-5 所示,毛坯外径 $\varnothing$100 mm×60 mm 编制数控加工程序。

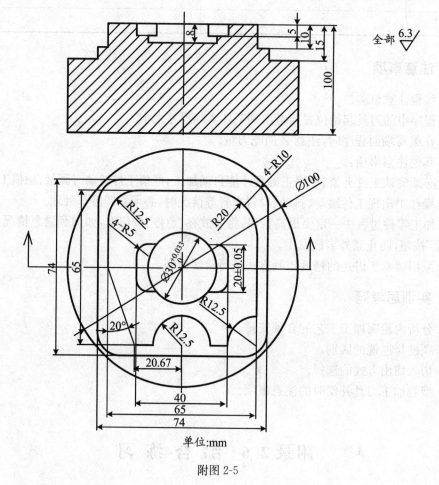

单位:mm

附图 2-5

4. 实训步骤

① 分析工件图样,选择定位基准和加工方法,确定走刀路线选择刀具和装夹方法,确定切削用量参数。

② 数控加工程序卡。

根据零件的加工工艺分析和所使用的数控铣床的编程指令说明,编写加工程序,填写程序卡,见附表 2-5。

附表 2-5 铣削加工程序卡

零件号		零件名称		编制日期	
程序号				编制人	
序号	程序内容			程序说明	

5. 注意事项

① 编程注意事项:

a. 程序中的刀具起始位置要考虑到毛坯实际尺寸大小。

b. 在编写端面程序时,注意 Z 向吃刀量。

② 其他注意事项:

a. 必须确认工件夹紧、程序正确后才能自动加工,严禁工件转动时测量、触摸工件。

b. 操作中出现工件跳动、抖动、异常声音等情况时,必须立即停车处理。

c. 加工零件过程中一定要提高警惕,将手放在"急停"按钮上,如遇到紧急情况,迅速按下"急停"按钮,防止意外事故发生。

d. 采用课堂所讲述的精度控制方法进行精度控制。

6. 实训思考题

① 刀具补偿的计算及应用。

② 子程序在数控铣床当中的应用及应用技巧。

③ 复杂零件的工艺分析及程序编制。

参 考 文 献

［1］ 《数控加工技师手册》编委会. 数控加工技师手册［M］. 北京：机械工业出版社，2005.

［2］ 熊光华. 数控机床［M］. 北京：机械工业出版社，2004.

［3］ 关颖. 数控车床［M］. 沈阳：辽宁科学技术出版社，2005.

［4］ 徐衡，段晓旭. 数控铣床［M］. 北京：化学工业出版社，2005.

［5］ 覃岭. 数控加工工艺基础［M］. 重庆：重庆大学出版社，2004.

［6］ 许友谊，李金伴. 数控机床编程技术［M］. 北京：化学工业出版社，2004.

［7］ 李忠文. 电火花和线切割编程与机电控制［M］. 北京：化学工业出版社，2004.

［8］ 张学仁. 数控电火花线切割加工技术［M］. 哈尔滨：哈尔滨工业大学出版社，2000.

［9］ 黄志辉. 数控加工编程与操作［M］. 北京：电子工业出版社，2006.

［10］ 田坤. 数控机床与编程［M］. 武汉：华中科技大学出版社，2001.

［11］ 刘书华，等. 数控机床与编程［M］. 北京：机械工业出版社，2001.

［12］ 张伯霖. 高速切割技术及应用［M］. 北京：机械工业出版社，2003.

［13］ 李宏胜，等. 机床数控技术及应用［M］. 北京：高等教育出版社，2001.

［14］ 傅水根. 机械制造工业基础［M］. 北京：清华大学出版社，2003.

［15］ 田萍. 数控机床加工工艺及设备［M］. 北京：电子工业出版社，2005.

［16］ 晏初宏. 数控加工工艺与编程［M］. 北京：化学工业出版社，2004.

［17］ 周虹. 数控原理与编程实训［M］. 北京：人民邮电出版社，2005.

［18］ HNC-21/22 编程说明书.

［19］ FANUC-0i Mate-TB 操作编程说明书.

［20］ FANUC-0i Mate-MB 操作编程说明书.